KB014578

기초부터 배우는

백차

사 단 법 인 한 국 티 협 회
'백차(白茶)' 교육 지정 교재

기초부터 배우는

백차

오석단(吳錫端) · 주빈(周濱) 공동 지음
정승호(鄭勝虎) 감수

한국티소믈리에연구원

프롤로그 1

건강 효능이 풍부한 '백차(白茶)의 매력'

차를 연구하는 사람으로서 나는 국내외 유명한 차 생산지를 다니면서 오늘날같이 차의 건강성과 문화적인 특성에 관심을 두는 시대는 없었다고 느낀다. 현대는 그야말로 '중국 차의 시대'라고 하여도 과언이 아니다.

이러한 이유로 오랜 친구인 오석단(吳錫端) 선생과 주빈(周濱) 여사가 공동 저술한 『중국백차(中國白茶)』를 만나게 되어 기뻤다. 전체 소비자를 고려하는 관점에서 중국 백차의 개념과 유래, 향기의 기원과 저장 방법, 각 시대별 이야기를 통해 그 내막을 설명하여 좋은 자료를 제공해 주었다.

중국차엽유통협회(中國茶葉流通協會) 사무총장이었던 오석단 선생은 현재 상원차업(祥源茶業)에서 부총경리로 근무하고 있다. 그는 차 산업의 최전선에서 조사와 분석의 경험을 쌓은 차 전문가이다. 주빈 여사는 중국 차 산업의 저명한 언론인이자, 차 문화 작가로서 차 생산지와 산업에 대한 독특한 안목을 갖고 있다. 두 저자가 중국 백차의 발전 과정을 함께 정리한 것은 독자에게는 행운이고, 연구자들에게는 참고 자료를 제공할 것이다.

중국 백차를 언급할 때 '자연'과 '건강'을 빼놓을 수 없다. 가공 과정이 가장 단순하지만, 자연에 가장 가까운 오묘함을 지닌 차(茶)이기 때문이다. 나는 2011년부터 백차와 건강을 주제로 연구를 진행하고 있었다. 복정시(福鼎市) 정부는 우리 연구팀에 「복정백차의 보건 양생 효능 연구(福鼎白茶的保健養生功效研究)」 프로젝트를 의뢰하였고, 같은 해에 '국가차엽산업기술체계 심가공연구실(國家茶葉產業技術體系深加工研究室)'은 「백차의 건강 효능 메커니즘」에 대한 연구 프로젝트를 진행하였다.

이때 연구팀은 현대 최첨단 분석기를 동원하여 백차의 품질과 유효 성분을 체계적으로 분석하였다. 세포생물학 및 분자생물학 관점에서 성분의 모델을 구축하여 백차의 노화 방지, 항산화, 지방 및 체중 감소, 혈당 조절, 간 보호, 항바이러스 등의 효능을 연구하였다. 연구 결과, 백차를 자주 마시면 다음과 같은 효능이 있음이 입증되었다.

1. 활성산소 제거 능력이 뛰어나 나쁜 환경이나 생활 습관으로 인한 피부 세포 노화에 효과적으로 작용한다. 동시에 각종 방사선에 의한 피부 세포 노화도 억제하는 효과가 있다.

2. 포도당 대사 및 지질 대사의 조절에 효과적이며, 저밀도 지단백 수용체 유전자를 활성화한다. 베타세포β-cell의 인슐린 분비를 조절하고, 인슐린 저항성을 개선하여 혈중 지방과 혈당을 효과적으로 조절한다.
3. 숙성된 진년백차는 간의 항산화 능력을 높이고, 과도한 음주로 인한 간의 손상을 치료할 수 있다.
4. 인체의 면역 기능을 활성화하여 바이러스에 대한 저항력을 높인다.
5. 염증 유발 인자를 억제하여 염증을 제거하고, 해열 효능이 뚜렷하며, 특히 숙성된 백차일수록 효과가 뛰어나다.
6. 백차는 오래 숙성될수록 장내 미생물의 분포 구조를 효과적으로 조절하고, 비피더스균Bifisus, *Bifidobacterium*, 유산균*Lactobacillus*과 같은 유익한 미생물의 수를 증가시키며, 대장균 및 황색포도상구균과 같은 유해 미생물의 수를 감소시켜 위장을 다스리는 효능이 있다.

차는 쉽게 구할 수 있는 음료이면서 중국인들 삶의 한 부분이기도 하다. 건강에 대한 시대적 요구가 높아지면서 중국 백차의 인지도도 크게 높아졌고, 특히 소비자들 사이에서 복정백차의 수요도 갈수록 많아지고 있다.
많은 사람들이 차를 사랑하고 즐거운 마음으로 차의 향기와 맛을 느끼면서 그 매력에 취해 보길 바란다. 동시에 차의 풍부한 유효 성분들을 통해 건강한 삶을 회복할 수 있는 그날을 기대해 본다.

유 중 화(劉仲華) 교수

호남농업대학(湖南農業大學) 차학학과(茶學學科) 선도자
중국차엽학회(中國茶葉學會) 부이사장
중국차엽유통협회(中國茶葉流通協會) 부회장
중국국제차문화연구회(中國國際茶文化硏究會) 부회장

2017년 3월 1일

프롤로그 2

오늘날에는 전 세계를 휩쓸고 있는 건강 트렌드와 함께 건강 음료로 부상한 보이차(普洱茶)에 **이어 백차(白茶)가 새로운 다크호스로 떠오르면서 백차의 음료 시장도 크게 열리고 있습니다.**

세계적인 시장 조사기관인 '글로벌 인사이트 서비스GIS, Global Insight Services'에서는 최근인 올해 4월 백차 시장 분석 결과를 소개하면서, **세계 백차 시장은 2033년까지 향후 10년간 급속도로 성장해 북미, 아시아퍼시픽, 유럽에 걸쳐 시장의 규모가 약 36억 달러에 이를 것으로 내다보았습니다.**

이 발표에서는 백차 시장의 성장을 견인하는 주요 요인으로 **백차가 새싹 또는 여린 찻잎으로 최소한의 가공 과정을 거치면서 자연적인 향미가 섬세하면서 우아하고, 카페인 함량이 적을 뿐만 아니라, 항산화 성분과 같은 유효 성분이 풍부하여 면역력을 높이고, 콜레스테롤을 낮추며, 심장 건강을 증진하고, 체중을 감량하는 등 다양한 건강 효능이 있다는 사실을 들었습니다.**

더욱이 2023년부터 시작된 전체 음료 시장에서 유기농 음료 시장의 급성장세에 편입해 유기농 백차의 수요도 증가한 데다, 백차는 아이스티, 플레이버드 티, RTD 음료로의 가공, 판매의 확장성도 높아 백차의 발상지인 복건성을 비롯해 케냐, 인도 등 세계 백차 생산 시장의 성장도 견인하는 것으로 보고 있습니다.

이러한 가운데 **한국티소믈리에연구원**에서는 백차의 원류인 당송(唐宋) 시대부터 오늘날에 이르는 백차의 흥망성쇠, 그리고 현대 백차의 부활 역사와 함께 **백호은침**(白毫銀針), **백모단**(白牧丹), **수미**(壽眉), **공미**(貢眉) 등의 **다양한 백차들이 산지에서 가공을 거쳐 독특한 향미를 갖게 되는 과정, 우리는 방법, 숙성 진년백차병**(陳年白茶餠)의 건강 효능 등을 소개해 '중국 백차의 연대기'이자 '백차의 백과사전'이라고 할 **『기초부터 배우는 백차』를 출간합니다.**

이 책은 그동안 녹차, 홍차, 보이차, 우롱차 등에 비해 잘 알려지지 않았던 백차에 대하여 사람들의 의문점을 해소하고자 저자가 중국 내 다양한 백차들의 역사적인 문헌을 고증하고, 각 **백차들의 현지 발상지인 복건성의 본고장을 직접 찾아 탐사**하면서 백차 전문가들의 이야기를 듣고 생생하게 전해 주고 있습니다.

또한 백차를 생산하는 원료인 **차나무의 다양한 품종과 가공 방식, 분류 방법, 품질 확인, 백차병과 관련하여 상세히 소개**하고, 20세기 초 백차가 남양(南洋)(동남아시아)에 수출되어 현재 숙성 효과로 건강 효능뿐 아니라 수집 가치도 상승하고 있는 진년백차의 이야기도 흥미롭게 소개합니다.

특히 백차 수집을 위한 실용적인 지식인 각 숙성기별 진년백차의 진품 판별을 위한 방법과 저장 방법, 그리고 숙성기별 진년백차의 다양한 건강 효능을 유효 성분들의 함량 분석을 통해 소개하고, **현대 백차계의 산증인인 고**(故) **장천복**(張天福, 1910~2017) 선생의 생전에 특별 인터뷰를 수록해 흥미로움을 더해 주고 있습니다.

이 책은 훌륭한 백차를 선택하는 기초적인 방법들에서부터 백차를 올바로 우리는 순서와 방법도 소개하여 백차를 처음 접하는 분들이나 건강 효능으로 현재 각광을 받는 숙성 진년백차병을 수집하려는 분, 웰니스 티 음료로 편하게 즐기려는 사람들이 백차를 구입하는 데 훌륭한 길잡이가 될 것으로 기대합니다.

정 승 호(鄭勝虎) 박사

사단법인 한국티협회 회장
한국티소믈리에연구원 원장
외식 경영학 박사

저자의 말

중국 백차(白茶)의 이야기

지난 200년 동안 중국 백차에 관하여 알려진 것은 많지 않다. 진연(陳椽) 교수에 따르면, 중국 6대 차의 분류에서 백차는 신생 산업으로 다시 부상하고 있다고 한다. 시골에서 일상으로 마시던 담백하고 소박한 음료였던 백차는 염증 제거와 해열의 효능 덕분에 민간에서는 '홍역 치료제'로도 많이 처방하였다.

가공 과정이 가장 단순하여 천연에 가까운 백차는 찻잎을 덖는 살청(殺青)도 하지 않고, 비비는 유념(揉捻)도 하지 않으며, 오로지 찻잎을 시들게 하는 위조(萎凋) 과정이 핵심이다. 햇빛과 바람, 날씨의 조화와 사람의 경험과 기술이 어우러져 백차 특유의 '담백하고 청아하며 몸과 마음에 유익한' 특성과 효능이 탄생한다.

은은한 향기를 맡으며 백차 한 모금을 마시다 보면, 혼잡한 도시에서 벗어나 미세 먼지의 방해도 차단할 수 있다. 호흡기에 대한 백차의 보호 효능은 최근 다양한 연구 보고서와 신문에서 반복적으로 등장하는데, 그야말로 희소식이 아닐 수 없다.

한때 백차는 녹차와 동일시되었던 이유로 그 기원, 품종, 재배지, 가공 방법, 음용 기법, 문화 배경, 시장 상황에 대하여 아는 사람이 드물었다. 차 시장과 문화·경제 분야에 다년간 몸을 담고 있었던 두 저자는 중국 차의 발전을 기원하는 바람과 소비자들이 백차를 이해하고 마실 수 있기를 기대하면서 약 1년에 걸쳐 중국 백차의 거의 모든 주요 산지를 돌아다니면서 자료들을 모아 엮어서 세상에 이 책을 내놓았다.

이 시대에는 기록의 가치가 있는 일들이 많다. 백차가 시장에서 다시 인기를 받고, 그 가치를 재확인하는 것은 매우 소중한 일이며, 거기에는 많은 사람의 보이지 않는 노력이 깃들어 있다. 중국 백차가 걸어온 자취를 알리고, 그 과정에 있었던 사람들과 이야기들을 기록한 이 책이 독자들이 백차를 이해하는 계기가 되기를 기대해 본다.

이 책은 '중국 백차의 연대기'이면서 백차에 대한 작은 '백과사전'이다. 백차에 대한 궁금증을 해결할 수 있는 정보들을 이 책에 모두 수록하였다. 사람들이 백차 한 잔을 마시면서 그 이야기를 함께 나누는 시간을 가져 보았으면 하는 바람이다.

지은이 오 석 단 (吳錫端)
주 빈 (周濱)

2017년 3월 8일

CONTENTS

Part 1.

발견 / 숲속의 차 (茶)

Part 2.

탐사 / 차 (茶)에 깃든 과거

Part 3.

현장 탐방 / 신세대가 일군 백차의 신세기

Part 4.

백차 (白茶)의 어제와 오늘

Part 1.

발견 –
숲속의 차 (茶)

01

복정 (福鼎)에서 찾아보는 백차의 모습

중국 복건성(福建省)의 지급시인 영덕(寧德) 내에 위치한 조그만 도시인 **복정**(福鼎)은 예로부터 해산물이 풍부하기로 유명한 고장으로서 거리에는 맛집들이 즐비해 있다. 이곳의 밤거리에서는 진귀한 음식을 찾아 붐비는 손님들을 반기려고 맛집들이 불빛을 환히 밝히고 있는 모습을 흔히 볼 수 있다.

역사 기록에도 많이 언급되지 않은 복정이 200년 후인 오늘날 백차(白茶)**로 전 세계에 알려지게 된 이유는 무엇일까?** 중국 6대 차류 중에서 가장 단순하게 보이는 백차의 역사를 찾아, 그 안에 담긴 수수께끼를 하나하나 풀어보기 위해 민남(閩南)[1] 동부 해안가에 있는 이 작은 도시에서부터 탐사를 시작해 본다.

그 시작은 아마도 200여 년 전으로까지 거슬러 올라간다. '**복정백차**(福鼎白茶)'의 탄생 배경은 '**복정현**(福鼎縣)'의 탄생과 매우 밀접한 관련이 있다. **중국에서는 명나라 말기부터 청나라 초기까지 전쟁이 끊임없이 일어났다.** 그 뒤 **청나라 6대 황제인 건륭제**(乾隆帝, 1661~1722)**의 재위기에 이르러서 마침내 나라가 안정되고 경제가 성장하기 시작하여 인구도 급성장하였다.**

1) 민남(閩南)은 중국 복건성(福建省) 남부 지역을 가리키며, 천주(泉州), 하문(夏門), 장주(漳州) 등을 포함한다.

복정현의 거리에 즐비한 맛집들과(왼쪽) 건륭 황제의 초상화(오른쪽)

농업국이었던 청나라에서는 민간에서 자급자족의 생산을 안정적으로 발전시키는 일이 사회 질서를 유지하기 위한 급선무였다. 이를 위해 청나라는 제3대 황제로 세조인 순치제(順治帝, 1638~1661) 시대부터 전란으로 인해 떠돌이 생활을 하는 피난민들을 모집하여 각 지역의 황무지를 개간할 수 있는 정책들을 집행하였는데, 특히 순치 6년(1649년)에 다음과 같이 발표한 <간황령(墾荒令)>이 대표적인 예이다.

각지에 있는 모든 피난민을 출신, 본적과 상관없이 널리 모집하여 평화롭고 편안하게 일하면서 생계를 꾸릴 수 있도록 호적 관리 제도인 보갑(保甲)*에 편입한다.

지역의 관리들은 주인이 없는 황무지를 조사하고 그곳에서 농사를 지을 수 있도록 인장이 찍힌 면허증을 발급하여 백성들이 업으로 삼게 해야 한다.

농사를 시작하고 6년이 지나면 사관(司官)(수석 감사관)이 직접 재배 면적을 조사하고 농경 현장을 살피어 조정에 알려야 한다. 그 뒤 조정에서 논의를 거쳐 전량(錢粮)*의 징수 여부를 결정한다. 6년이 안 될 때는 조세를 징수할 수 없고, 그 어떤 부역에 동원되어서도 안 된다.

* 보갑(保甲) : 청나라 시대 향촌 사회 통제 제도. 향촌 사회에서 10호(戶)를 1패(牌), 10패를 1갑(甲), 10갑을 1보(保) 단위로 묶은 이웃 연대 책임 제도이다. 각 단위의 수장을 '패두(牌頭)', '갑두(甲頭)', '보장(保長)'이라고 하였다.
* 전량(錢粮) : 땅에 대한 조세인 '지세(地稅)', '지조(地租)'를 뜻한다.

전국에서 시행되었던 황무지의 개간 제도로 인하여 복건성 지역에도 간척 사업이 진행되었고, 밭을 일구는 분위기가 조성되었다. 농경지가 확보되면서 작물의 생산량도 증가하고 백성들의 삶도 점차 안정되었다. 또한 **물품의 거래량이 늘어나면서 통화량도 증가하여 기존의 시장에서는 그 수요를 충족시킬 수 없게 되었다.** 이러한 문제의 해결책으로서 복정에서는 항구가 개발되었는데, 그곳이 바로 '사정항(沙埕港)'이다.

강희(康熙) 22년(1683년)에 청나라는 대만을 수복하였다. 같은 해에 사정항의 무역이 시작되면서 복건성과 절강성(浙江省) 일대의 찻잎, 담배, 명반(明礬)(백반이라고도 한다) 등을 수출하였다. 강희 23년(1684년), 청나라 정부가 명나라 때부터 오랫동안 유지되었던 '해금(海禁)'(해상에서 허가된 조공선을 제외하고는 교통, 무역, 어업 등에 대하여 금지하였던 제도) 정책을 풀면서 복건성 동부 해안 지역의 농업, 어업, 목축업이 발전하기 시작하였다. 특히 **찻잎의 해외 판매량이 늘어나고 시간이 갈수록 대외 무역도 날로 번창**하였다.

산과 바다 사이에 위치한 복정(福鼎)

건륭(乾隆) 4년(1739년)에는 지역 통치를 강화하고 재정을 통제해야 하는 정치적인 필요로 인해 중앙 정부의 심사를 거쳐 하포현(霞浦縣) 권유향(勸儒鄉)으로부터 망해(望海), 요향(遙香), 육인(育仁), 염강사리(廉江四里)를 구획 및 분리하여 복정현으로 독립시켰다. 그러나 복정은 현으로 독립된 후에도 복녕부(福寧府)에 여전히 속하였다.

복정에서 차에 관한 전설은 수당(隋唐) 시대 이전으로까지 거슬러 올라간다. 당나라 시대의 '다성(茶聖)'이라는 육우(陸羽, 733~804)의 『다경(茶經)』에는 "영가현(永嘉縣) 동쪽 삼백 리에 백차산(白茶山)이 있다"고 기록되어 있다.

근대에 오면 **제다 전문가**이자 차학자인 **진연**(陳椽, 1908~1999) 교수가 『**차업통사**(茶業通史)』에서 "영가현 동쪽 삼백 리는 해상이기 때문에 남쪽 삼백 리로 수정해야 한다"고 주장하였다. 이때 영가현 남쪽 삼백 리면 바로 '복정(福鼎)'을 가리킨다.

민간에는 수당 시대보다 더 이른 시대인 요(堯)임금(?~?) 때부터 전해오는 전설이 있다. 복정 태모산(太姥山)에는 '남고(藍姑)'라는 여인이 살고 있었는데, 차를 만들었다고 한다. 마음씨 착한 그 여인은 백성들에게 자신이 만든 '녹설아차(綠雪芽茶)'를 나눠 주어 홍역을 치료하게 하였다.

그런데 이 남고(藍姑)가 바로 복정 사람들이 말하는 **'태모할멈**(太姥娘娘)'이며, 전설상의 '녹설아차(綠雪芽茶)'도 바로 4000년 전의 '고대 백차(古代白茶)'였을 것으로 보는 것이다. 이같이 중국 백차의 기원은 '약식동원(藥食同源)'의 이념에서 출발한다.

의학 기술이 발달하지 않았던 고대에 중국의 모든 차류는 약으로 **사용하는 데서부터 시작하였다.** 그리고 처음부터 제다법이 정해져 있었던 것이 아니기에 차는 고대 한약재를 만드는 방법인 자연 건조의 방식으로 만들어졌다.

그러나 전설은 어디까지나 전설일 뿐이다. 중국의 근대 차학자이자, 차 산업의 거장인 **장천복**(張天福, 1910~2017) 선생은 진정한 의미에서 **복정백차**(福鼎白茶)의 기원은 청나라 가경(嘉慶) 원년(元年)에 복정에서 만들어진 '**은침**(銀針)'이라고 하였다.

그 이유는 **고대에 기록된 '백차'는 오늘날의 가공법으로 분류하는 '백차'가 아니기 때문이다.** 먼저 품종 측면에서 볼 때, 고대에는 새싹과 찻잎을 '황화(黃化)'나 '백화(白化)'하여 만든 차를 '백차'라고 하였지만, 실은 그 대부분이 오늘날의 '녹차(綠茶)'에 해당한다. 대표적인 예가 '안길백차(安吉白茶)'(이름이 백차이지만 녹차임)이다. 또 하나는 가공 과정의 측면에서 볼 때, **명나라 이전의 모든 기록물에서는 백차의 가장 중요한 가공 과정인 '위조(萎凋)'를 언급하지 않는다는 점이다.**

한편, 복정에서 진행된 차 산업의 발전은 세계의 차 산업과 밀접한 관련이 있다. **청나라 이전에 중국인들은 주로 녹차를 섭취하였다. 홍차도 비록 명나라 때 만들어졌지만**/『다능비사(多能鄙事)』를 참조/**청나라 중기에서야 본격적으로 발전하기 시작하였다. 특히 청나라 시대에는 다양한 종류의 차들이 만들어지기 시작하였는데, 홍차뿐만 아니라 청차(青茶)(우롱차), 백차도 본격적으로 만들어지기 시작하였고, 국경 무역 시장에서는 흑차(黑茶)(주로 보이차)의 거래가 활성화되었다.**

1610년 네덜란드 동인도회사에서 '중국 홍차'/민북(閩北) 지역의 정산소종(正山小種), 서양에는 랍상소총 Lapsang Souchong으로 알려졌다/를 유럽으로 운송하면서부터 중국의 차는 세계에서 그 이름을 드날리기 시작하였다.

왼쪽은 태모산(太姥山)에서 자라는 녹설아차수(綠雪芽茶樹),
오른쪽은 태모산에 위치한 '태모할멈(太姥娘娘)'의 석상

1662년 포르투갈 브라간사 왕가의 공주인 캐서린 오브 브라간사 Catherine of Braganza, 1638~1705 가 영국의 국왕 찰스 2세 Charles II, 1630~1685 와 정략 결혼할 당시 혼수로 **홍차**와 다기들을 **영국**으로 가져갔다. **이때부터 영국의 왕가나 귀족 등 상류층에서는 '중국 홍차'를 마시는 유행이 번졌다.**

당시 영국은 중국의 차 수출 시장에서 큰손님으로 떠올랐다. **영국 상류 사회에서 중국의 차를 소유하고 마시는 일은 이제 하나의 유행을 넘어 부와 신분을 과시하는 상징이 되었다.** 그 뒤 해가 지지 않는 대영제국의 영향으로 다른 나라에서도 속속 중국의 차를 즐기기 시작하였다.

이러한 시대적인 배경으로 **17세기 중기부터 불과 20~30년 사이에 중국의 차 수출량은 배로 증가하였다. 영국뿐만 아니라 러시아, 스웨덴, 미국, 호주, 뉴질랜드 등 여러 나라로 차가 수출되면서 시장이 확장된 것이다.** 이때 유럽에서는 **산업혁명**이 한창이었고, 자본주의가 급속히 발전하면서 신흥 부르주아 계급도 탄생하였다. **물질적인 부에 목말랐던 그들에게 중국의 차를 마시는 일은 이제 간절한 열망의 대상이었다.**

중국의 상인 중에서도 시장의 수요가 증가하고 있다는 사실을 알아챈 일부 실력자들은 값싼 노동력을 대거 투입하여 차나무를 심어 차원을 조성하고, 가공 공장을 설립하여 차를 생산하였다. 차 산업의 발전과 더불어 생산과 유통, 그리고 판매를 병행하는 새로운 경영 방식이 형성되면서 **복건성에서는 북부인 민북(閩北)과 동부인 민동(閩東) 일대에 수많은 차호(茶號)(차 상점), 차장(茶莊)(차 도매점), 차행(茶行)(차 도매상)들이 생겨났다.** 그리고 민동과 민북에서 생산되는 **'탄양공부(坦洋工夫)', '백림공부(白琳工夫)', '정화공부(政和工夫)', '정산소종(正山小種)'**은 복건성을 대표하는 '4대 홍차'로 자리매김하였다.

태모산(太姥山)의 봄차

홍차가 국제 시장에서 최상의 인기를 누리며 잘나갈 때 백차는 사람들에게 눈길조차 끌지 못하였다. 또 한편으로 백차는 가공 방식이 가장 단순하지만, 자연적인 날씨의 영향을 많이 받고, 당시로서는 기계화도 이루어지지 않아 대량으로 생산하기가 어려웠다. 따라서 백차를 출시하는 일은 수많은 위험이 뒤따랐다.

그러한 가운데 **중국은 오랫동안 차 무역을 통해 유럽에 거의 일방적으로 수출만 진행하였고, 유럽으로부터 대량으로 물품을 수입하지는 않아 막대한 수익을 올릴 수 있었다. 이러한 무역 수지의 불균형에 산업혁명으로 강대해진 영국에서는 갈수록 불만이 쌓여만 갔다.**

1685년부터 1759년까지 70여 년 사이에 영국의 찻잎 수입량은 8만 파운드에서 269만 파운드로 약 30배나 증가하였다. 1764년 중국에서 유럽으로 수출하는 물자의 총액이 은 364만 냥이었는데, 영국이 은 170만 냥으로 46.7%를 차지하였다. 반면 유럽에서 중국으로 수출하는 물자의 총액은 은 191만 냥에 불과하는데, **영국이 121만 냥으로 63.3%를 차지하였다**(진상승(陳尙勝)의 저 : 『쇄국과 개방 : 중국 봉건사회 후기 대외관계 연구(鎖國和開放:中國封建晩期對外關係硏究)』).

영국에서 애프터눈 티를 즐기는 모습을 묘사한 그림

영국은 당시 자국에서 생산한 고급 방직물과 공업품을 중국에 판매하려고 노력하였지만, 자급자족의 농경사회인 중국에서는 인기가 없었다. 건륭(乾隆) 58년(1793년)에 영국의 외교 사절단이 중국에 도착하였다. 중국의 소비 시장을 이해하여 판로를 파악하는 한편, 공식적인 수교를 통해 무역 거래를 트려고 시도한 것이다. 그러나 건륭 황제는 영국의 지구본, 기압계, 증기기관, 방직기, 총 등 선진화된 문물에 별다른 관심이 없었기 때문에 영국 외교 사절단의 모든 요구를 거절하였다.

영토를 세계로 넓혀 부를 축적하려는 대영제국과 농경 사회에 머물러 강경한 쇄국 정책을 펼치는 중국의 청나라 사이에는 결코 피할 수 없는 전쟁의 서막이 오른 것이다.

02

백호은침 (白毫銀針), 그 최초의 전설!

백호은침(白毫銀針)은 바늘 모양에 백호(白毫)라는 하얀 잔털이 촘촘하여 은빛이 감도는 백차(白茶)이다. 제다 방식에서도 백호은침은 '최고급 백차'로 분류되며, 복건 동부와 북부의 복정(福鼎), 정화(政和) 두 지역에서 생산된다. 오직 단일 새싹으로만 만들기 때문에 크기가 균일하고 백호가 선명하여 보기에 앙증맞고 이쁘다.

복정의 백호은침은 탕색(이하 찻빛)이 연한 살구색을 띠면서 맛이 매우 깔끔하고 신선하다. **정화의 백호은침은 맛이 감미롭고 그윽하면서 진하고, 청아한 향이 난다.**

복정에는 오직 새싹으로 '아차(芽茶)'를 만드는 전통이 있다. 명나라 만력(萬曆) 44년(1616년)에 편찬된 『복녕주지, 식화, 공변(福寧州志·食貨·貢辯)』에는 차를 등급에 따라 가격을 매기고 판매하였던 기록이 있는데, 이때 등급을 나누는 기준은 새싹의 품질이었다.

중국 홍차가 세계 시장에서 부동의 인기 1위를 누렸던 지난 100여 년 동안 백차는 그 시작부터가 상당히 부진한 편이었다.

복정에서는 가경원년(嘉慶元年)(1796년)에 처음으로 '은침(銀針)'을 만들었다. 함풍(咸豊) 6년(1857년)과 광서(光緖) 7년(1880년)에는 **우량 품종의 차나무인 '복정대백(福鼎大白)'**과 **'복정대호(福鼎大毫)'**가 발견되었지만, 광서(光緖) 12년(1885년)이 되어서야 **백호은침**을 만들기 시작하였다.

정화에서도 광서(光緖) 6년(1879년)에 우량 품종의 차나무인 '정화대백차(政和大白茶)'가 발견되었지만, 10년 뒤(1889년)에야 백호은침을 만들기 시작하였다.

오늘날 시장에서는 백호은침을 종종 '은침백호(銀針白毫)'라고도 한다. 그리고 **복정**에서 생산되는 것은 '**북로은침**(北路銀針)', **정화**에서 생산되는 것은 '**남로은침**(南路銀針)'이라고 한다.

19세기 전반에 찻잎을 두고 복잡하게 급변하는 정세 속에서 **복정의 작은 마을인 백림**(白琳)은 **교역의 요충지**가 되었고, **각지의 손님들이 구름처럼 몰려와 발을 디딜 틈이 없었다.**

청나라 건륭 기묘년(1759년)에 복녕부(福寧府)의 지부(知府)(장관)로 임명된 이발(李拔, 1713~1775)이 편찬한 『복녕부지(福寧府志)』에는 "차(茶)는 군(郡)과 치(治)에서 모두 생산하는데, 그중 최고는 복정의 백림"이라고 기록되어 있다. 이때 '군(郡)'은 행정구역이고, '치(治)'는 지방 정부의 소재지이다.

광서(光緖) 32년(1906년)에 출판된 『복정현향토지·호구(福鼎縣鄕土志·戶口)』에서는 당시의 상황을 다음과 같이 기록하고 있다.

"복정은 차의 생산을 경제의 기반으로 하는데, 20년 전부터 상인들이 발길이 닳도록 백림으로 몰려들었다. 그곳은 사람들의 어깨와 수레들로 붐볐던 큰 도시였다."

또한 『복정현향토지·상무표(福鼎縣鄕土志·商務表)』에서도 차와 관련하여 그 백림의 거래 규모를 알 수 있는 대목을 기록하고 있다.

"**백차, 홍차, 녹차**의 세 종류 차를 기본적으로 만들었다. 백차 약 2000상자, 홍차 약 2만 상자가 배로 복주(福州)로 운송되어 판매된다. 연간 약 3000단(担, 1단은 100근)의 녹차는 육로와 수로를 통해 복주에서 3분의 1이, 상해에서 3분의 2가 판매된다. 저렴한 홍차도 상해에 판매된다."

『복정현향토지·물산(福鼎縣鄕土志·物産)』에서도 "차는 이 고을의 주요 상품으로서 태모산에는 녹설아차(綠雪芽茶)가 있다면 백림에는 백호차(白毫茶)가 있다. 그 생산의 정교함은 실로 최고이다"로 기록되어 있다.

이상의 자료에서 알 수 있듯이, 19세기 말 복정 차의 최대 유통 중심지였던 **백림에서 백차가 생산되었지만,** 생산량과 판매량이 세 종류의 차 중에서도 가장 적었고, 전체 지역의 생산량도 약 2000상자에 불과하였다. 이때 **복정에서 가장 유명한 차**는 **홍차**인 **'백림공부(白林工夫)'**였다. **당시 갓 상품 차로 출시된 백호은침(白毫銀針)은 일반적으로 홍차에 곁들여 수출하는 데 사용되었다.**

오래전 차행(茶行)들이 몰려들었던
복정 백림의 옥림노가(玉琳老街)
제공 : 복정차판(福鼎茶辦)

외국 아편의 수입 항구였던 상해 입구

그 이유는 **본래 생산량이 적고 가격도 매우 비싸 극소수의 소비자들에게 판매되는 최고급 차였**기 때문이다. 백호은침의 모양을 즐기는 유럽의 일부 소비자들은 **홍차를 우릴 때 약간의 백호은침을 넣어서 차를 마시는 품격을 높이기도 하였는데,** 이것이 또 하나의 유행이 되어 **백차의 생산과 판매를 증가시켰다.**

백림과 같은 차 마을이 번성한 데에는 적지 않은 역사적인 사건들이 그 배경에 놓여 있다. 청나라에서 가장 오랫동안 재위한 건륭제가 가경(嘉慶) 4년(1799년)에 사망하면서 그의 오랜 통치가 남긴 문제점들이 가경제 집권기에 끊임없이 나타났다. **과도한 세금의 징수와 관료들의 부패가 청나라의 근간을 뒤흔들었고, 국제 외교에 대한 소극적인 태도는 세계사적인 발전에서 뒤처지면서 국력도 갈수록 쇠퇴하였다.**

가경제 집권 이후에는 농민들의 계속되는 봉기, 동남 해안의 불안정한 정세, 국고가 바닥난 식량난, 아편의 유입 등 문제가 끊이지 않았다. 그러함에도 가경제는 선대의 건륭제에 이어 쇄국 정책을 고수하면서 청나라가 영원하리라 과신하고 국제 정세를 외면하였다. 영국인들은 이러한 중국 상황에 대한 이해가 깊어지면서 선진적인 제품보다는 **아편**으로 중국 시장을 열 수 있다는 가능성을 보았다.

중국은 송나라 시대부터 민간에서 아편을 약재로 사용한 기록이 있다. 명나라 시대부터 아편이 무역을 통해 해외로부터 수입이 증가하면서 중앙 정부는 아편에 대한 약재 세금을 본격적으로 징수하였다.

청나라 초기까지만 해도 명나라 시대와 같이 아편에 대해 세금을 거두었지만, 그 아편의 양이 얼마 되지 않았다. 그런데 가경제는 아편을 무척이나 싫어한 황제였다. 그는 가경 5년(1800년)에 아편의 수입량이 4000상자에 이른다는 사실을 알게 되면서 쇄국 정책에 대한 의지는 공고해져만 갔다. 더욱이 가경 21년(1816년)에 영국이 또다시 청나라에 수교를 청하면서 무역항을 개방하고 절강성 해안의 일부 섬을 양도하라고 요구하였는데 가경제는 이를 단호히 거절하였다. **결국 이 모든 것은 아편으로 중국의 시장을 열려는 영국인들의 야심을 더욱더 굳건히 하는 결과를 초래하였다.**

1820년에 가경제가 서거하고 도광제(道光帝, 1782~1850)가 제8대 황제로 즉위하면서 **중국의 아편 문제는 더욱더 심각해졌다.** 매년 수입되는 아편이 4만여 상자(대부분이 밀수품)에 이르렀고 그 무게만 약 400만 근에 달하였다. 이때 **아편은 영국이 중국에 대한 수출액의 절반 이상을 차지하면서 영국의 대중국 무역은 수출액이 수입액을 앞질렀다.**

1840년 6월, 제1차 아편전쟁(阿片戰爭)이 발발하였다. **2년 뒤 그 전쟁은 중국의 패배로 배상금 지급과 토지를 양도하는 《남경조약(南京條約)》을 체결하는 것으로 끝이 났다.** 이 조약은 중국 근대사상 첫 번째의 **불평등 조약**이었다.

도광 23년(1843년)에는 영국이 청나라 정부에 《남경조약》의 특약으로 《오구통상장정(五口通商章程)》과 《오구통상부점선후조관(五口通商附粘善後條款)》/**약칭 《호문조약**(虎門條約)》/에 서명하도록 강요하였다. 여기에는 영사 관할권, 외교적으로 일방적인 최혜국 대우 등의 조항도 추가되었다.

《남경조약》은 중국을 주권 독립국에서 반(半)식민지, 반(半)봉건적 국가로 전락시켰다. 한평생을 근면하고 검소하였던 도광제는 그 충격에서 헤어나지 못하고 불과 몇 년 만에 세상을 떠나고야 말았다.

녹설아차(綠雪芽茶)의 모수(母樹)

영국인의 중국 시장에 대한 지배 욕망은 여기서 그치지 않았다. **그들은 중국 차의 핵심 기밀을 파악하여 중국의 세계 차 시장에 대한 독점을 저지할 목적으로** 식물학자인 로버트 포춘Robert Fortune, 1812~1880을 **중국으로 급파하였다.** 당시 인도 주재 영국 총독은 로버트 포춘에게 다음과 같은 비밀 지령을 내렸다.

"중국의 차 산지에서 최고로 훌륭한 차나무와 그 종자를 빼돌려 콜카타Kolkata/당시 캘커타Calcutta/로 보낸 뒤 콜카타에서 다시 히말라야 산지로 운송하라. 또한 경험이 풍부한 차나무의 재배자와 **가공 기술자들도 채용하라. 그들이 없다면 히말라야에서 차의 생산을 시작할 수 없다."**

로버트 포춘은 1848년부터 1860년까지 약 12년간 **네 차례에 걸쳐 중국에 입국하여 머리를 밀고 뒷머리를 길게 땋은 변발로 여행하였다.** 이같이 중국인으로 변장하고 중국어를 구사하면서 다양한 차 산지에서 일하였다.

이와 관련하여 영국의 작가인 토비 머스그레이브Toby Musgrave는 그의 저서 『플랜트 헌터스The Plant Hunters』에서 다음과 같이 설명하고 있다.

"로버트 포춘은 구주(衢州)를 비롯해 절강(浙江)의 여러 지역에서 차나무의 종자를 채취하는 데 성공하였다. 그는 영파(寧波) 지역, 주산(舟山), 무이산(武夷山)에서 채취한 표본 2만 3892그루의 묘목과 **약 1만 7000그루를 히말라야의 산지로 운반하는 한편, 8명의 중국 차 기술자들도 함께 데리고 갔다.** 그 뒤 인도의 아삼주와 시킴주에는 차 농장이 생기기 시작하였고, 19세기 후반에 이르러 **인도 북부에서는 차가 가장 중요한 수출 상품 중 하나가 되었다."**

유럽에서는 홍차를 즐겨 마셨기 때문에 중국에서 빼돌린 씨앗을 식민지에 심어 차나무를 재배해 대부분 홍차로 생산하면서 생산 원가와 가격도 훨씬 더 저렴해졌다. **1893년에는 인도와 실론(현 스리랑카)에서 생산되는 홍차가 영국 홍차 시장의 절반을 차지하면서 홍차 수출국이었던 중국이 큰 타격을 입었다.** 또한 1875년 중국 내 안휘성(安徽省)에서도 기문홍차(祁門紅茶)가 출시되면서 복건성의 민홍차(閩紅茶) 시장을 크게 잠식하였다.

이때 **홍차 시장에서 위기를 느낀 복건성의 차 상인들이 마침내 새로운 길을 개척하는 차원**에서 백차의 생산을 적극적으로 추진하였다. **민북의 정화현이나 민동의 복정시 차 상인들은 모두** '백호은침'의 **판매에 희망을 걸었다.**

복정 동부의 해안에 자리한 **태모산**(太姥山)은 **복정백차**(福鼎白茶)의 **발원지**로 여겨져 왔다. 따라서 **태모산 홍설동정**(鴻雪洞頂)**의 '녹설아**(綠雪芽)**'로 불리는 고차수**(古茶樹)**는 백차를 연구, 생산하는 중요한 모수**(母樹)**로 여겼다.**

당시 복정 사람들이 백호은침에 대하여 가졌던 인식을 알 수 있는 기록이 있다. 청나라 초기의 문학가인 주량공(周亮工, 1612~1672)은 그의 저서 『민소기(閩小記)』에서 녹설아에 대하여 다음과 같이 기록하고 있다.

"녹설아(綠雪芽)는 현재 백호(白毫)라고 부른다. 색과 향이 모두 절묘하다. 특히 홍설동(鴻雪洞)의 것이 최고이다. 효능이 서각(犀角)(무소뿔로서 해열, 해독, 지혈제로 사용)과 같아 **홍역의 치료에 좋은 약이다. 해외에도 판매되고, 가격은 금값과 같다.**"

이로부터 백호은침은 민간에서 좋은 약이었을 뿐 아니라 국제 시장에서도 그 가치를 인정받았다는 사실을 알 수 있다. **백호은침은 1891년에 처음으로 해외에 수출되었고, 1910년부터는 유럽과 미국에서도 인기를 얻어 많이 팔리기 시작하였다.**

도광제가 체결하였던 《오구통상장정》에서는 복주(福州)와 하문(厦門)을 수출항으로 지정하였는데, 이는 백호은침의 수출을 크게 촉진하였다. 청나라 말기에서 민국 초기까지 백호은침으로 대표되는 중국의 백차는 유라시아 39개국에 판매되었다. 이때 **안목이 있던 복건성의 차 상인들은 거상으로 성장하였다.**

파나마 만국박람회에 출시된 '마옥기(馬玉記)' 백차

파나마 만국박람회에서 전시하였던 100년 된 백호차(白毫茶)를 북경에서 본 사람이 있다. 그에 따르면 백호차는 미국 화교가 소장한 것인데 포장이 매우 정교하였다고 한다. 검은 옻칠에 정교한 꽃과 새 문양이 그려진 나무상자로 포장되었고, 내부에 주석으로 만든 차통이 있었다고 한다. 그 나무상자에는 생산자인 '마옥기(馬玉記)'라는 차호(茶號)의 라벨이 있었고, 제품의 영문명은 '플라워리 페코FLOWERY PEKOE'(花香白毫)였다고 한다. 전부 단일 새싹으로만 만들어진 '아차(芽茶)'였는데, 찻잎이 '비장(肥壯)'(튼실하고 윤택이 있음)할 뿐 아니라 백호도 조밀하였으며, 찻잎의 외형과 색상은 그야말로 오늘날 우리가 흔히 알고 있는 '백호은침'의 모습이었다고 한다.

본래 백호은침은 오직 새싹만으로 만들기 때문에 최종 완성된 상품의 찻잎은 비장하면서 백호로 뒤덮여 있고, 또 곧게 뻗은 것이 바늘 모양이면서 희고 광택이 돌아 외관이 매우 아름답다. 이러한 백호은침은 비록 생산지가 달라도 그 가공 과정이 거의 엇비슷하다.

복정은침(福鼎銀針)의 경우에는 맑은 날을 택하여 찻잎을 위조용 선반에 얇게 펴서 햇볕에 충분히 말린다. **찻잎의 수분 함유량이 10~20%** 정도 되면 건조 기구인 배롱(焙籠) 위에 펴 놓고(배롱 밑부분에 종이를 깔아 새싹이 황화되는 것으로 막는 작업) **약한 불(40~50도)로 충분히 말린다.**

정화은침(政和銀針)의 경우에는 신선한 새싹을 선반 위에 펴 놓고 통풍이 잘되는 장소에 두면서 충분히 말린다. **찻잎의 수분 함유량이 20~30% 정도 되면 햇볕에 건조한다.** 날씨가 맑은 경우에는 먼저 햇볕에 말린 뒤 다시 통풍이 잘되는 곳에서 말릴 수도 있다. **은침모차**(銀針毛茶)**는 찻잎의 형태가 파손되지 않고 온전한 것으로 다시 선별하여 불에 올린 뒤에 뜨거울 때 포장한다.**

백호은침의 채엽은 매우 섬세하고 엄격한 작업이다. 비가 오는 날이나 이슬에 젖은 날이면 새싹을 채취하지 않고, 또한 가늘고 여윈 새싹이나 자주색의 새싹은 따지 않는다. 바람에 상한 새싹, 인위적인 손상을 입은 새싹, 벌레 먹은 새싹, 잎눈이 벌어지거나 비어 있는 새싹, 병든 새싹은 채취하지 않는데, 이를 가리켜 '십불채(十不採)'라고 한다.

해마다 처음 돋아나는 봄철의 새싹은 유난히 튼실하고 윤택이 나서 훌륭한 품질의 백호은침을 만들 수 있는 이상적인 원재료이다. 백호은침은 찻잎 중에서도 오직 튼실한 단아(單芽)**(홑눈)로만 만들 수 있는데, 일아일엽**(一芽一葉) **또는 일아이엽**(一芽二葉)**을 채취할 경우에는 그중에서도 새싹인 아심**(芽心)**만 따로 추려**내는데, 이 과정을 '추침(抽針)'이라고 한다. **이 추침을 통해서 새싹은 백호은침을 만드는 데 사용하고, 나머지 찻잎들은 다른 종류의 백차나 다른 분류의 차를 만드는 것이다.**

한편 1912년부터 1916년까지는 백호은침의 판매 전성기였다. 이 당시 복정과 정화의 두 지역에서는 각각 연간 1000단(担) 이상을 생산해 유럽과 미국으로 판매하였다. 이때 은침 1단은 은화로 320위안(元)이었다.

참고로 말하면, 중국은 20세기 1930년대 초까지 은화를 통용하였는데, 황금 1냥(兩)은 약 은화 100위안이었고, 은화 1위안은 은 0.7냥(兩)과 같았다. 구매력 기준에서는 1911년~1920년 상해의 쌀값이 1근에 3.4분전(分錢)(0.034위안)이었으며, 은화 1위안으로는 쌀 약 30근을 살 수 있었다. 돼지고기는 1근에 0.12~0.13위안이었으며, 은화 1위안으로는 8근을 살 수 있었다. 중국 내륙의 가난한 지역에서는 은화 3~4위안으로 토지 3묘(畝)(1묘는 666.7제곱미터)는 넉넉히 살 수 있었다.

백호은침은 차를 주업으로 하는 복건 북부와 동부의 상인들에게 부를 가져다주었다. 그런데 안타깝게도 순탄한 날들도 그리 오래가지 않았다. **백호은침의 주요 시장인 유럽에서 제1차 세계대전이 발발하였고, 동맹국(독일, 오스트리아, 헝가리, 터키, 불가리아)과 협약국(영국, 프랑스, 러시아, 미국, 이탈리아)이 모두 참전한 것이다.**

이 전쟁에는 약 6500만 명의 사람들이 참전하였는데, 1000만 명이 숨졌고 2000만 명의 부상자가 발생하였다. 이 **전쟁으로 막대한 경제적 손실이 생긴 것 외에** 중국 차의 유럽 수출도 중단되어 백호은침의 판매에도 막대한 피해를 준 것이다. 이때부터 중국의 차 산업이 급속도로 쇠퇴한 결과, 연간 생산액이 10만 위안도 채 되지 않았다. 제1차 세계대전의 여파로 복건의 차 상인들도 부득이 시장을 떠나게 된다.

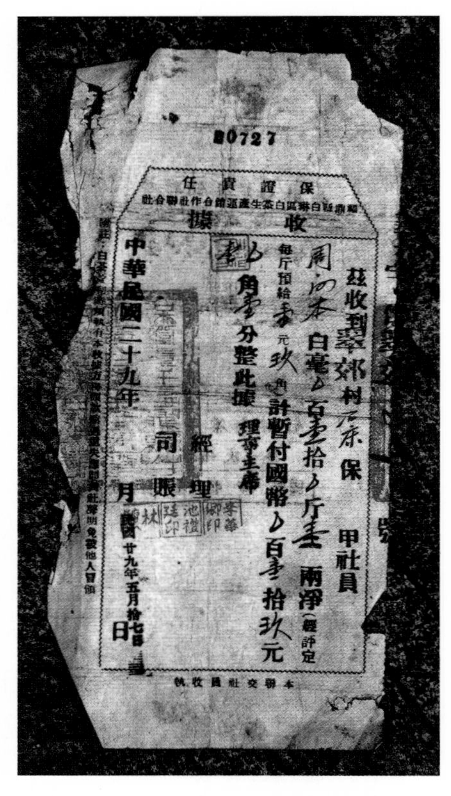
0727
保證責任
收據
茲收到翠郊村
甲社員
每斤預給
分整此據
經理
司賬
中華民國二十九年 月 日
本聯交社員收執

이득광(李得光)(이화경, 李華卿)이 백림진(白琳鎭)의 취교촌(翠郊村)에 차장을 설립하고 백호은침의 반(半)제품을 구입한 영수증

제공 : 복정차판(福鼎茶辦)

03

백류촌(柏柳村)에서 점두진(点頭鎭)까지, 사당(祠堂)에서 시장(市場)에까지

복정으로 가면 잔잔한 바닷바람이 산과 숲을 가르고, 푸르른 차밭이 끝없이 이어지는 광경을 쉽게 볼 수 있다. 그곳 옛 현성(縣城)에서 약 50km 이상 떨어진 점두진(点頭鎭)에는 백류촌(柏柳村)이라는 조그만 마을이 있다.

그 마을 입구로 들어서면 '중국백차제일촌(中國白茶第一村)'이라는 글귀가 새겨진 큰 비석이 가장 먼저 눈에 들어온다. 여기가 바로 **복정백차**의 **진정한 고향**이다.

백류촌(柏柳村) 입구에 있는 '중국백차제일촌(中國白茶第一村)'의 거대 비석

가경(嘉慶) 원년(1796년)에 복정의 차농들은 그 지역에서 자라는 일반 차나무의 새싹으로 은침을 만든 것으로 전해진다. 그러나 당시에는 새싹

이 매우 가늘고 작아서 차로 만들면 그 모양과 맛이 모두 좋지 않아 보급되지 않았다고 한다.

중국에는 백차를 만드는 데 적합한 품종의 차나무들이 많이 있지만, 전통적인 의미에서 백차를 만들려면 백호가 풍부하고 선명하면서 아미노산 등 질소화합물의 함량이 높은 품종을 선택해야 한다. 그래야만 호향(毫香)이 뚜렷하고 신선하며 상쾌한 맛을 낼 수 있기 때문이다.

그런데 1857년 복정에 일대 전환점이 있었다. **청나라 말기 복정시 점두진 백류촌의 차 상인 진환(陳煥, 1813~1888)이 태모산에서 '새싹이 튼실하고 백호가 선명한' 차나무인 '대백차모수(大白茶母樹)'를 발견한 뒤 고향에 돌아와 번식에 성공한 것이다. 이것이 오늘날 '복정대백차(福鼎大白茶)'의 발원이다.**

1880년에는 점두진의 왕가양촌(汪家洋村)에서 차농들이 또 다른 품종인 '복정대호(福鼎大毫)'의 재배에 성공하면서 비로소 복정백차가 안정적으로 발전할 수 있는 토대가 마련되었다.

이 복정대백과 복정대호가 각각 오늘날의 '화차(華茶) 1호(號)', '화차(華茶) 2호(號)'이다. 이 두 품종은 1985년에 국가 기관에서 '국가 특급 품종'으로 공인되었고, 『중국차수품종지(中國茶樹品種志)』에서는 '복정대백'과 '복정대호'를 국가에서 승인한 77종의 차나무 품종 중에서도 각각 1, 2위에 올렸다.

복정대백차(福鼎大白茶)의 재배지

또한 국가급(國家級) 및 성급(省級)의 차나무 품종에서도 25종은 **복정대백**의 품종을 '부본(父本)' 또는 '모본(母本)'으로 하여 번식한 것인데, '복운계열(福雲系列)', '절농계열(浙農系列)', '복풍(福豐)', '명풍(茗豐)' 등이 대표적이다.

복정대백은 가뭄과 추위에 강하고, 꺾꽂이법을 통한 번식률도 높아 **20세기인 1960년대부터 복건성, 절강성, 호남성, 귀주성, 사천성, 강서성, 광서성, 호북성, 안휘성, 강소성** 등의 지역에서 홍차, 녹차, 백차 등 다양한 차를 만들기 위하여 대규모로 재배되었다.

앞에서 이야기하였듯이 백호은침은 **1885년부터 국내외 시장의 수요가 증가하면서 그런** 복정대백의 품종으로 만들기 시작하였고, **1910년에는 유럽으로 수출되면서 세계인으로부터 큰 각광을 받았다. 그러나 제1차 세계대전의 갑작스러운 발발로 시장이 붕괴하면서 사람들이 백차 시장을 새롭게 확장할 방법을 모색하기 시작한 것이다.**

복정의 차 산업이 번성하기 시작한 날부터 현지에는 영향력을 갖춘 차 상인들이 명가(名家)**를 이루었다.** 그중에서도 차 상인 오관해(吳觀楷)의 '오(吳)', 채덕교(蔡德教)의 '채(蔡)', 매백진(梅伯珍)의 '매(梅)', 원자경(袁子卿)의 '원(袁)'이 특히 최고의 명가로서 권위를 자랑하였다.

도광(道光) 23년(1843년)의 《오구통상장정(五口通商章程)》 체결 이후부터 복정의 차 무역 중심지인 **백림촌**(白淋村)에서 생산된 **홍차**인 '**백림공부**(白淋工夫)', **백차**인 '**백호은침**(白毫銀針)', 녹차인 '백모후(白毛猴)'와 '연심(蓮心)'은 매년 국내외 시장에서 가장 인기가 높은 품목이 되었다.

한편 차 상인 **매백진**(梅伯珍, 1875~1947)은 자는 보상(步祥), 호는 소계(筱溪) 또는 정괴(鼎魁)로서 청나라 광서(光緒) 원년(1875년)에 복정현 점두진 백류촌의 부유한 집안에서 태어났다. **복정의 근대 차 역사에서도 가장 유명한 차 상인 중 한 사람인 매백진은 유년 시절에 부유하였던 집안의 가세가 기울고 그 뒤 부모마저 어린 나이에 여의게 되자 차를 팔면서 생계를 꾸렸다.**

20세기 초 매백진의 사업은 순풍을 탄 듯이 거칠 것이 없이 번창하였다. **백림당원**(白淋棠園)**의 유명 차 상인 소유선**(邵維羨, 1855~1931)**과 백차 '차행**(茶行)**'(차 도매상)인 마옥기**(馬玉記)**의 사장, 그리고 '차잔**(茶棧)**'(차 도매상)인 복무춘**(福茂春)**의 주인으로부터 큰 신임을 얻어 '차장**(茶莊)**'(차 상점)을 운영하였다.** 이 과정은 매백진의 자서전 『소계진정서(筱溪陳情書)』에 자세히 설명되어 있다. 그가 사업을 크게 준비하던 시기에 제1차 세계대전이 발발하여 1918년부터 1920년까지 3년간은 적자를 면치 못하였고, 차 도매상 마옥기에 투자한 주식에서도 9000대양(大洋)(민국 시대의 통용 화폐)의 손해를 보았다.

매백진의 상황은 당시 차 산업의 실상을 그대로 보여 주는 대표적인 사례였다. 당시 매백진의 사돈이자, 마찬가지로 복정에서 차의 명가를 이룬 원자경도 같은 상황에 놓여 있었다. 참고로 매씨 가문의 족보인 『매씨종보(梅氏宗譜)』에는 "매백진의 둘째 아들 매세후(梅世厚)의 딸은 원자경의 아들인 옥림(玉琳) 원지인(袁志仁)과 혼인하였다"고 기록되어 있다.

홍차를 주로 취급하였던 **원자경**은 국내외 시장에서 백림공부의 약한 경쟁력과 낮은 가격에 직면하자 그 돌파구로서 **차나무의 품종을 과감하게 모두 복정대백으로 변경**하여 백림공부 중에서도 최고급 상품 홍차인 **'귤홍(橘紅)'을 개발**하였다. 『복정문사자료(福鼎文史資料)』에 따르면, 귤홍은 복주(福州)에서 큰 인기를 끌었다고 한다.

그러나 **백차는 처음부터 수출용으로 만들었던 차**였고, 유럽과 미국 이외의 주요 시장은 화교들이 몰려 있는 **홍콩, 마카오**, 그리고 **동남아시아 국가**였다. 그러한 배경으로 매백진은 남양(南洋)의 시장 개척에 박차를 가하기 위하여 직접 동남아시아로 건너가서 백차, 녹차, 홍차의 판매를 위해 노력하였다.

그의 이러한 노력에도 사업은 순탄하지 않았다. 차 도매상인 복무춘(福茂春)을 위하여 두 번이나 남양으로 가서 채무가 있는 협력사인 진서흥양행(振瑞興洋行)을 상대로 소송을 진행해 4만 위안이 넘는 빚을 받아 왔다. 또한 복주의 복정회관차방(福鼎會館茶幫)에서 회계 업무를 맡기도 하였다. 회관 주택의 구입 자금이 부족할 때 자신의 재산을 담보로 화남은행(華南銀行)에서 대출을 받았지만, 회관의 경영이 악화하여 혼자서 그 비용을 전부 부담하였다.

백류촌에는 1936년~1937년 매백진이 직접 지은 중국 전통 가옥인 본채와 좌우 주방과 문루가 남아 있다. 그러나 지금은 오랜 세월 동안 방치되어 사람이 살고 있지 않다. 오히려 멀지 않은 곳에 매백진의 조상 매광국(梅光國)이 지은 큰집인 '매가대조(梅家大厝)'가 더 잘 보존되어 있다. 고택에 들어가 보면 대청 위에는 '적후유광(積厚流光)'이 새겨진 현판이 걸려 있고, "진사에게 한림원 서길사(庶吉士) 및 복정현 5급 업무를 맡김. 도광 3년(1823년) 3월 초순 길일에"라고 기록되어 있다.

차 상인의 가문에서 진사(進士)에 합격한 사람이 있었던 것으로서 그 시절에 선비들이 얼마 남지 않았다는 방증이기도 하다.

복주회관(福州會館)에서 찍은 모습. 매백진(梅伯珍)(오른쪽에서 첫 번째), 진치창(陳炽昌)(오른쪽 두 번째), 오세화(吳世和)(왼쪽에서 두 번째)
제공 : 복정차판(福鼎茶辦)

매백진, 원자경, 오관해, 채덕교 등 유명한 차 상인 외에도 일부 차농들이 시장에서 세력을 갖기 위하여 조합을 결성하였다. 조합과 관련해서는 『영덕차업지(寧德茶業志)』에 다음의 기록이 남아 있다.

"민국 28년(1939년), 복정현 점두향 농엄(隴嚴)/**현 용전**(龍田)/사람인 이득광(李得光)은 '백차합작사(白茶合作社)'(협동조합)를 조직하고 마을마다 조합을 설립하여 차의 유통과 보급을 촉진하였다."

1941년까지 복정에는 차의 유통 업체로 등록된 것이 98곳에 달하였다. 외래 자본의 투자도 민국 시대에 절정에 달하였다. 천주(泉州), 하문(廈門)의 '남방객상(南幫客商)'과 광주, 홍콩의 '광방객상(廣幫客商)'이 모두 이곳에 모여 현지 상인들과 함께 차를 만들어 찻집을 운영하면서 **백호은침과 백림공부를 구입해 다시 해외로 판매하였다.**

민국 25년(1936년)에 '상해차엽산지검험감리처(上海茶葉産地檢驗監理處)'가 백림에 전문기관을 설치하여 현지에서 생산되는 백차와 기타 상품 차들을 검사하였다. 이때 처장은 채무기(蔡無忌, 1898~1980)였고, 부처장은 당시 '다성(茶聖)'으로 불리던 오각농(吳覺農, 1897~1989)이었다.

민국 29년(1940년)에는 복건성 건설부에서 차창(茶廠)(차 공장)을 시범적으로 설립하고, 복정에는 분소인 백림분창(白淋分廠)를 설치하여 찻잎을 조달하였다. 그리고 중국 근대 차학자이자, 차나무 재배학과의 창시자로 평가되는 당시 복건차엽관리국(福建茶葉管理局)의 국장인 장만방(莊晩芳)이 매백진을 복정차업시범창(福鼎茶業示範廠)의 사장 겸 부공장장으로 초빙하였다.

매백진은 백림, 점두, 손성(巽城) 등의 세 지역에 복정차업시범창의 지소를 설립하여 5800여 건(件)의 찻잎을 공급하는 데 성공하면서 큰 수익을 올렸다. 이듬해에 은퇴를 선언하고 고향인 백류촌에 돌아온 뒤 고희를 바라보는 나이에 자서전을 집필하여 민국 시대의 차 산업에 대한 기록을 남겼다.

백류촌은 매우 오래되고 조용한 마을로서 그 시골길을 걷다 보면 2010년에 새로 지어진 매씨 종가의 사당(祠堂)이 유난히 돋보인다. 사당 입구에는 반쯤 건조된 찻잎들이 체에 담겨 가지런히 줄지어 놓여 있는 모습들을 볼 수 있다. 지나간 세월의 흔적들은 연기처럼 사라져 지금은 찾아볼 수 없지만, 이 자리는 과거의 시발점으로서 새로운 시대가 펼쳐졌던 곳이다.

1949년 6월 복정이 해방되었고, 1950년 4월, 중국차업총공사(中國茶業總公司)의 지소인 복건성 분공사(福建省分公司)가 백림강산광태차행(白淋康山廣泰茶行)에 복정현차창(福鼎縣茶廠)을 설립하고, 같은 해 10월에는 복정의 남교장관음각(南校場觀音閣)으로 이전하였다.

기존의 차창 부지는 복정백림차엽초제창(福鼎白淋茶葉初製廠)으로 변경하여 백림, 반계(磻溪), 점두, 관양(管陽), 하포(霞浦), 자영(柘榮), 태순(泰順) 등 지역의 찻잎을 구입하였다. 그리고 이 차창에서 가공 및 생산되는 차들은 국내외로 판매되었다.

복정의 차 산업은 한때 성장과 쇠퇴의 기복이 심하게 반복되었다. 1936년 이 지역에서 운영되던 차밭의 면적은 4만 6900묘(畝)였고, 총생산량은 3만 8746단(担)으로 최고점을 달렸다. 그러나 계속되는 전란에 기근까지 들면서 사람들의 생계도 갈수록 어려워졌다. 매백진은 『소계필기(筱溪筆記)』에서 민국 시대 당시의 상황을 묘사하고 있다.

위쪽은 품품향(品品香) 노차수차원(老茶樹茶園),
아래쪽은 신선한 찻잎을 판매하고 있는 복정의 한 승려

매씨(梅氏) 종가의 사당 앞에서 일광위조하는 모습

"민국 31년(1942년)에 모든 도시의 선박 운항이 중단되어 교통이 끊기면서 물가가 치솟았다. 파산 위기에 몰린 차 산업은 세금의 과도한 징수로 운영이 더 어려워졌다."

상황이 이렇다 보니 복정의 차밭은 갈수록 황폐해지고, 생산량도 대폭 감소하였다. 중화인민공화국이 건립되던 1949년 기준, 차밭은 3만 5000묘(畝)만 남았고, 생산량도 1만 37단(担)으로 과거의 3분의 1도 되지 않았다. 이는 차밭 1묘당 생산량이 28근(斤)밖에 되지 않았음을 의미한다.

백차는 날씨의 영향에 품질이 많이 좌우되는 차로서 수년 전까지만 하여도 기본적으로 햇볕에 위조하고 또한 모든 과정을 수작업으로 진행하여 생산량이 극히 적었다. 차농들은 제철에 접어들면 '날씨의 변화는 이해하기 어렵다'는 말을 자주 한다. 수확을 앞둔 찻잎이나 가공 과정에 있는 백차라도 날씨가 갑자기 변하면 모든 것이 물거품으로 돌아갈 위험이 있는데, 이 또한 예측하기가 매우 어렵다는 뜻이다.

또한 **백차의 가격이 높았던 것도 매우 적은 생산량 때문이었다.** 『영덕차업지(寧德茶業志)』에 다음의 기록이 있다.

"1950년 12월, 중차공사(中茶公司)의 지사인 화동공사(華東公司)에서 홍차와 녹차의 원료인 모차(毛茶)의 표준 가격을 책정하였다. 복건홍차의 모차는 평균적으로 50kg에 쌀 3섬(1섬은 180L)을 초과할 수 없고, 녹차의 모차는 50kg에 쌀 2.4섬, 백차의 모차는 50kg에 쌀 12섬을 넘지 않는다……."

이 기록에서 당시 백차는 홍차의 4배에 이르는 고가의 차로 책정되었던 사실을 알 수 있다. 복정백차의 생산지는 주로 국립휴양림인 태모산 인근의 점두(点头), 반계(磻溪), 백림(白淋), 관양(管陽), 적석(叠石), 관령(貫嶺), 전기(前岐), 가양(佳陽), 점하(店下), 진서(秦嶼), 협문(硤門) 등의 17곳에 분포되어 있다. 그중에서 반계, 관양, 점두가 가장 유명하다.

반계의 차밭 면적은 복정에서도 가장 넓다. 차원(다원)이 3만 묘, 녹모죽(綠毛竹)이 6만 묘가 분포되어 있고, 높은 산과 맑은 시냇물이 풍부한 생태 환경으로 조성되어 있다. 반계는 삼림의 피복률(被覆率)(식생이 지표면을 뒤덮고 있는 비율)이 90%에 가깝고, 녹지도 96%를 넘는데, 복정에서 유일한 성급 휴양림인 대양산삼림공원(大洋山森林公園)과 가장 큰 벌채장인 국영후평임장(國營後坪林場)도 있다.

반계의 이러한 생태 환경은 차나무의 재배에 최적지이다. 매백진, 원자경과 친분이 깊었던 **오관해**(吳觀楷)는 바로 반계의 황강촌(黃岡村)에서 세계의 시장으로 진출하였던 인물이다. 그가 동남아시아의 차 시장으로 수출하였던 복정백차는 대부분이 이 반계에서 재배한 찻잎으로 생산한 것이다.

호림촌(湖林村) 입구에 서 있는 비석

1957년 반계진 호림촌(湖林村)에 건립된 국영복정차창(國營福鼎茶廠) 호림분창(湖林分廠)/**초제창**(初製廠)/은 중화인민공화국이 들어선 뒤 **최초로 백차를 생산한 차창 중의 한 곳**이었다. 그런데 이 호림분창은 1996년 국영 시스템의 구조 조정으로 광복차업(廣福茶業)에 인수된 뒤 역사 속으로 사라졌다. 옛 차창 터에서 나와 호림촌 입구로 향하면 밭에서 일하고 있는 마을 사람들의 모습이 정겨운 풍경으로 다가온다. 그리고 이곳에서는 유명한 **'반계 손국수'**도 맛볼 수 있다.

한편 관양진(管陽鎭)은 **복정**에서도 고산차(高山茶)의 산지로도 유명하다. 크고 작은 144개의 봉우리 중에 최고봉은 왕부산(王府山)으로 해발고도가 1113.6m이며, 관양진의 대다수 마을도 해발고도가 600m 안팎이다. 이곳에 있는 복정품품향차엽유한공사(福鼎品品香茶葉有限公司)의 관양하산(管陽河山) 품품향백차장원(品品香白茶莊園)은 해발고도가 800m 이상이고, 면적은 1100묘에 달한다.

복정품품향차엽유한공사의 임진전(林振傳) 회장에 따르면, 오늘날 관양진에 있는 전체 차원의 면적은 약 2만 묘이며, 그중에 수확이 가능한 면적은 1만 7500묘에 이른다고 한다. 그리고 그는 찻잎의 품질에 대해서는 다음과 같이 설명한다.

"고산 지대인 관양에서는 찻잎의 채취가 비교적 늦게 시작되는데, 그에 따라 가격도 높은 편이지요. 이곳은 해발고도가 높고 기온이 낮으며 강수량은 풍부하고 운무가 피어오르는 날씨도 많아 찻잎이 성장하기에 매우 적합하지요. 이러한 기후 조건에서 성장한 찻잎으로 만든 백차는 해발고도가 낮은 지역의 차에 비해 폴리페놀의 함량이 낮아요."

왼쪽은 차화시장(茶花市场), 가운데는 차의 거래 현장으로 몰려드는 인파의 모습,
오른쪽은 소매상이 손님과 차엽을 흥정하는 모습

임진전 회장의 차 생산 기지에는 문화 대혁명의 시절에 이곳으로 내려온 청년 지식인들이 개척한 차원이 200묘가량이나 있었는데, 모두 복정대백 품종의 차나무를 심었다고 한다. 1981년 이후 개혁, 개방과 함께 청년들이 다시 도시로 돌아가면서 차원은 한때 황폐화되었는데, 2006년 임진전 회장이 인수하면서 비로소 친환경적인 노수백차원(老樹白茶園)으로 다시 관리되기 시작한 것이다. 임진전 회장은 이 노수백차원의 관리 특징을 이렇게 간략하게 설명한다.

"생태 차원에는 잡초가 무성하고, 철쭉나무, 오동나무, 송백나무 등 다양한 나무들이 자라고 있어요. 이는 차원에 식물종의 다양성이 증가하여 차나무가 자연 상태에서 균형을 이루면서 차에 자연적인 맛을 내도록 하기 위해서죠."

봄차 생산의 성수기는 양력 4월에도 아직 끝나지 않는다. 이 시기에 복정에서도 가장 활기를 띠는 곳이 바로 차 시장이다. 해마다 봄차의 거래 시기가 정점에 달할 때 복건 동부 최대 규모의 차 도매 시장인 '차화교역비발시장(茶花交易批發市場)'에서는 인파로 분주한 풍경이 펼쳐진다.

대지 8000여 제곱미터의 차 시장에 끝이 보이지 않는 인파가 붐비고 있고, 차농과 상인들은 가격의 흥정에 열을 올린다. **오전 장은 3시부터 7시까지, 오후 장은 4시부터 7시까지이다.** 복정에는 오래된 사찰들이 많아 이곳에서는 원료 차인 차청(茶青)을 팔기 위해 온 현지의 승려들도 종종 목격할 수 있다.

이곳에서는 하루에 1만 명 이상이 차를 거래하는데, 1일 거래액은 차청이 80만 위안, 건조 찻잎이 60만 위안으로서 연간 수억 위안의 거래가 이루어진다고 한다. 주변의 하포(霞浦), 자영(柘榮), 복안(福安), 수녕(壽寧), 절강성의 태순(泰順), 창남(蒼南) 등 **복건성과 절강성의 접경에서 생산한 차청과 건조 찻잎이 모두 이 시장에서 거래된다.**

이 차 시장에는 수많은 차업들이 지점과 찻집을 운영하고 있는데, 그 대부분이 막대한 자산을 축적하고 있다. 이러한 시장에서 차농에게 돈을 지불하고 차를 구입하던 어느 찻집 주인이 이곳의 모습을 잘 설명해 준다.

"15년 동안 이곳에서 장사하고 있지만, **봄차 성수기**에는 매일같이 이러한 풍경이랍니다. 차는 당일로 다 팔아야 해서 하루에 거래하는 인원과 찻잎의 공급량에 따라서 가격이 조정되죠. **청명(淸明) 전의 며칠간은 사람들이 가격에 가장 민감하게 반응하는 시기예요.** **고급 차청은 신선하고 새싹이 튼실하며 백호가 선명하여 고가의 백호은침을 만들기에 제격이라 시중에 나오면 곧바로 팔린답니다.**"

한때 최전성기의 인기를 누리다 세계대전으로 쇠락하였다가 다시 부흥하고 있는 200년의 세월 속에서 **복정백차는 지금 세계의 무대에 올랐다.** 2009년 2월 **복정백차**는 **국가지리표시제도**GI의 인증서까지 획득하면서 새로운 시대의 서막을 올렸다. 이제는 복정백차와 더불어 '**남로은침**'인 **정화백차**도 주목할 필요가 있다. 화려한 왕조의 영화가 깃든 정화백차는 또 다른 정서와 문화의 상징이기도 하다. 정화백차의 이야기를 지금부터 소개하기로 한다.

04

정화(政和)의 농경 미학과 전원 목가

송나라 선화(宣和) 5년(1115년)의 어느 봄날 오후였다. **북송**(北宋, 960~1127)의 수도였던 '변경(汴京)'/**지금의 하남성 개봉**(開封)/황궁에는 화려한 복장을 한 남성이 편안하게 차를 마시고 있었다. 30대 초반으로 보이는 이 남성은 **중국 역대 황제 중에서 가장 뛰어난 예술가이자, 차 연구자**인 동시에 국정에는 가장 무능하였던 황제인 **송휘종**(宋徽宗) **조길**(趙佶, 1082~1135년)이다.

이날 휘종의 주요 일정은 각 지역에서 진상한 '**용단봉병**(龍團鳳餠)'/**북송 시대의 공차**(貢茶)**로서 명나라 시대부터 산차**(散茶)**로 대체되었다**/을 품평하는 것이었다. 북송 시대 복건성의 당시 행정구역이었던 건주(建州)/**길림성**(吉林省)**의 옛 이름 '건주**(建州)**'가 아니다**/의 행정 관아인 건주부(建州府)에서 진상한 백차를 마시고 놀란 기색을 감출 수 없었던 휘종은 급히 담당 관리를 불러 차의 산지를 물었다.

"대체 어느 지역에서 온 것인가?"

"건주부 치하의 관례현(關隸縣)에서 온 고급 백차이옵니다. '투차(鬪茶)'*에서 이긴 차라고 하옵니다."

* **투차(鬪茶)** : 차의 향미에서 우열을 품평하는 대회로서 당나라 시대에 시작되어 송나라 시대에 융성하였다. 특히 고대의 부유한 사람들이 즐긴 놀이였다.

북송 시대에는 건주부 관할지에 **관례현**(關隷縣)이라는 작은 지역이 있었다. 복건 지역 북부에 위치하며, **숲이 우거진 곳으로서 차나무를 재배하기에 아주 적합**하였다. 송나라 시대에는 황제들이 차를 즐겼던 탓에 차를 담당하던 관리들이 건주 일대에 황실 전용의 차밭인 '북원어차원(北苑御茶園)'을 개척하였고, 관례현의 차원도 그 북원어차원 중에서 '동차원(東茶園)'에 속하였다.

이 당시 **황실에 진상하는 공차**(貢茶)는 모두 **용단봉병**으로 만들었기 때문에 대규모의 차원도 있었고, '차배(茶焙)'/**고대 차를 만드는 공방**/도 빠질 수 없었다. 당시 '감화리(感化里)', '장성리(長城里)', '고택리(高宅里)', '동평리(東平里)', '동구리(東衢里)' 모두는 관례현 내에서도 매우 유명 차배들이 있던 곳이다.

송나라 휘종의 집권기는 **북송의 차 생산과 차 문화가 모두 절정에 달할 때였다.** 휘종도 특별히 대관연간(大觀年間, 1107~1110)에 차 역사상 그 유명한 **『차론(茶論)』**/**역사서에서는 『대관차론(大觀茶論)』이라고 한다**/을 저술하였는데, 이는 **오늘날까지도 차 문화에 매우 큰 영향을 주고 있다.** 차 전문가였던 휘종은 **『차론(茶論)』**에서 차에 대하여 약 20편으로 다음과 같이 나누어 정리하였다.

『대관차론(大觀茶論)』의 구성

1. **서론(序論)** : 『차론』의 서문
2. **지산(地産)** : 차의 산지
3. **천시(天時)** : 수확 및 가공 시기
4. **채택(採擇)** : 찻잎 선별법
5. **증압(蒸壓)** : 찌고 압축하는 방법
6. **제조(製造)** : 가공 과정
7. **감별(鑒辨)** : 품질 판정
8. **백차(白茶)** : 백차의 특성
9. **나연(羅碾)** : 체와 맷돌
10. **잔(盞)** : 찻잔
11. **선(筅)** : 차선, 찻솔
12. **병(瓶)** : 찻물 끓이고 따르는 차호
13. **작(勺)** : 물을 푸는 국자형 도구
14. **물(水)** : 차를 우리는 물의 종류
15. **점(点)** : 차를 끓이는 방법
16. **미(味)** : 차의 맛 특성
17. **향색(香色)** : 차의 향, 탕색의 특성
18. **장배(藏焙)** : 차를 굽고 보관하는 법
19. **품명(品名)** : 차명을 짓는 방법
20. **외배(外焙)** : 개인 공방의 차들

휘종은 그중에서 백차를 별도의 1편으로 저술하였는데, 거기에 다음과 같이 기술하고 있다.

"백차는 한 종류밖에 없는데, 일반 차와는 사뭇 다르다. 줄기가 널리 흩어져 뻗은 모습이 뚜렷하고 찻잎은 얇고 밝다. **백차나무는 벼랑 숲 사이사이에 가끔 자라는데, 사람이 인위적으로 재배해서는 기를 수 없다.** 네댓 가구에서 이 차나무가 자라는데, 또 한 가구에서도 한두 그루밖에 자라지 않는다. 워낙 희귀하여 해마다 만들 수 있는 차병(茶餠)은 2~3과(銙)(찻잎의 양을 재는 단위)에 불과하다. 질 좋은 새싹이 적은 편이고, 증청(蒸青)(증기로 쪄서 살청)이나 홍배(烘培)(불에 쬐어 건조)도 유난히 어렵다. 물과 불의 조절에 실패하면 찻잎이 변질되어 보통 차와 다를 바가 없다. 그러니 **제다 과정이 매우 세심하고 정교해야 한다.** 완성된 백차는 바위에 숨겨진 옥같이 겉과 속이 맑고 투명하다. 가볍게 홍배한 것도 있지만, 그 품질은 현저히 낮다."

송휘종(宋徽宗)인 조길(趙佶, 1082~1135년)

정화현의 생태 차원
제공 : 정화현차업관리센터(政和縣茶業管理中心)

백차를 '일반 차와 다르다'고 평가하는 것은 휘종의 개인적인 취향이다. **북송 시대의 투차(鬪茶)에서 차를 품평하는 기준은 크게 두 가지였다.** 하나는 찻잎의 색상으로 볼 때, **순백(純白)이 최고품이고, 청백(青白), 회백(灰白), 황백(黃白)의 순서로 등급이 낮아진다.**

또 하나는 찻물 위에 생기는 거품인 '탕화(湯花)'를 평가하는 것이다. 그 우열의 기준에서 첫째는 **탕화가 새하얀 빛깔이 돌수록 품질이 좋고**, 둘째는 **탕화의 거품이 찻물 표면에 오래 떠 있는 차**가 **투차에서 이긴다는** 것이다. 『차론(茶論)』에서도 휘종은 그 품질의 우열에 대하여 다음과 같이 기록하고 있다.

"**점차**(点茶)*하여 찻빛을 살펴보면 순백이 최고품이고, 청백(青白)이 버금이며, 회백(灰白)이 다음이고, 황백(黃白)이 그다음의 순이다. 찻잎을 따거나 차를 만들 때 하늘의 때를 기다리는 것이 먼저이고, 때에 맞춰 최선을 다해 만들면 차는 반드시 순백색이다. 만약 날씨가 더워지면 싹이 무성하게 자라는 탓에 제때 만들지 않으면 찻잎은 흰색이지만 만들고 나면 황색이 된다. 증압이 약하면 찻빛은 청백색을 띠고, 증압이 지나치면 회백색을 띤다."

관례현에서 황실에 진상한 백차가 마침 휘종의 이러한 취향에 부합한다고 할 수 있다. 휘종은 차를 마시고 난 뒤에 기분이 좋았지만, 산지명은 왠지 못마땅하였다. '관례(關隷)'라는 문구가 마치 가난하고 황량하면서 노예를 가두는 불길한 뜻으로 느껴진다는 이유였다.

* 점차(点茶) : 송나라 시대에 차를 우리는 방법. 투차할 때 일반적으로 사용하는 방법이다.

곰곰이 생각하다가 자신의 연호였던 '**정화**(政和)'를 이 작은 현의 이름으로 하사하고 천하에 알렸다. 그는 자신의 왕조 치세에 중국 곳곳에서 정치가 잘 이루어져 백성들이 화합하기를 진심으로 바랐던 것이다. 이렇게 **복건성의 정화는 중국 역사상 최초로 통치자의 연호가 명명된 지역**이 되었다.

한편, 900여 년 이상의 세월이 흐른 지금, 당시 풍류를 즐기던 송휘종은 전쟁 중 포로로 잡혀 북방 금나라 감옥에서 죽음을 맞이하여 역사의 뒤안길로 사라지고 없다. 그러나 그가 하사한 '**정화**'라는 이름은 복건성 북부의 이 작은 현을 수백 년 동안 소박하고 평화로운 전원으로 만들었다. '정화백차' 또한 '중국의 맛'을 상징하는 차가 되어 국내외로 널리 알려졌다.

이 작은 도시인 **정화현**은 **지금도 조용하여 1990년대 고풍스러운 건물들이 여전히 그 모습을 고스란히 유지**하고 있고, 호텔과 쇼핑몰도 많지 않다. 원형 교차로를 걷다 보면 멀지 않은 곳에 호텔이 있는데, 그곳이 바로 지금은 그 옛날의 영화로운 모습을 감춘 **정화현차창**(政和縣茶廠)의 자리이다. 정화현 차업관리센터(茶業管理中心) 장의평(張義平) 주임은 그와 관련하여 다음과 같이 설명한다.

"저 호텔의 자리가 그 옛날 정화현차창이 있던 곳인데, 지금은 번화한 상가들로 바뀌었어요."

붉게 물든 저녁노을 아래에 차밭의 목가적인 풍경

정화는 전통적으로 농업을 기반으로 하는 지역으로서 산업적인 기반이 취약하여 경제적인 수준이 복건성 가운데에서도 가장 뒤처졌다. 반면 복건성의 경내를 가로지르는 가장 큰 하천인 민강(閩江)의 발원지에 위치하여 공단이 없기 때문에 **자연환경과 생태 자원이 매우 잘 보존**되어 있다.

정화는 **추율**錐栗, *Castanea henryi*(중국산밤나무)의 고장, 또 **죽차**(竹茶)의 고장으로 유명하고, **중국 최대 규모의 백차 기지이며, 복건성 주요 삼림지, 찻잎의 주산지, 재스민의 산지**이다. 산간지의 면적은 223만 묘(畝)이며, 삼림의 피복률은 76.4%에 달한다. **또한 광물 자원도 풍부하여 송**(宋), **원**(元), **명**(明) **시대에 은의 주산지였다.**

지금의 정화현에서는 그 옛날 북송 시대의 영화로운 모습을 찾아볼 수는 없지만, 산지의 신선한 찻잎이 손끝에 닿을 때면 만감이 교차한다. 이런 감정은 이곳에 와서 많은 공적을 남긴 **유학자 주송**(朱松, 1097~1143)을 떠올리면 더욱더 강렬해진다.

중국 남송 시대의 철학자이자, 성리학(性理學)의 완성자인 주희(朱熹, 1130~1200)의 부친이었던 **주송**은 정화 8년(1118년)에 정화현의 현위(縣尉)(현령)로 부임한 뒤 부모와 아내, 두 남동생을 포함한 가족의 구성원들을 모두 이곳으로 데려왔다.

주송은 **관원이면서 시인이자 교육자**였다. 정화현에서 '운근서원(雲根書院)'과 '성계서원(星溪書院)'을 설립하여 지역의 인재를 양성하기 위해 노력하였다. 주희가 성장하여 유명해진 뒤에도 이곳 운근서원에서 강의하고, 또 **자신의 성리학 사상을 전파하였다.**

이러한 **주씨 부자의 영향으로** 외지고 낙후된 민북 지역에서도 정치와 문학의 풍조가 번창하기 시작하였고, 이때부터 정화현의 사람들은 빈부를 막론하고 자녀의 교육을 매우 중요시하였다. 당시 정화현에서는 서원이 현성(縣城)에 6곳, 시골에 20여 곳이 있었는데, 그 모두 **성리학 사상을 수용하고 전파하는 중요한 명소였다.**

선화(宣和) 7년(1125년)에 주송의 부친인 주삼(朱森, 1075~1125)이 세상을 떠나자, 정화현 철산진(鐵山鎮) 풍림촌(風林村) 호국사(護國寺) 서쪽에 묻혔는데, 오늘날에도 그 후손들이 제를 올리고 있다. 주송의 어머니 정(程) 씨는 정화현 성계향(星溪鄉) 부미촌(富美村) 철로령(鐵爐嶺)에, 남동생 주정(朱檉)은 부미촌 연복사(延福寺) 옆에 묻혔다.

주송 본인도 정화현에 대한 애정이 깊었다. 교육 사업을 개척하고 젊은 시절을 보냈으며 가족들도 이곳에 묻혔기 때문이다. 그는 정화현을 제2의 고향으로 삼고 **산수(山水)와 차 문화를 찬미하는 시문(詩文)을 많이 남겼다.** 그중에서도 「장환정화(將還政和)」가 가장 인상이 깊다.

"이 몸은 세상을 누비는 한 마리 기러기가 되어 세월을 되돌아가고 싶구나. 내일이면 떠도는 나그네 신세, 집도 몸도 장강의 물을 따라 동으로 흘러가네."

그해에 주송은 32세였고, 북송은 이미 몰락하였다. 전란이 끊이지 않던 세월 속에서 저문 왕조를 그리워하고, 전원 목가와도 같았던 정화를 노래하였다.

현대적인 관점에서 주송은 '**차인(茶人)**'이라고 할 수 있다. **그는 사찰을 방문하고 차를 우리고 시를 쓰는 일을 즐겼는데, 봄차가 나오기 시작하는 계절이면 직접 찻잎을 따러 다녔고 차와 관련된 많은 시들을 남겼다.** 「동방칙구차헌시운(董邦則求茶軒詩韵)」, 「원성허차절구독지(元聲許茶絕句督之)」, 「사인기차(謝人寄茶)」, 「차운요단시차(次韵堯端試茶)」, 「답탁민표송차(答卓民表送茶)」 등은 모두 정화 고장 차 문화의 번영을 보여 준 것이다. 「원성허차절구독지(元聲許茶絕句督之)」에서는 정화의 봄철을 다음과 같이 묘사하고 있다.

"봉산(鳳山)에 봄바람이 일어 만물이 소생하니 찻잎 덖는 향이 피어오르기만을 기대하고 있다."

곳곳에 푸르른 차밭이 펼쳐지고 차 향기가 넘치는 것이 우리 눈앞의 풍경과 얼마나 흡사한가. 차실에서 친구들과 모여 좋은 차를 서로 나누는 모습도 지금과 마찬가지일 것이다. 정화의 차 문화는 그야말로 북송 시대의 정서를 품고 있다. **세계의 백차는 중국에서 나고, 중국의 백차는 복건에 있다. 정화백차**가 **복정백차**와 함께 중국 백차의 주력이 된 것은 **청나라 중기부터이다.**

청나라 건륭 55년(1790년), 정화의 지현(知縣)/**관리의 명칭으로 현의 지사를 말함**/장주남(蔣周南)은 「영다(詠茶)」라는 시를 지었다.

"봄비에 차 새싹들이 무성하게 자라 숲을 이루는데 바위들이 가려질 정도네. 동화(東和)(정화의 별칭)에 특히 좋은 차가 풍성하여 그 유명한 북원(北苑)도 무색할 줄 누가 알았던가? 봄이 되면 이 많은 차를 가공할 일손이 부족하고, 가공된 차들은 바구니에 담겨 작은 시장들을 찾아 떠도네. 무이산(武夷山) 주변에서 많이 판매되고 있는데, 초나라 인재가 진나라에서 일하듯이 좋은 차가 제값을 받지 못하여 안타깝구나."

이 시에서 분명한 것은 봄차의 성수기에 정화 현지의 차 일꾼들이 모두 동원되어 차를 생산하였다는 것이다. 정화의 찻잎은 바구니에 담겨 복건성의 무이산으로 운송되었는데, 북원공차(北苑貢茶) 못지않게 잘 팔렸다.

무엇보다 **송나라 시대에 차는 상류층만이 누릴 수 있는 사치품이었지만, 청나라 시대에 오면서 서민들의 생활필수품으로 자리를 잡았다.** 『차엽통사(茶葉通史)』에는 다음과 같은 기록이 있다.

"함풍연간(咸豊年間, 1851~1861) 복건의 정화에는 100여 곳의 차창이 있었고, 1000명에 달하는 노동자를 고용하였다. 동치연간(同治年間)이 되면, 수십 곳의 민간 차창에서는 많게는 1만여 상자의 차를 생산하였다."

중국 복건성 출신의 저명한 차 연구자 진연(陳椽, 1908~1999)은 그의 저서 『복건정화지차엽(福建政和之茶葉)』(1943)에서 청나라 말에서 민국 초기의 정화를 다음과 같이 묘사하였다.

호국사(護國寺)의 입구 모습

"정화의 차는 종류가 다양한데 그중에서도 공부(工夫)와 은침(銀針)이 가장 유명하다. 전자는 유럽과 미국으로, 후자는 독일에까지 판매된다. 다음은 백모후(白毛猴)와 연심(蓮心)으로 안남(安南)(현 베트남)과 산두(汕頭)(현 광동성 항구) 일대에서 독점 판매되며, 홍콩과 광주에 판매되는 백모단과 미국에 판매되는 소종(小種)이 그 다음으로 잘 알려진 차이다. 연간 총액은 수백만 위안으로 계산되는데, 정화 경제의 핵심이다."

정화는 차 생산에 매우 적합한 곳이다. 정화는 **무이산맥** 동남쪽의 취봉산맥(鷲峰山脈)에 있으며, **전 지역은 아열대 계절풍 기후대에 속하여 온난다습하고 높은 산이 많고, 산림의 해발고도로 인하여 일교차가 크다. 평균 해발고도는 약 800m가량이고, 연평균 기온은 16도 전후이며, 연간 강수량은 1600mm 이상이다.** 토양은 주로 적토와 적황토이다. 토양은 촉촉하고 기후는 따뜻하며, **연중 산에서 운무가 피어오르는 것을 볼 수 있어 찻잎이 성장하기에는 이보다 더 이상적인 환경은 또 없다.**

정화 곳곳에서는 고유의 고고한 아름다움을 느낄 수 있다. 완전히 현대화된 오늘날의 중국에서 이런 옛 정취는 아마도 사람들을 감동시킬 것이다. 정화 양원향(楊源鄉)의 '신랑차(新娘茶)'(신부 차)는 오늘날까지 전해 내려온다. 매년 단오 전날(음력 5월 4일)이 되면 지난해에 신부를 들였던 집이라면 음식과 차와 다과를 마련하여 이웃들에게 대접한다. 부담 없이 잔치에 참석한 손님들이 차를 다 마시면 주인은 모두의 행운을 비는 마음으로 8척(尺)(1척=3분의 1미터) 길이의 붉은 머리끈을 선물한다.

정화의 고산 지대에 있는 징원(澄源), 양원(楊源), 진전(鎭前) 등의 마을에는 차를 나눠 마시는 '배차(配茶)'의 풍습이 있다. 해발고도가 높아 추운 날씨 때문에 농사일이 끝나는 한겨울이 되면 가족끼리 화덕에 둘러앉아 이야기의 꽃을 피우면서 점차 차를 나눠 마시는 풍습이 생겼다. 일반적으로 **'배차'는 도자기나 동으로 만든 주전자에 찻잎과 물을 넣고 숯불 위에서 30분 정도 가열한 뒤 차완(찻잔)에 따른다.**

오늘날 '배차' 의식은 많이 간소화되었다. 많은 가정에서는 기성품으로 나온 다기 세트를 갖추고 있는데, 가끔은 정교한 여요(汝窯)/**북송 시대 하남성 여주(汝州) 지역에서 제작된 청자**/다기를 장만하고 있는 사람도 있다. 찻잎이 비치된 찻잔에 끓인 물을 부어 마시면서 다음 해를 기대하는 동경 속에서 한 해 동안의 피로를 풀기도 한다.

정화의 동평진(東平鎭)에서 열리는 시골장도 복건 북부에서 특히 유명한 행사 중 하나이다. 400여 년 동안 **음력 2일, 7일 장날**이 열렸는데, **건구(建甌), 건양(建陽), 송계(松溪), 정화(政和)의 4개 현과 도시 인근 수백 곳의 마을에서 수만 명의 농부들이 이곳에 모여 교역을 진행하였다.** 일상에 필요한 모든 물품이 거래되는데, 전쟁 중에도 끊이지 않았다. 설날, 정월 대보름, 단오, 추석, 중양절(重陽節)(음력 9월 9일)과 같은 전통 명절에는 용 놀이, 이야기 모임, 시 경연, 채차등무(採茶燈舞)(전통 무용), 마조(媽祖)(중국 남해 일대에서 신봉하는 여신)를 추앙하는 등 다채로운 문화 행사가 펼쳐져 지역뿐 아니라 외지 손님들의 발길도 붙잡는다.

다리 위에서 도심을 흘러 지나가는 성계하(星溪河)를 바라보며 천년의 세월을 보낸 정화의 옛 모습을 떠올려 보라! 그러나 봄밤의 가로등 아래 펼쳐진 비옥한 들판과 과수원과 차밭, 대나무 숲, 연못, 그리고 풍부한 광물 자원은 정화의 현대적인 모습을 잘 그려 내고 있다.

정화라는 이름은 '차(茶)'에서 유래하였다. 그러면 '정화백차'의 탄생지는 어디였을까?

정화현의 오래된 촌락인 양원(楊源)

05

정화대백차(政和大白茶)의 첫 발견에서부터 오늘날까지

진정한 의미에서 중국 백차는 백호은침(白毫銀針)에서 시작되었다. **백호은침은 복정(福鼎)에서 생산하는 '북로(北路)'와 정화(政和)에서 생산하는 '남로(南路)'**로 구분한다. 복정의 은침은 처음에는 지역 토종 야생 품종의 차나무인 '채차(菜茶)'로 만들었는데, 맛이 훌륭하지 않았다. '복정대백(福鼎大白)'과 '복정대호(福鼎大毫)'라는 두 품종의 차나무가 발견된 뒤에야 비로소 광서 12년(1886년)부터 백호은침을 상품화할 수 있었다.

정화의 백호은침은 광서 6년(1880년) 정화 동쪽에서 10여 리 떨어진 철산진(鐵山鎮)의 농민인 위년(魏年)의 마당에서 시작되었다. 그곳에는 야생 차나무(정화대백 품종) 한 그루가 있었는데, **담벼락이 무너지면서 차나무도 쓰러졌다. 그런데 줄기에서 어느덧 뿌리가 돋아났다. 우연히 발견한 '압조번식(壓條繁殖)'의 방법으로 정화대백이 전파될 수 있었고,** 10년 뒤(1890년)에 '정화백호은침(政和白毫銀針)'을 만들 수 있었다. **정화대백의 싹은 채차 품종과 비교할 때 수십 배 더 튼실하고 싹이 늦게 발아하는 '지아종(遲芽種)'으로서 새싹과 잎에 백호가 유난히** 많다. 무성생식 품종으로 '압조번식', 또는 '삽목번식(插木繁殖)'(꺾꽂이법)이 가능하여 형질이 고르다.

정화대백 품종은 **잎이 두툼하고 표면이 융기되고** 중엽(中葉) 지아종(遲芽種), **무성생식 품종**으로 내한성(耐寒性), 내건성(耐乾性), 내충성(耐蟲性)이 강하다. 특히 **추위를 잘 견디는데,** 영하 3~4

도에서도 **피해를 적게 입는 탓에 정화현의 고산 지대에서도 잘 자란다.**

정화대백의 찻잎 채취는 주로 **봄철에 집중**되어 있어 **유효 성분의 함유량이 풍부하고 향이 강하다.** 정화대백은 **품질이 우수하여 이로부터 만든 차는 새싹이 '비장(肥壯)'(튼실한 모습)하고 맛이 신선하며, 향기가 맑고, 찻물은 진하고 시원한 것이 특징이다.**

이외에도 **새싹**에 **보랏빛**이 도는 자아종(紫芽種)인 **정화대백**의 찻잎은 **폴리페놀계의 함량이 높아 다양한 가공이 가능하다. 맑고 신선하며 상쾌하고, 백호 향이 뚜렷하여 백차 외에 녹차, 홍차에도 이상적인 원재료로 사용된다.**

1965년 중국차엽학회(中國茶葉學會)는 **'차나무 품종 자원 연구 및 이용 학술 토론회**(茶樹品種資源研究及利用學術討論會)'에서 **정화대백을 비롯한 21종의 우량 품종을 전국 차 산지에서 재배할 것을 권장하였다.**

영국의 동인도회사가 런던의 부두에서 중국 차를 하역하는 모습

1972년 정화대백은 **중국 차나무 우량 품종으로 지정**되었고, 1985년에는 전국농작물품종심정위원회(全國農作物品種審定委員會)로부터 **국가급 품종으로 공인**을 받았다. 현재 **정화대백의 차나무**는 **복건성 북부와 동부**의 산지에 주로 분포하는데, 특히 **정화**와 **송계**(松溪)(송계와 정화의 경계는 한때 병합되어 송계현으로 불림) **두 지역을 위주**로 한다.

중국 현대 **'제다학**(製茶學)'의 창시자인 **진연**(陳椽) 교수는 인터뷰에서 당시의 일을 회상해 말해 주었다.

"1940년 3월 차 전문 기술자인 송설파(宋雪波)와 함께 숭안(崇安)에서 건구(建甌)까지 가서 배로 꼬박 이틀 만에 서진(西津)의 부두에 도착한 뒤 성관(城關)까지 16km를 걸었다. 도시에 들어간 뒤 상공회의소 소장인 이한휘(李翰輝)의 낡은 방 세 칸을 임차하여 제다실로 사용하였다. 사무실, 숙박소, 제다실이 모두 한 공간에 있었다. 당시 저는 복건성 차엽시범창(茶葉示範廠)의 기술자 겸 정화제다소(政和製茶所)의 책임자였다."

진연은 정화에서 다음 네 가지 일에 착수하였다. 첫째는 원료인 모차(毛茶)**를 인수하여 수출용 차로 가공한 일이다.** 특히 정화현 수응장(遂應場)/**현 금병촌**(錦屏村)/과 절강성 경원현(慶元縣)(두 지역의 경계)에서 구입한 '홍모차(紅毛茶)'와 '백호은침'을 가공하여 복주(福州) 항구로 보냈다.

둘째는 가공 기술을 개선한 일이다. 그는 모차 가공에 사용되는 구멍이 7개인 체를 나무 선반으로 개조하였다. 선반에 체 3개를 얹일 수 있었고 선반 아래에 바퀴를 달아 혼자서 체 3개를 동시에 흔들 수 있게 하였는데, 생산량이 3배 가까이 늘어났다.

셋째는 제다 기술을 연구하는 것으로 「정화백모후의 찻잎 채취와 가공 및 분류에 대한 연구(政和白毛猴之採製及其分類商榷)」(1941년 『안휘차신(安徽茶訊)』 1권 10호), 「정화백차(백모은침과 백모단)의 제조 방법과 개선에 대하여(政和白茶(白毛銀針和白牡丹) 制法及其改進意見)(1941년 『안휘차신(安徽茶訊)』 1권 11호)라는 논문을 발표하였다.

넷째는 정화의 차 생산 현황을 조사 및 분석하여 논문 2편을 작성하였다. 「복건성정화차엽(福建省政和茶葉)」(1941년 『안휘차신(安徽茶訊)』 1권 12호)과 「정화차엽(政和茶葉)」(1942년 절강 『만천통신(万川通訊)』이 그것이다.

진연 교수의 이러한 연구는 정화현의 차 산업과 차 가공 기술의 발전에 큰 역할을 하였다. 그가 정화에 왔을 때는 '중화민국 시대'에서 정화현의 차 산업이 절정에 달해 있었다. 정화현의 차 산업 사료에 따르면, 청나라 동치(同治) 13년(1874년) 정화 지역에 차행(茶行)(차 도매상)이 수십 개 있었다고 하는데, 그중에서 '지공차장(之恭茶莊)', '금포차장(金圃茶莊)', '유성차행(裕成茶行)' 등이 유명하였다. 지역의 명망가였던 엽지상(葉之翔), 진자도(陳子陶), 범창의(範昌義) 등은 차 사업으로 인해 부유한 사업가로 거듭났다고 한다.

민국 시대 3년~7년(1914~1918)에 정화현의 차 산업이 크게 번창하여 도시와 농촌의 전역에 차행이 들어섰다. 당시 철산향(鐵山鄕)에는 16곳, 징원촌(澄源村)에 18곳이 있었고, 도시에는 20곳 가까이 있었다. '경원상(慶元祥)', '거태융(聚泰隆)', '만복성(万福盛)', '만신춘(万新春)' 등이 그중에서 가장 큰 규모의 차행이었는데, 연간 40톤에 가까운 은침(銀針)을 생산하여 모두 복주로 운반해 세계 각지로 수출하였다.

1910년 정화현이 유럽과 미국에 판매한 차의 가격은 은침 1단(担)(1단은 100근)에 은화 320위안(元)이었다. 당시 정화대백차의 주요 산지는 철산(鐵山), 도향(稻香), 동봉(東峰)과 임둔(林屯) 일대였는데, 집집마다 은침을 만들었기 때문에 **"딸들은 부잣집으로 시집가는 것을 부러워하지 않고, 차와 은침을 가공하는 집안인지만 묻는다**(女兒不慕富豪家, 只問茶葉和銀針)"는 민요가 유행할 정도로 **차의 가격이 강세**였다. 러시아 차 상인들은 석둔향(石屯鄕) 심둔촌(沈屯村)에 직접 찾아와 찻잎을 가공하고 건구(建甌)로 운송해 가기도 하였다. **청나라 말에서** 민국 시대에 **정화의 차인들은 복주**(福州), **무이**(武夷) **등의 지역에서 차행을 운영하였는데, 철산**(鐵山) **출신의 주비백**(周飛白), **민국 시대에 유명한 차인인 범열오**(範列五)**가 있었다.**

성관(城關)에 있는 수십 곳의 차행 중에서 1000단(担) 이상으로 생산한 곳은 진협오(陳協五)가 경영하던 '의창생(義昌生)', 이한비(李翰飛)가 운영한 '이미진(李美珍)', 정조(鄭照)가 운영한 '이화(怡和)'의 세 차행이었다.

정화 철산진(鐵山鎭)의 차산(茶山)

정화대백(政和大白) 품종의 찻잎

일본군이 중국을 침공하기 전까지 정화현의 수출 품목에서 가장 큰 부분을 차지한 것이 차였다. 무역기록보관소의 통계에 따르면, 중화민국 26년(1937년)에 수출된 차는 1만 6200개의 상자로 약 486톤이었고, 민국 27년에는 1만 8185개의 상자로 약 547톤, 민국 28년(1939년)에는 2만 6003개의 상자로 약 784톤이나 되어 수출 총액이 100만 위안(元)이 넘었다.

중화인민공화국 수립 이후 정화백차의 생산은 새로운 절정을 맞았다. 1959년 복건성 농업부는 정화현에 대규모로 우량종의 종묘장을 설립하고, **정화대백 품종의 묘목 2억여 그루를 재배하였다. 그 뒤 재배지는 귀주**(貴州)**, 강소**(江蘇)**, 호북**(湖北)**, 호남**(湖南)**, 절강**(浙江)**, 강서**(江西) **등의 성급**과 복건성의 다른 도시로 확장되었다.

1980년대 이전까지 정화현에서 재배된 차나무는 대부분 **정화대백**과 현지의 **채차**(菜茶) **품종**이었다. 1980년대 초에 이르러 **지역의 단일 품종 현상을 개선**하기 위하여 생육기의 특성에 따라 지역 전체의 **평야 지대**에서는 **싹이 빨리 나는 품종**과 **중기에 나는 품종**, **늦게 발아하는 품종을 배합하고**, 고산 지대에서는 **발아가 빠른 품종**과 **중기에 나는 품종**을 **이식**하였다. **1988년에 이르러서야 차나무 품종의 다양성과 합리적인 배치가 완전히 이루어졌다.**

역사적으로 정화백차는 수출용으로 특별히 가공된 차였지만, 중화인민공화국 건국 이후 차 판매 지역(유럽과 미국, 동남아시아에서 소련으로)의 변경과 함께 1958년 이후 백호은침의 생산도 중단되었다가 1985년 이후에서야 재개되었다. **최근 소비자들이 차의 건강 효능에 대한 긍정적인 인식과 더불어 복정백차의 인지도가 높아지면서 정화백차의 중국 내 판매량도 증가하고 있다.**

백차의 맑고 투명한 찻빛

백호은침 외에 **정화대백 품종**으로 가공한 **백모단**(白牧丹)도 매우 훌륭한 백차이다. **고급 백모단의 외관은 녹색의 찻잎에 백호가 뒤덮인 모양이 꽃과 비슷하다.** 찻잎은 짙은 회녹색을 띠고, 찻잎 뒷면은 은백색의 백호로 뒤덮여 있다. 그리고 찻잎은 크고 새싹은 튼실하면서 백호 향이 신선하고 향긋하다. 끓인 물로 우리면 회녹색의 찻잎이 펼쳐지면서 새싹을 받쳐 주는 모양이 꽃봉오리마냥 아름답다. **찻물은 맑고 투명**하며, 맛은 산뜻하고 달콤하여 인기도 많아 **정화백차 중에서도 가장 많이 생산**된다.

그런데 **정화대백 품종은 본래 수확률이 높지 않고 수확기도 늦다.** 1960년대부터 재배한 복안대백(福安大白)과 비교할 때, 20~30일이나 늦게 수확되고 재배 효율도 비교적 낮아 최근 몇 년 동안 현지 농민들은 생산량이 높고 수확기가 빠른 다른 품종들을 선호하였다. **정화대백의 재배 확장은 상대적으로 더딜 수밖에 없었다.**

고유 품종을 보호하기 위하여 정화현의 차위원회와 차 산업의 관리부에서는 정화대백 품종의 개량에 대한 기술적인 투자와 홍보를 확대하였다. 특히 몇 년 동안 산업 관리부에서 **정화대백의 품종을 널리 보급하기 위하여 재배된 묘목을 농민들에게 무료로 제공하여 정화대백의 재배 면적이 1만 6000묘(畝)로 성장하였다.**

정화현의 철산진에 있는 '융화차서원(隆和茶書院)'의 입구에서는 정화대백의 차나무가 숲을 이룬 모습을 볼 수 있다. 숲의 소유주이면서 **정화백차 무형문화유산 전승자인 양풍**(楊豐)은 정화대백 품종의 특성에 대하여 다음과 같이 설명한다.

"정화대백의 품종은 곧게 자라는 소교목(小喬木)**으로 가지가 적고 마디가 길어요. 연한 가지는 홍갈색**(紅褐色)**이고, 오래된 가지는 회백색**(灰白色)**입니다. 잎은 타원형으로 끝으로 갈수록 뾰족해지고, 기부**(基部)**는 둥근 모양이며, 가장자리는 뒤로 살짝 휘말려 있어요. 잎 표면은 짙은 녹색이나 황록색으로 광택이 납니다. 엽육**(葉肉)**은 두툼하지만 엽질은 연하고, 잎맥은 7~11쌍으로 뚜렷하답니다."**

안휘성 휘주(徽州) 일대의 건축 양식으로 건축된 융화차서원에서 양풍은 일 년 내내 **정화대백차**의 **원산지**로 수학여행을 온 차인들을 맞이한다. 많은 사람들이 **복정백차**와 **정화백차**의 차이점에 대하여 궁금증을 갖고 있고, 농사 경험이 없는 1980년~1990년대생 도시의 젊은이들은 백차 가공에 대한 갖가지 질문들을 늘어놓는다고 한다.

다양한 질문 앞에서 그는 찻잎 자체가 하나의 자연환경을 담고 있다고 강조한다. 차를 우리면 그 지역의 생태 환경, 토양과 주변 환경의 전반적인 영향 관계를 살펴볼 수 있다. 이에 대해서도 양풍은 간략히 설명한다.

"환경이 사람을 만들고 바꿀 수 있듯이, 생태종도 마찬가지로 지역의 토양, 기후를 바꿀 수 있는 절대적인 관계가 있습니다."

융화차서원 옥상에서 철산의 경치를 바라보면 마치 100년이 넘는 시간이 천천히 흘러가듯이 황혼이 내려앉는 것을 볼 수 있다. 건물 둘레에는 새로 건축된 집들과 옛집들이 서로 어울려 있고, 푸른 기운이 물씬 풍기는 들판이 펼쳐져 있다.

철산은 또한 '민북의 죽향(竹鄕)'이라는 호칭도 갖고 있다. 복건성 남부, 즉 민남과 절강의 경계에 있는 고장인 철산은 남쪽으로 정화현의 성관(城關), 서쪽으로 송계현(松溪縣), 북쪽으로 절강성의 경원현(慶元縣)과 인접해 있다. 전체 면적은 132.6제곱킬로미터이고, 북동에서 남서쪽으로 경사를 이루며 산지, 구릉, 계곡 분지의 세 지형으로 나뉜다.

이곳은 민남 동북쪽에서 절강성 서남부로 이어지는 요충지이다. 산림의 면적은 15.6만 묘(畝), 모죽(毛竹)(대나무 일종)의 재배 면적은 6.2만 묘, 차산은 7500묘, 모밀잣밤나무의 재배 면적은 2.1만 묘나 된다. **대나무, 차, 모밀잣밤나무는 품질이 뛰어나며, 특히 대나무로 만든 다기는 모습이 아름답고 실용적이다.**

이러한 풍토에서 자란 정화대백차는 100년이 넘는 세월 속에서도 '불굴의 성장'을 할 수 있었다. 1000년 전의 중국으로 시선을 돌려서 본다면 더 깊은 감명을 받을 수 있을 것이다. 그 감명에 대해서는 다음 장에서 소개한다.

멀리서 바라본 철산진(鐵山鎭)

06

천년의 당송차(唐宋茶), 그 원류를 찾아서

옛 도시 **정화현**의 **징원향**(澄源鄕) **상양촌**(上洋村)에는 **2층으로 된 목조 건물이 있다.** 그 옛날 책을 읽는 소리가 끊이지 않았을 오동서원(梧桐書院)이다.

오래전에 찾았던 이곳은 **징원향 내에서도 해발고도 900m에 자리하고 있다.** 복건성과 절강성에 부속된 네 현의 접경지로서 동쪽은 복건성 동부인 수녕현(壽寧縣)과 남쪽은 복건성 동부인 주녕현(週寧縣)과 인접해 있다. 그리고 서쪽은 진전진(鎭前鎭), 외둔향(外屯鄕)과 북쪽은 절강성 경원현(慶元縣)과 접한다.

이곳의 총면적은 271제곱킬로미터이며, 현재 22개 마을과 **두 개의 차산**(茶山), 그리고 채벌장이 있다. 113개의 자연촌에 6600여 가구가 있으며, 인구수는 약 3만 1000명으로 정화에서도 가장 큰 향진(鄕鎭)이다. 이곳은 삼림 피복률이 무려 84%에 달하여 성급 생태 마을로 인정을 받았다.

오동서원의 역사는 약 1100년 전 어느 초여름에 시작되었다. **당나라** 선종(宣宗) 대중(大中) 9년(855년)이었다. 황실의 재정을 담당하였던 하남(河南) 광주(光州) 고시현(固始縣) 백마도(白馬渡) 출신의 은청광록대부(銀青光祿大夫)(관직명) 허연이(許延二)와 그와 함께 관직에 있었던 금자광록대부(金紫光祿大夫)의 형인 엽연일(葉延一) 두 사람은 모두 누명을 쓰고 좌천되었다.

화를 모면하기 위해 두 사람은 당시 문화와 경제가 발달하지 않았던 복건으로 은둔하였고, 천신만고 끝에 정화 남리오동(南里梧桐), 즉 지금의 징원향 상양촌에 정착한 것이다.

그들이 정화에 도착하였을 때는 이미 단오를 앞두고 있었다. 당시 서른도 채 안 된 두 사람은 도읍의 번화스러움을 그리워하였으며, 그들이 가는 곳의 척박함에도 무척 놀랐다. 그들이 그곳에서 할 수 있는 것이라고는 가르치는 일뿐이었기 때문이다.

멀리서 바라본 징원향(澄源鄉)의 전경

허연이와 엽연일은 몇 년간의 노력 끝에 당나라 함통(咸通) 원년(860년)에 상양촌 동쪽에 지금의 오동서원(梧桐書院)/오봉서원(梧峰書院)이라고도 한다/을 설립하였다. 이는 **주송이 설립한 운근서원**(雲根書院)보다 **약 200년이나 앞선 것으로서 복건 역사상 첫 번째 서원이기도 하다.** 재능이 출중한 수많은 인재들이 이곳으로 몰려들어 중국 인문 사상을 공부하였다.

역사 속의 오동서원은 이제 그 유적만 남아 있다. 수십 년 전 네 가지 봉건 잔재를 청산하는 '문화 대혁명'의 여파 속에서 '서원갱(書院坑)'이라 불리던 산속의 이 고택은 지금은 완전히 파괴되어 폐허가 되었다.

능선을 따라 불어오는 바람 속에서 「청청자금(青青子衿)」의 서글픈 노래가 아련히 들려오는 듯하다. 이 슬픈 마음을 위로라도 하듯이 현재는 새로운 오동서원이 전통 양식의 2층 건물로 징원촌 연못가에 재건축되고 있다.

허연이의 후손으로서 정화운근차업(政和云根茶業)의 회장이면서 정화공부차, 정화백차 가공의 무형문화기능전승자인 허익찬(許益燦)은 다음과 같이 자신의 고장을 소개한다.

"징원은 오래되고 순박한 시골 마을입니다. 우리 허씨 가문은 천 년 넘게 이곳에서 세상일을 걱정하지 않고 살았습니다."

징원향은 참으로 순박한 마을이다. 사오십 채의 고택을 한눈에 볼 수 있으며 맑은 개울이 마을을 가로질러 흐르고 활기찬 잉어들이 개울에서 노닐고 있다. 사람을 두려워하지 않는 잉어들은 먹이를 조금만 주면 즐겁게 몰려오는데 물속에 꽃 한 송이가 피는 것 같다.

잉어로 유명한 이 개울은 마을의 풍수와 연관되어 있어 아무도 잉어를 낚지 않고 물고기들도 사람과 가깝게 지내는 모습이었다. 바구니를 메고 지나가던 마을 노인이 이곳을 방문한 우리 일행을 자기 집으로 초대하였지만 사양하고 다시 길을 떠난 기억이 있다.

당나라 서예가이자 충신으로 유명한 안진경(顏真卿, 709~785년)의 후손들이 현재 징원향의 적계(赤溪) 마을에 살고 있다. 천 명 가까이 거주하는 마을에서 전체 주민의 약 90%가 성이 안씨(顏氏)이다. 마을에는 『노국서보(魯國序譜)』라는 족보를 보존하고 있는데, 거기에는 "안진경은 본관이 산동(山東)이며, 노군개국공(魯郡开國公)에 봉해졌다"고 기록되어 있다.

중국은 당나라가 멸망하자 역사적으로 오대십국(五代十國, 907~979)으로 알려진 **사회 불안이 가속화되는 시대로 들어섰다.** 왕조가 교체되고 전란이 끊이지 않았던 시절에 당시 이부상서(吏部尚書)였던 **안규송**(顏虯松)(안진경의 8대 후손)은 **관직**을 **버리고 복건성 북부인 민북**으로 왔다. **도교를 숭상**하였던 그는 징원(澄源) 적계(赤溪)의 목가적인 풍경과 풍족한 산물을 보고 정착을 결심하였다. **땅을 개척하고 농업을 발전시키려는 다짐과 함께 그는 자신의 뛰어난 의술로 사람들의 병을 치료하기 시작하였다.**

징원향(澄源鄕)의 민가

마을에 있는 안씨 집안의 사당에는 『노국서보(魯國序譜)』와 함께 약 1100년 전 안진경이 착용하였던 옥대(玉帶)도 함께 소장되어 있다. 2008년에 심하게 망가졌던 안씨 집안의 사당은 6개월에 걸쳐 전면 보수되었다. 해마다 6월 중순이면 적계 마을에서는 축제인 영선절(迎仙節)을 진행하는데, 이 기간에는 집집마다 안진경과 안규송 두 선조에게 제를 올린다.

문인의 후손들이 집단 거주하는 적계에서는 무과에 급제한 장원(狀元)들도 많이 배출하였다. 전쟁의 영향 때문에 안씨의 후손들 대부분 무예에 능했고, 조예 또한 깊었다.

청나라 도광(道光) 시대만 해도 건녕부(建寧府)/**현 건구시(建甌市)**/에서 열린 무과 시험에 합격한 안씨 후손이 12명이나 되는데, 모두 장원 급제였다. 지금도 사당에는 당시 무과에서 장원 급제하여 황제로부터 하사받은 보검 한 자루가 보관되어 있다. 길이가 3m이고, 무게만 128kg이어서 일반인들은 들어 올리기조차 힘들다.

명나라, 청나라 시대의 주거 건물들이 그대로 보존된 적계의 서남쪽에는 **건륭(乾隆)** 55년(1790년)에 지어진 '**적계교(赤溪橋)**'가 있다. **성급(省級) 문화재로 지정된 이 나무다리는 복도 건축**

물 형식으로 지은 '**민남-절강 목공낭교**(木拱廊橋)'로서 **유네스코 세계문화유산 목록에 등재**되면서 **정화현의 보물**이 되었다.

200년이 넘는 세월 속에서 비바람에 무너지지도, 썩지도 않은 적계의 목공낭교는 현대인들을 사뭇 놀라게 한다. **못 하나 사용하지 않고 오로지 부재(部材)의 구멍에 장부를 끼워서 잇는 방법으로 건축한 나무다리이다.** 기둥이 없는 아치형 다리로서 목재 자체의 강도, 마찰력, 각도 등에 의해 지탱된다.

과거 정화에서는 낭교가 강을 건너는 길로만 사용되었던 것이 아니다. 복건성 북부의 고산 지대에 있는 정화현은 산이 높고 길은 멀고 험준하였다. **수백 년 전의 교통이 발달하지 않았던 시대에 많은 사람은 땔감, 지역 특산물, 찻잎 등을 짊어지고 인근의 읍내로 가서 생활필수품으로 교환하였다.**

당시 사람들은 생계를 위하여 짐을 지고 수백 리(里)를 걸었고, 배고픔을 참으면서 산을 넘고 강을 건너야만 했다. 자선을 베푸는 일부 사람들은 이런 행인들이 비를 피하고 물을 한 잔 마시면서 잠깐 쉬어 갈 수 있도록 낭교나 정자 또는 사찰이나 도교 사원 등에서 차를 무료로 제공하였다. **이러한 풍습으로 인해 정화에는 낭교가 지금도 많이 남아 있다.**

산이 많은 지역의 낭교에서는 **일 년 내내 차를 무료로 제공하기도 하였다. 특히 여름과 가을의 농번기가 되면 다리 근처에서 살고 있던 사람들은 집집마다 교대로 다리 위에서 차를 끓였다.** 차례가 되면 주부들은 이른 아침부터 다리 위에 머물면서 밭일을 하러 가는 농부들과 길을 떠나는 행인에게 **차를 끓여 주었다.** 오랜 세월 늘 다리에는 **차의 수증기가 흩날리고 있었기에** 사람들은 **낭교를 '차를 끓이는 다리'**라는 뜻으로 '**소차교**(燒茶橋)'라고 부르기도 하였다.

그 당시 끓였던 차는 아주 단순하였다. 큰 나무통 두 개에 채차(菜茶) 또는 황산차(荒山茶)(야생차를 지칭)의 찻잎과 끓인 물을 넣어 우린 것이다. 비록 맛과 향이 정교하지는 않지만, 자연의 맛을 그대로 낼 수 있었다.

적계(赤溪) 마을

한편 징원향에는 경관이 훌륭하기로 유명한 곳이 있다. 석자령생태차원(石仔嶺生態茶園)이다. **징원향 징원촌**에 위치한 이 차원은 그 전신이 **징원향차장**(澄源鄕茶場)으로 1976년에 설립되었다. 2007년 복건성 정화현 운근차업유한공사(云根茶業有限公司)에서 운영, 관리하여 공사의 생산 기지로 활용되었다.

현재 차원의 면적은 5000묘(畝) **이상이고, 정화대백**(政和大白), **복안대백**(福安大白), **금관음**(金觀音), **황관음**(黃觀音), **매점**(梅占), **대차**(台茶) **12호**(號), **서향**(瑞香), **자매괴**(紫玫瑰) **등의 품종을 재배하고 있는 동시에 200년 이상 자란 현지 야생차 품종인 소채차**(小菜茶), **토차**(土茶)**는 300묘**(畝) **이상이나 차지하고 있다.**

해발고도 1000m 남짓의 차원에는 각종 야생화와 과일나무가 자라고 있고, 돌계단을 따라서는 차원의 가장 높은 곳까지 갈 수 있다. 1970년대 징원향에서 태어나고 자란 허익찬(許益燦)은 차나무 하나하나에 애정을 담고 있었고 산바람에 기울어진 간판도 꼼꼼하게 바로 잡는다. 허익찬은 차원을 찾는 많은 사람이 이곳을 과수원으로 오해한다면서 어린 시절을 회상하며 이곳의 생활상을 들려주었다.

"차는 이곳 사람들에게 없어서는 안 되는 것이었죠. 당시 자급자족 방식으로 생활하던 마을 사람들은 외출을 거의 하지 않았습니다. 저도 고등학교 입시를 치르던 해에 처음으로 군청에 가 보았습니다. 거리 곳곳의 사람들 소리와 자동차 소리가 신기하면서 낯설었던 기억이 납니다."

그의 말대로 징원향은 천 년이 지난 지금도 여전히 논밭 둔덕길이 가로세로 엇갈려 있다. 닭이 울고 개가 짖는 소리가 여기저기서 들리며, 비옥한 들판과 아름다운 연못이 있는 목가적인 낙원의 모습이다.

외지인을 거의 접하지 않는 주민들은 경계를 많이 하지 않는 탓에 낮에도 일하러 나가면서 문을 잠그는 습관도 없다. 저녁노을을 안고 집에 돌아오면 이웃과 인사를 나누고 따뜻한 국을 나누어 마시면서 피로를 푼다.

실제로 차(茶)는 징원향의 기간산업이면서 전통산업이다. 현재 징원향 차밭 면적이 1만 8000묘(畝)이고, 그중 수확이 가능한 차밭은 1만 5000묘(畝)이다. 주로 **복안대백, 복운육호(福雲六號), 정화대백, 대차 12호, 복운 595(福雲595), 철관음(鐵觀音) 등의 우량 품종들을 재배하고 있다.** 이곳은 **정화현에서 차나무의 재배 면적이 가장 큰 곳으로 정화현 전체 차나무 재배 총면적의 25%를 차지하며, 연간 생산량은 3만 단(担)(약 1500톤) 이상이다.**

석자령(石仔嶺) 생태 차원

이렇게 많은 양의 찻잎을 생산할 수 있는 것은 이 지역의 기후 조건과 매우 밀접한 관련이 있다. 징원향은 전형적인 아열대성 계절풍 습윤 기후로서 '고산 기후'라고도 한다. **겨울은 춥고 여름은 시원하며, 연평균 기온은 14.7도이고 연평균 강수량은 1900mm로서 습도가 높다.** 한여름에도 산속 평균 기온은 25도에 불과하고, **일교차가 커서 차나무의 성장에 유리하며, 광합성 작용으로 유익한 물질들이 축적된다.**

현대 과학자의 분석에 따르면, **차나무의 새싹에 있는 티 폴리페놀**Tea Polyphenol**의 함량은 해발고도가 높아지고 기온이 낮아짐에 따라 감소하여 차의 쓴맛과 떫은맛이 줄어든다고 한다.** 반면에 **아미노산과 방향성 물질은 증가하여 신선하고 상쾌한 맛이 강해진다는 것이다.** 일부 학자들은 **고산 지대의 낮은 기온과 찻잎의 느린 성장이 차의 향기를 형성하는 주요 원인이라고 지적하기도 한다. 찻잎의 방향성 물질은 가공 과정에서 다양한 화학적인 변화를 일으켜 꽃향기를 생성하거나 독특한 향미를 지니게 된다.**

징원향의 기후 환경은 차밭으로 인해 이상적인 생태의 균형을 유지한다. **차나무에 병충해의 피해가 거의 없어 농약을 뿌리지 않기 때문에 천연 비료가 풍부한 토양은 유기농 상태로 유지되어 찻잎의 품질을 더 좋게 한다.** 또한 인적이 드물어 환경오염이 거의 없어 고산차(高山茶)의 생태 안전성이 보장된다.

적계교(赤溪橋)

깊은 숲에서 자라서 시골 마을에서 생산된 차가 수많은 소비자의 찻상에 오르고 있다. 그러나 그 과정에는 수많은 사람의 노력이 있었기에 오늘날 역사에 기록되는 전설로 남을 수 있었다. 사람의 이름은 세월에 묻혔지만, 그들이 만든 차와 그 결과는 그대로 남아 오늘날의 풍요를 이루었다. 또한 거기에는 많은 궁금증들이 남겨져 있는데, 여기서는 여러 해 동안 계속되어 온 논쟁 속으로 발걸음을 옮겨 보고자 한다.

07

백모단(白牧丹)과 공미차(貢眉茶)의 원산지에 대한 논쟁

사람들은 흔히들 "세계의 백차는 중국에 있고, 중국의 백차는 복건에 있다"고 말한다. 오늘날 **복정백차**와 **정화백차**의 부상은 두 지역에서 생산하였던 '북로은침(北路銀針)'과 '남로은침(南路銀針)'에서 비롯되었고, 그것이 중국 백차의 발전으로 이어졌다. 그러나 지난 한 세기 동안 백차의 생산에서부터 운송, 판매의 맥락을 살펴보면, **백호은침은 곡우(穀雨) 전에 딴 어린 새싹만을 원료로 사용하기 때문에 생산량이 많지 않았다.**

백차는 **차나무의 품종과 채엽 기준에 따라** 백호은침(白毫銀針), 백모단(白牡丹), 공미(貢眉), 수미(壽眉)로 나뉜다. 전통적인 방법에 '유념(揉捻)' 과정이 추가되어 가공되는 백차는 '신공예백차(新工藝白茶)'라고 한다. **오늘날 중국 백차 중에서도 유통 시장에서 가장 앞서 있는 것은 단연** 백모단과 수미이다.

백모단은 분명히 차인데 **꽃의 이름**이 붙은 것은 그 모양이 모란꽃과 **닮았기 때문**이다. **백모단은 새싹이 비장**(肥壯)(살지고 튼실함)하고, 찻잎은 **두툼하고 부드럽다. 회녹색**(灰綠色)을 **띠는 찻잎**이 **은백색의 새싹을 감싸고 하트 모양을 이루고 있어 꽃과 흡사하며**, 물에 우리면 녹색의 찻잎이 새싹을 받쳐 모란 꽃봉오리가 피어나는 모습과 같다고 하여 '백모단(白牡丹)'이라는 이름이 붙은 것이다.

백모단은 가공할 때 사용되는 차나무의 품종에 따라 다시 **'소백(小白)'**, **'대백(大白)'**, **'수선백(水仙白)'**으로 세분할 수 있다. **채차(菜茶) 품종**에서 채취한 찻잎으로 가공한 백차를 **'소백(小白)'**이라 하고, **복정대백**, **복안대백**, **정화대백 품종**의 찻잎으로 가공한 백차는 **'대백(大白)'**, 그리고 수선(水仙) **품종**의 찻잎으로 가공된 것은 **'수선백(水仙白)'**이라고 한다.

그런데 '소백', **'대백'**, '수선백' 중에서도 **시중에서 가장 많이 볼 수 있는 차**는 주로 **대백으로 만든 백모단**인데, **찻잎의 외관이 좋고 수확량이 가장 많다.** 그리고 복정대백차는 새싹이 새하얗고 비장하면서 하얀 잔털인 백호가 많다. 전체적인 향이 맑고 신선한데, 특히 백호 향이 진하면서 신선하고 상쾌한 맛이 뛰어나다. **정화대백차는 싹이 비장하고 향기가 맑고 신선하며, 맛은 신선하고 그윽하면서 진한 것이 특징이다.**

'소백' 차의 경우에는 **채차 품종의 재배가 적어 찻잎의 수확량도 적기 때문에 생산량이 많지 않다.** 그리고 **'수선백'의 찻잎은 과거에 블렌딩에 많이 사용되었고, 현재는 백모단으로 따로 가공하지 않는다.**

복정과 **정화**의 두 지역은 백차의 주요 산지로 널리 알려져 있지만, "중국 백차는 복건에 있다"는 말의 범위에는 사실 복건성 동부와 북부의 대부분 산지가 모두 포함되어 있다.

복정 주변의 복안(福安), 자영(柘榮), 수녕(壽寧)에서도 백차가 생산되고 있으며, 정화를 비롯한 주변의 건양(建陽), 송계(松溪), 건구(建甌) 등도 모두 백차를 생산하고 있는 주요 지역이다. 특히 역사적으로 **백모단**은 1920년 전후로 건양(建陽), **수길(水吉)**에서 **생산이 시작**되었고, 뒷날 정화 지역으로 전해지면서 대량 생산되었다.

수길이라고 하면 당연히 '**건양백차**(建陽白茶)'를 말하지 않을 수 없다. 건양백차는 백차의 첫 탄생에서부터 중화인민공화국 건국기까지 **복정**, **정화**의 백차와 함께 복건성의 수출용 특품 명차였다. **건양현 수길 지역에서 백차를 생산한 역사도 100년이 넘는다.**

고대 진(鎭)이었던 수길(水吉)

건양시차업국(建陽市茶業局) 국장 출신의 임금단(林今團)은 수년 동안 그런 건양백차의 역사적 고증과 연구에 전념하였다. 그에 따르면, 청나라 도광(道光) 시대인 1821년 이후 수길 지역에서는 수선(水仙) 품종이 발견됨과 동시에 대백 품종도 도입하였다. 동치연간(同治年間, 1862~1874)에 수길 지역의 백차 생산이 급속히 증가하였다. 최초의 은침은 수길 소엽차(小葉茶)의 새싹으로 만들어졌으며, 이를 '백호(白毫)'라고 불렀다. 그리고 19세기 후반 대엽차(大葉茶)의 새싹으로 고급 '백호은침'을 만들었고, 그 뒤 '백모단'을 가공하는 데에도 최초로 성공하였다. 임금단은 수길 지역의 그런 백차 생산의 역사에 대해 다음과 같이 설명한다.

"백차의 산지로서 수길의 역사는 그리 길지 않지만, 시대적 상황에 의해 큰 변화를 많이 겪었어요. 1934년 이 지역의 백차 생산량은 68톤가량이었지만, 1940년 대호(大湖), 수길에서는 백차 가공 공장 15곳에서 3600상자, 약 54톤의 완제품을 생산하였는데, 그중 백모단은 14만 2500톤으로 약 26.3%나 차지했어요. 중화인민공화국 건국 이후 백차 생산량은 30여 톤으로 급락했다가 1950년대 100톤으로 다시 급속하게 성장했답니다. 그 뒤 1960년대에는 약 150톤, 1970년에는 650톤에 이르러 연평균 20%씩 성장하였어요. 그런데 품질이 낮은 차의 생산 비중이 너무 높아진 데다 국제 시장의 변화로 1980년부터 이 지역의 백차 산지에서는 녹차를 대량으로 생산하였어요. 그리고 백차는 정해진 시간과 생산량에 따라 가공하였는데, 매년 봄마다 350톤가량을 생산하였답니다."

건양(建陽)은 복건성에서 가장 오래된 다섯 성읍 중의 하나이며, **민북 무이산 남쪽 기슭, 건계(建溪) 지역의 상류에 자리하고 있다.** 원래 건구현(建甌縣)에 속하였던 수길은 민국 29년(1940년) 수길현(水吉縣)으로 분할되었다. 1956년에는 수길의 현(縣) 제도가 폐지되면서 수길진(水吉鎮)으로 재편되었고, 회룡구(回龍區), 정돈구(鄭墩區), 소호구(小湖區)와 함께 건양으로 통합되었다. 그리고 1994년 3월 국무원(國務院)의 허가를 거쳐 건양은 현에서 분리되고 시(현급 시)로 편제되었다. 그 뒤 2014년 5월 국무원은 남평시(南平市) 행정구역 조정 계획안을 승인하고 건양시를 철회하면서 남평시 건양구(建陽區)로 재편하는 데 동의하였다. 이에 따라 2015년 3월 18일에는 남평시 건양구가 공식적으로 편제되었다.

과거의 세월이 덧없이 지나가면서 건양 수길의 흥망성쇠와 더불어 한 시대도 저물어갔다. 사실 수길은 과거 복정의 백림(百林)과 같이 육로보다 수로의 운송이 발달하여 복건 북부에서도 찻잎의 생산과 거래에서 중요한 지역으로 '구녕제일진(甌寧第一鎮)'으로, '남포계(南浦溪) 제일의 부두'로 불리던 곳이었다. 이 역사는 현재『수길지(水吉志)』에 다음과 같이 기록되어 있다.

"1940년대 수길진은 수길현의 소재지였으며, 인구는 1만 명에 육박하였고 30여 종의 산업이 융성하고 380곳 이상의 상가가 있었다. 복원(福源), 상춘(祥春), 이예생(李豫生), 호윤기(胡潤記) 등 사업 자금이 풍부한 오래된 명문가가 있었고, 시장에서는 쌀, 연자(蓮子), 택사(澤瀉), 표고버섯, 찻잎, 경과(京果)(호박씨, 호두 등 견과류), 간장, 동유(桐油)(동백기름), 소금, 천 등이 거래되었다."

광서연간(光緒年間, 1875~1908)부터 홍콩, 광주(廣州), 조산(潮汕)의 차 상인들이 수길에서 찻집을 열고 백차를 판매하였다. 임금단이 수집한 문헌의 기록에는 당시 수길의 산업 규모에 대해 다음과 같이 소개되고 있다.

"가장 번성할 때 수길에는 차 상인들의 차호(茶號)가 60개 이상이나 있었고, 그중 홍콩 상인들이 운영하던 차호가 21개, 광주 상인의 차호가 3개, 조산 상인의 차호가 3개, 하문(厦門) 상인의 차호가 4개 있었다. 남포계에 있는 대호촌(大湖村)도 백차의 유통 중심지였다. 광주와 홍콩 상인들이 공동으로 운영하였던 '금태차장(金泰茶莊)', 광주의 '동태창(同泰昌)', 홍콩의 '우신(友信)' 등 찻집에서 사용하였던 간판에 새겨진 문구들은 지금도 남아 있다. 1987년 88세의 일기로 세상을 떠난 황소원(黃紹元) 선생의 '원춘(元春)' 찻집에서는 민국 29년(1940년)에만 백모단과 수미를 각각 200상자씩 수출하였는데 이는 전체 백차의 54%였다. 그해 대호촌의 백차 가공 공장 13곳에서 수출한 백차는 2150상자였는데 무게는 약 37.9톤에 달하였다."

민국 25년(1936년) 수길현의 백차 총생산량은 83톤이었는데, 전체 현 차 총생산량의 10.13%, 복건성 백차 총생산량(164톤)의 50.61%를 차지하였다. 민국 28년(1939년) 수길현의 백차 총생산량은 90톤으로 현 전체 차 총생산량의 11.76%를 차지하였다. 그중에서 **수길에서 생산한 수미는 중국 화교차**(華僑茶)**/중국 찻잎 수출 시장의 일부로 해외 화교들을 상대로 판매되는 차/의 3분의 1, 백모단은 화교차의 8분의 1을 차지하였다.** 민국 29년(1940년) 수길과 대호 두 지역에서 수출한 백차는 3600상자(수미 2650상자, 백모단 950상자)로 약 63톤이었다.

수길진(水吉鎮)의 패방(牌坊)

그런 수길에서는 현재 과거의 번영을 찾아보기가 힘들고, 고풍스러운 옛 모습도 즐비하게 들어서는 새 건축들 사이에서 점차 사라지고 있다. 수길에서 오랫동안 노점상을 운영하던 사람들에 따르면, **수길을 현**(縣)**으로 편제한 이유는 부두가 있는 특징 외에도 민북의 중심에 위치해 북쪽의 포성**(浦城)**, 남쪽의 건양**(建陽)**, 동쪽의 송계**(松溪)**와 멀리 떨어져 있어 행정력이 미치지 않았기 때문이라고 한다.** 즉 다사다난하였던 1930년대에 수길에 대한 군사적인 통제와 경제적인 관리를 강화하기 위하여 수길을 현으로 승격하고 행정력을 확대한 것이다.

수미(壽眉)

공미(貢眉)

오늘날 **수길**의 거리를 걷다 보면, 길가에 서 있는 **패방**(牌坊)(문짝이 없는 문과 같은 건축물)과 **사당의 흔적**을 볼 수 있다. 이는 마치 과거 이곳의 영화를 보여 주는 것 같다. 수길진 동쪽으로 2~3리 떨어진 정돈촌(鄭墩村) 마을 어귀에서는 팔자(八) 모양의 멋진 패방을 볼 수 있다.

정교한 꽃과 상서로운 동물로 장식된 패방의 중앙부에는 '남주병장(南州屛障)'이라는 네 글자가 새겨져 있다. 문무백관이 여기를 지날 때면 반드시 가마나 말에서 내려서 가야 했다는 이야기가 전해진다. 패방을 통해 들어가면 명나라 가정(嘉靖) 43년(1564년)에 패방과 함께 건축된 사당인 '서구서씨사(西甌徐氏祠)'에 도착하게 된다. 서씨 가문은 이 지역에서 가장 큰 씨족 중 하나이다.

백모단은 건양에서 탄생하여 정화와 송계에서 크게 발전하였다. 반면 복정은 개혁개방 시대 이전부터 백호은침으로 수출 시장을 주도하였고, 백모단은 적게 생산하였다.

또한 같은 백차 계열인 공미(貢眉)와 수미(壽眉)에 대한 이야기도 빼놓을 수 없다. **요즘 들어서 중국 백차의 분류와 발전사를 잘 모르는 사람들이 흔히 공미를 수미와 같은 품질 등급으로 여기는 경우가 많다.** 즉 최고급의 백호은침과 중·고급의 백모단을 가공한 뒤에 찻잎을 따서 제작하는 본래부터 낮은 등급의 백차로 이해하거나 백모단과 수미 사이에 있는 등급의 백차로 오해하기도 한다.

사실 전통적인 **공미**는 토종 품종의 차나무인 **채차**(菜茶)의 **찻잎**을 원료로 **백모단과 같은 가공 방식으로 만들었다.** 봄철에 딴 일아이엽(一芽二葉) 또는 일아삼엽(一芽三葉)을 **위조**(萎凋)**와** 건조(乾燥) **과정을** 거쳐 만들었다.

공미(貢眉)는 새싹이 뚜렷하고 백호가 많으며, 말린 찻잎은 회녹색을 보이고, 우린 찻물은 오렌지색을 띤다. **맛은 순수하면서 상쾌하고, 향은 신선하며, 엽저**(葉底)**는 균일하면서 부드럽다.** 주로 홍콩과 마카오 등의 지역에 판매되었다. **공미의 원산지와 주요 산지**는 모두 **건양**이며, 특히 건양의 **장돈진**(漳墩鎭)은 '공미의 고향'으로 알려져 있다. **시장의 변화에 따라 현재는 백호은침과 백모단의 가공을 끝낸 뒤에 채취한 일아이엽 또는 일아삼엽으로 만드는 공미가 적지 않다.**

수미(壽眉)는 전통적인 공미와 달리 중국의 모든 백차 중에서도 **생산량이 가장 많은 차**이다. 일반적으로 **늦은 봄이나 가을에 돋아나는 일아삼엽**(一芽三葉), **일아사엽**(一芽四葉)의 찻잎으로 만드는데, **맛이 백호은침과 백모단과는 큰 차이가 있다.** 우리면 찻잎은 펼쳐지면서 회녹색에 약간 황색을 띠고, 잎맥은 약간 불그스레하며, 찻물은 살굿빛을 띠면서 맛이 신선하고 진하다.

중국의 유명한 차학자(茶學者) 장천복(張天福, 1910~2017) 선생도 1960년대에 저술한 『복건 백차에 대한 조사 및 연구』에서 공미에 대하여 다음과 같이 소개하고 있다.

"공미에는 '수미화색(壽眉花色)'이라는 등급의 분류가 따로 있는데, 품질은 공미의 3~4등급 사이에 있지만 정교하게 가공할 경우에는 대백차(大白茶)의 굵은 찻잎을 섞어서 만든다. 수미는 1953년에서 1954년까지 만들어진 뒤 생산이 중단되었지만, 1959년부터 해외 시장에 수요가 생기면서 다시 생산되기 시작하였다."

여기서 말하는 '수미'는 국가에서 차의 수출을 위하여 당시 국영차창에서 생산하였던 수출품 등급으로서 원료 찻잎이 거칠고 억센 '수미편(壽眉片)'을 말하며, 차나무의 품종인 '수미'와는 직접적인 관련이 없다.

공미의 원산지인 장돈진에서는 봄철에만 차를 생산한다. 채차 품종의 찻잎으로 '첫물차'와 '두물차', '세물차'를 모두 공미로만 생산한다. 채차 품종은 새싹이 가늘고 작아서 백호은침이나 백모단으로 가공하기가 어려운 탓에 공미로만 만들게 되었다고 한다. **현재 장돈진에서는 공미의 생산량이 많지 않아 시장에서는 공미와 수미의 구분이 명확하지 않게 되었다.**

중국 백차 중에서도 오랜 명성을 드날렸던 **건양백차**는 **백모단**과 **공미**의 기원일 뿐 아니라 **건양 특유의 차**인 '수선백(水仙白)'을 탄생시켜 백차의 원류가 되었다. 다음으로는 **'수선백'**의 **향기가 마음속 깊이 스며들어 사람들에게 신선한 감동을 주는 이유가 무엇인지와 세상을 어떻게 매료시켰는지에 대하여 살펴본다.**

08

수선백(水仙白)의 존재 의미

건양 지방으로 여행을 가면 반드시 들러야 할 곳이 있다. 과거에 중국 **차 무역**의 **중추**였던 **수길로가**(水吉老街)와 **공미**의 고향인 **장돈진**(漳墩鎮), 그리고 **수선차**(水仙茶)의 발상지인 **수길대호**(水吉大湖)이다.

역사에서 수길(水吉)은 1938년에서 1956년까지 현(縣)이었지만 그 뒤로는 건양(建陽)에 병합되었다. 그 수길의 대호촌(大湖村)(현 건양시 소호진 대호촌)은 포남(浦南), 즉 포성(浦城)과 남평(南平) 인근에 있는데, 경제의 주요 산업으로 **쌀, 차, 대나무, 목재 등이 생산**된다.

수선(水仙)은 중국에서도 유명한 **우량 품종의 차나무**로서 이 지역의 농민들에 의해 발견되어 보급되었다. 또한 청나라 가경(嘉慶) 시대부터 민국(民國) 중후반까지 수길 지역은 복건성 북부에서도 중요한 차 유통 중심지였다.

수선차 발원지인 건양시(建陽市) 소호진(小湖鎭)의 대호촌(大湖村)

청나라 도광(道光) 시대에 편찬된 『구녕현지(甌寧縣志)』에서는 이 지방에 대하여 다음과 같이 서술하고 있다.

"화의리(禾義里)(현 소호진), 대호(大湖)의 대산평(大山坪)에서 **수선차**가 나온다. 그곳에는 **암차산**(岩叉山)이 있고, 산에는 축도선(祝桃仙)이라는 동굴이 있다. 서건(西乾) 지방에 성이 창(敞) 씨인 사람이 있었는데, 차를 업으로 하였다. 나무하러 산에 다니다가 동굴 앞에서 차나무를 발견하고 밭에다 옮겨 심었다. 그리고 오랫동안 수확하여 제다법으로 차를 생산하였는데 과연 그 기이한 향이 모든 차 중에서도 으뜸이었다. 그러나 꽃이 피어도 씨가 맺히지 않았다. 처음에는 꺾꽂이법을 시행하였는데 뿌리가 잘 내리지 않았다. 나중에 집의 담벼락이 무너지면서 나무도 쓰러졌는데 이때 뿌리가 돋아났다. 그 뒤 나뭇가지를 땅속에 묻어 뿌리를 내리는 압조(壓條) 번식으로 크게 성공하였고 각 지역에도 유통되었다. 서건(西乾)의 모차(母茶)는 지금도 여전히 존재한다."

이 기록에 따르면, 수선차의 원산지는 대호촌 암차산의 축도선 동굴 앞이라고 볼 수 있다. 이름은 **소호촌의 방언으로 '축선(祝仙)'과 '수선(水仙)'의 발음이 비슷하여 '수선'이라고 불렸다고 전해진다.** 또 다른 설에 따르면, **이 차에서 수선화의 부드러운 향이 풍기면서 붙여진 이름이라고 한다.**

차학자인 장천복 선생은 저서 『수선모수지(水仙母樹志)』(1939년)에서 "이 차나무가 수선차의 모수(母樹)"라고 밝혔다. 장만방(莊晚芳) 등과 함께 공동으로 저술한 『중국명차(中國名茶)』에서는 "건양(建陽), 건구(建甌) 일대에는 천 년 전부터 이미 수선 품종이 자라고 있었는데, 인공 재배의 역사는 300년 남짓 정도 된다"고 소개한다.

수선차의 모수는 청나라 강희연간(康熙年間, 1662~1722)에 대호촌으로 이주한 복건성 남부 사람들에 의해 발견되었고, '압조(壓條)' 번식에 성공한 뒤 주변의 수길, 무이산, 건구 등의 지역에 전파된 것이다.

건양에서 수선의 품종이 발견된 뒤로 중국의 수선차는 양대 주류로 나뉘었다. 무이, 건양, 건구의 제다법으로 생산된 '민북수선(閩北水仙)'과 '영춘수선(永春水仙)'을 대표로 하는 '민남수선(閩南水仙)'이다. 이 **민남수선 중에는 중국 우롱차(烏龍茶)에서도 유일한 긴압차(緊壓茶)인 '장평수선(漳平水仙)'이 있는데, 전통 기법으로 '수선차병(水仙茶餅)'으로 만든다.**

수선 품종의 차나무

수선 품종은 '중국 국가급 우량종 차나무 48품종' 중에서 1위, '반교목대엽형(半喬木大葉型) 우량종 차나무 41종' 중에서 1위로서 복건 건양에서 생산된 유일한 우량종 차나무이다. 1985년에는 전국농작물품목심정위원회(全國農作物品種審定委員會)는 수선 품종을 국가 품종으로 인정하였고, 그 품목 번호는 'GS13009-1985'이다. **오늘날 수선 품종은 복건 북부, 남부 및 광동의 요평(饒平), 대만의 신죽(新竹)과 대북(臺北)에 분포되어 있다.**

수선 품종의 차나무는 무성생식 식물로서 소교목형(小喬木型) 대엽종(大葉種)의 늦되는 만생종(晚生種)이다. **나무는 높고 크며, 줄기가 뚜렷하고, 가지가 드문드문하며 잎은 편평하다. 타원형의 잎은 두껍고 단단하며 짙은 녹색에 광택이 나고 끝으로 갈수록 뾰족하다. 가장자리의 톱니 모양은 깊고 날카롭다. 새싹과 찻잎은 성장이 빠르지만, 발아가 드물고 유연성이 강하다.**

매년 4월 하순은 일아삼엽의 생산량이 가장 높을 때이다. 봄에 수확되는 일아이엽의 수선차에는 **아미노산이 약 2.6%**, 티 폴리페놀이 약 25.1%, **카테킨이 약 16.6%**, 카페인이 약 4.1%로 함유되어 있다.

수선 품종의 찻잎으로는 녹차, 백차, 우롱차, 홍차를 모두 만들 수 있다. 우롱차는 찻잎이 **두툼하고 크며, 색상은 광택이 도는 진녹색을 띤다.** 난화향(蘭花香)이 은은하면서 맛이 진한데, 뒷맛이 시원하고 달콤하다. 홍차, 녹차는 찻잎이 크면서 두툼하고, 백호가 선명하다. 우리면 향이 진하고 맛도 농후하다. 백차는 새싹이 튼실하고 백호가 많다. 우리면 향긋한 향과 순수한 맛이 난다.

1980년대부터 소호진 지방을 찾아 조사하였던 임금단에 따르면, **수선 품종의 백차**, 즉 수선백(水仙白)을 최초로 만들기 시작한 것은 **1911년에서 1912년의 사이라고 한다.**

소호진 대호촌의 주민인 황병륜(黃秉倫)과 황병향(黃秉享) 두 노인은 집안 대대로 '**수선향**(水仙香)'(현 민북수선)을 가공하였는데, 황병륜의 부친은 청나라 광서연간(光緒年間, 1875~1908)에 수선 품종의 차나무에서 튼실한 새싹을 고르는 전문가였다. 황씨 가문에서는 대대로 '새싹을 먼저 분류하여 은침을 만든 뒤 수선백을 건조하는' 방식으로 백차를 만들었다.

이렇게 가공된 모든 백차는 황병해(黃秉海)의 '황영태차장(黃永泰茶莊)'(대호촌에서 유명한 차장 중 하나)에 판매하였다. 따라서 황영태차장에서는 백차를 주로 판매하였는데, 황병륜도 민국 13년(1924년)부터 그곳에서 종사하였다.

이러한 **수선차로 인하여 대호촌도 함께 유명**해졌다. 수선차는 전성기에 접어들면서 '암차수선(岩叉水仙)'을 차호(茶號)로 삼아 대량으로 수출되기 시작하였다. 당시 외지의 광동, 홍콩의 상인들도 분분히 대호촌에서 차장(茶莊)(도매업)을 운영하였는데, 유명 차장으로는 생태(生泰), 익태(益泰), 정태(禎泰), 서상(瑞祥), 영태(永泰), 우태(友泰), 광태(廣泰), 난생(蘭生), 천생(天生), 걸태(傑泰), 정춘(正春), 이기(異紀), 영정(榮貞), 금태(金泰), 동무춘(同茂春), 동방태(同芳泰), 홍포(鴻圃) 등이 있었다.

현지 차 상인들이 운영하던 차장들로는 무태(茂泰), 원춘(元春), 항창(恒昌), 영창(永昌), 원포(元圃), 황영무(黃永茂), 영강(永康) 등이 있었다. 매년 차를 만드는 계절이 되면 현지 차 상인들은 숭안(崇安)(현 무이산), 송계(松溪), 정화(政和), 건구(建甌) 등 민북 지역의 수선차를 생산하는 마을에서 원료 차인 모차(毛茶)를 대량으로 구입하였고, 매장마다 제다사(製茶師)들이 밤을 새워 가면서 가공하였다. 전성기에는 절강 서부 수선차 산지의 모차도 대호촌으로 운송되었는데, 연간 거래량이 1만 단(担)(500톤)이 넘었다.

수선차 모수(母樹)의 원산지 비석

중화인민공화국의 건국 전에는 수선차의 가격이 높고 이윤도 많이 남는 이유로 농가에서는 수선차를 많이 생산하였는데, 농가당 연간 생산량은 500~600근(斤)(250~300kg) 정도였다. 이렇게 수선차에 생산이 집중된 것은 '수선향(水仙香)' 1근(斤; 중국의 경우 500g)의 가격이 쌀 25근(12.5kg)과 맞먹었기 때문이다.

그런데 **찻잎을 수확하는 시기는 제한되어 있었고, 인력이 부족한 문제로 제때 수확하지 못하여 찻잎들이 차나무에서 굵고 크게 자라면서 수익성이 더 증가하지 못하였다.** 이러한 문제를 해결하기 위하여 농민들은 '새싹을 먼저 채취, 분류하여 수선백을 만든 뒤에 수선향을 만드는 방식'을 채택하였다. **수선 품종의 차나무에서 채취한 일아일엽**(一芽一葉) **또는 일아이엽**(一芽二葉)**을 건조하여 백차인 '수선백**(水仙白)**'을 먼저 만들었다.** 그다음으로 일아삼엽(一芽三葉) 또는 일아사엽(一芽四葉)이 자랄 때 채취하여 '수선향(水仙香)'을 만들어 부드러운 찻잎의 사용을 최대화하였다. 이렇게 **만들어진 최상급 수선백 1근(500g)은 쌀 30~40근(15~20kg) 정도의 가격이었다.**

시간이 지나면서 **건양**에서 **정화대백** 등 대백(大白) 품종의 차나무를 들여오면서 **수선백의 모차**와 기타 **대백차의 모차**를 블렌딩하여 **백모단**(白牧丹)을 만들었다. **대백차에 수선차를 추가함으로써 백차의 향을 한층 더 높일 수 있었기 때문이다.** 그러나 20세기의 1980년대까지도 **건양 수선백의 생산량은 건양백차 총생산량의 5%밖에 안 되었다.**

농민들은 "수선백을 만들려면 하늘과 땅과 만드는 사람이 관건"이라고 말한다. 특히 '**개청**(開靑)' 과정이 가장 중요하다. **찻잎을 체로 쳐서 말리고 시들게 하는 과정은 만드는 사람의 민첩한 솜씨와 고도의 기술을 필요로 한다.** 체를 한 번만 돌려서 찻잎을 고르고 편평하게 펴야 하고 겹치지 않게 하여야 한다.

건양 서방향(書坊鄉)에 소재한 유가차원(劉家茶園)에는 청나라 동치(同治) 13년(1874년)에 옮겨 심은 **수선 품종의 차나무 15그루**가 있다. **150년의 수령을 자랑하는 차나무들이 많은데,** 그중 키가 **가장 높은 것은 6.39m에 달하고, 밑동 줄기가 제일 굵은 것은 지름이 127cm이다.** 감탄이 저절로 나온다. **지금까지 전국에서 인공적으로 재배된 것 중에서 수령이 가장 길고, 수관(樹冠)이 가장 높으며, 지름도 가장 크고, 가장 높은 생존율을 자랑하는 차나무 숲이기도 하다.**

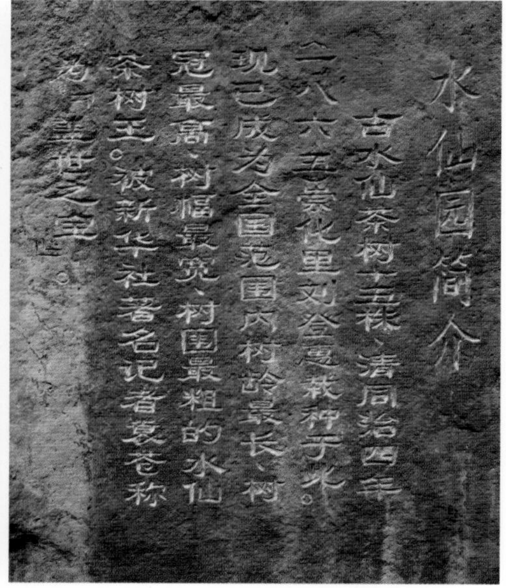

수선 고차원(古茶園)과 고차원에 세워진 비석

100년이 넘은 이 숲을 더 잘 보호하기 위하여 복건성 농업청과 건양시 인민정부는 이곳을 보호 구역으로 지정하여 2009년 10월에 기념비를 세웠다. 기념비에는 "차나무 우량종 자원 보호지역"이라는 비문이 새겨져 있고, 자원 번호는 '민HW005(閔HW005)'이다.

대호 수선차의 모수(母樹)는 이미 죽었지만, 이를 기념하기 위해 1988년 대호촌의 황씨 일가가 모수가 처음 발견된 암차산과 발상지인 서건(西乾)에 비석을 하나씩 설치하고 '수선차모(水仙茶母)'의 기원지를 건립하였다. 2008년 대호촌 위원회는 수선차 지리적 표지의 신고를 추진하기 위해 차산(茶山)에 비석을 세워 수선차 모수의 발견과 대호 수선차의 발전 역사를 기록하기도 하였다.

봄의 한가운데 상쾌한 바람을 맞으며 방금 만든 수선백을 우리면 가늘고 곧은 찻잎에 줄기도 보인다. 개완(蓋椀)에 찻물을 따르면 수선백 특유의 향이 가늘고 길게 올라온다. **찻빛은 맑고 투명하며, 한 모금 마시면 맑고 깔끔한 맛과 진한 향이 어우러지면서 달콤함이 입안을 부드럽게 한다. 고급스럽고 우아한 백차의 풍미이다.**

건양시에서는 2014년 4월부터 오래전 사라졌던 건양 수선백의 전통 제다법을 복원하기 위하여 '수선백 전통 기법 복원 프로젝트'를 시작하였다. 건양 농업청과 차업협회의 전문가들이 노력한 덕분에 그 복원에 성공하였고 현재는 기술을 보급하는 단계에 있다.

중국 백차 역사 연구의 권위자인 장천복 선생은 『복건차사고(福建茶史考)』에서 백차의 발전 역사를 다음과 같이 소개한다.

"백차의 가공은 역사적으로 복정에서 시작되어 건양의 수길로 전파되고, 다시 정화로 전파되었다. 차의 종류를 보면 가장 먼저 은침이 만들어지고, 그 뒤에 백모단, 공미, 수미가 생산되었으며, 소백(小白)을 먼저 만들고 나중에 대백과 수선백이 만들어졌다."

생태 환경이 우수한 산지에서 생산된 좋은 품질의 원료를 사용하고 전문적인 기술로 가공하여야만 중국 백차의 뛰어난 맛을 구현할 수 있다. 다음은 **차나무의 품종이나 가공 기술보다 더 중요한 좋은 백차의 '기준'을 살펴본다.**

09

훌륭한 백차(白茶)의 기준에 대하여

훌륭한 백차(白茶)의 기준을 설명하기 전에 먼저 백차의 개념과 종류를 분명하게 해야 한다. 아직도 시장에서는 녹차(綠茶)인 '안길백차(安吉白茶)'를 백차로 오해하는 경우가 많다.

첫째, 6대 차류 중의 한 부류로서 백차

중국 현대 **'제다학'**의 창시자인 **진연**(陳椽) 교수는 1978년『차업통보(茶業通報)』에 발표한「차의 분류에 대한 이론과 실천 연구」에서 6대 차류를 분류하는 기준과 백차를 설명하였다.

"찻잎은 제조법과 품질의 체계 및 응용 습관상의 분류, 플라반올Flavanol의 함유량에 따라서 녹차, 황차, 흑차, 백차, 청차, 홍차로 분류할 수 있다. 백차는 고운 백호가 많고 찻빛이 엷으며 처음 우려낼 때는 무색에 가까운 것이 특징이다. 플라반올 성분이 가볍게, 천천히 자연산화되도록 하여 효소의 촉진을 파괴하지 않아 산화를 억제하거나 촉진하지도 않고 시간이 지나면서 천천히 작용하게 한다. 일반적으로 찻잎의 수분이 날아갈 수 있도록 시들게 하는 위조(萎凋)와 차의 향기를 끌어내고 오랫동안 보관할 수 있도록 건조(乾燥) 과정을 통해서 만들어진다."

진연 교수가 저서에서 소개하는 백차는 바로 살청(殺青)과 유념(揉捻) 과정을 거치지 않고, '위조'와 '건조'의 두 과정으로 만들어진 것으로서 복건성의 복정과 정화의 두 지역에서 주로 생산된다.

둘째, 안길백차(安吉白茶)는 찻잎이 흰 품종으로 만든 대표적인 녹차

안길백차 품종의 차나무는 유전적인 문제나 외부적인 환경 영향으로 엽록소의 합성이 저해되어 새싹에 흰색이 돈다. 특히 이른 봄에 기온이 내려가면 찻잎은 하얀색으로 변하기도 한다. 그러나 안길백차는 이러한 찻잎으로 녹차 가공 방식을 통해 만들기 때문에 '녹차'로 분류된다.

셋째, 차나무 품종의 문제

우리가 알고 있는 백차는 새싹과 찻잎에 흰색의 고운 잔털인 백호(白毫)가 많은 것이 특징이다. **백차는 주로 복정대백(福鼎大白), 복안대백(福安大白), 정화대백(政和大白) 품종의 찻잎으로 만들어진다.** 그러나 찻잎에 백호가 많은 것은 그런 백차 품종뿐만이 아니다. 낙창백모차(樂昌白毛茶), 능운백모차(凌雲白毛茶), 여성백모차(汝城白毛茶) 등 백모차(白毛茶)도 품질과 맛이 모두 백차와 유사하다. 다만 녹차의 가공 방식으로 만들기 때문에 '녹차'로 분류된다.

1. 백차의 분류 방법

백차는 **찻잎을 따는 기준에 따라** 백호은침(白毫銀針), 백모단(白牡丹), 공미(貢眉), 수미(壽眉)**로 분류한다.** 대백 또는 수선 품종의 차나무로부터 건실한 단아(單芽), 즉 새싹만을 따서 만든 것은 '백호은침', 대백 또는 수선 품종의 차나무로부터 일아일엽, 일아이엽을 따서 만든 것은 '백모단', 채차(菜茶) 품종의 차나무로부터 새싹과 찻잎을 따서 만든 것은 '공미', 백호은침을 만드는 새싹을 제외한 나머지 등급의 크고 성숙한 찻잎과 가지를 섞어서 만든 것은 '수미'이다. **오늘날에는 수선이나 채차 품종보다 주로 복정대호, 복안대백, 복정대백 등의 품종으로부터 백차를 만든다.**

백모단은 차나무의 품종에 따라 '대백(大白)', '소백(小白)', '수선백(水仙白)'으로 분류한다. 복정대호, 복정대백, 복안대백, 정화대백 품종의 찻잎으로 만든 백차는 '대백', 채차 품종의 찻잎으로 만든 백차는 '소백', 수선 품종의 찻잎으로 만든 백차는 '수선백'이다.

그런데 백차 가공 과정에서도 새로운 방식들이 나타나고 있다. 특히 대만에서는 위조를 끝내고 곧바로 건조 과정으로 들어가지 않고 그 중간에 가볍게 살청과 유념 과정을 거치는 방법도 사용하기 시작했다. 이렇게 만들어진 백차는 1960년대에 홍콩 시장에서 큰 인기를 누렸다.

1968년 '복건성차엽진출구공사(福建省茶葉進出口公司)'는 홍콩 시장의 수요를 고려하여 가공 공장인 복정백림창(福鼎白琳廠)에 대만의 방식을 모방한 새로운 제다법의 개발을 위임하였는데 그 결과는 홍콩에서 대성공을 거두었다.

이 새로운 가공 방식으로 만들어진 백차는 수미와 공미 등급의 찻잎을 위조 과정을 통해 수분 함량을 줄인 뒤 가벼운 유념 과정을 더하는 것이다. **이로 인해 건조 찻잎은 길쭉하게 휘말린 모양을 띠고, 향은 우롱차와 비슷하다.** 비록 유념을 가볍게 처리하였지만, **세포벽이 파괴되어 화학 반응이 일어났기 때문에 전통 백차와는 구별된다.** 한편 **2006년부터는 백차도 보이차(普洱茶) 제다법을 차용하여 병(餅) 모양으로 긴압(緊壓)하기 시작하였다.**

2. 백차의 색 (色), 향 (香), 미 (味), 그리고 형태

긴 시간의 위조 과정을 거치면 녹색 찻잎은 붉은 잎맥이 돋보이는 '녹엽홍근(綠葉紅筋)'의 상태가 된다. 잎 뒷면은 연회색으로, 잎맥은 약간 불그스름해진다. 찻잎은 두툼하며 크고 부드러우면서 백호가 풍부하다. 잎 앞면이 일어나 가장자리로 휘어져 마치 심지를 감싼 꽃 모양과 비슷하다. **백호가 풍부한 백차 특유의 향기인 호향(毫香)이 약간 드러나고 맛은 신선하고 순하지만 생차의 풋내나 떫은맛, 쓴맛이 없다. 찻물은 맑고 투명한 연황색을 띤다.**

외형 – 호심비장 (毫心肥壯)

: 백호가 풍부하고 새싹이 단단하고 튼실하다

백차 원료의 약 85%는 복정대호, 복안대백, 정화대백, 복정대백 품종의 찻잎이다. **이런 품종들은 중대엽종(中大葉種) 차나무이다. 이 찻잎으로 가공한 백차는 외형상 크고 튼실하며, 백호가 풍부한 것이 특징이다. 건조 찻잎은 회녹색이나 진녹색을 띠고, 찻잎 뒷면은 은빛의 백호가 선명하다.**

채차(菜茶) 품종의 차나무는 중소엽종(中小葉種)으로서 새싹이 작고 여려서 건조하면 백호가 선명하고 '눈썹' 모양으로 휘어져서 '공미(貢眉)'라고 한다.

위조를 통하여 수분이 사라지는 과정에서 찻잎 뒷면의 수분이 앞면보다 빨리 증발하여 찻잎 가장자리가 휘말리면서 백차 특유의 '엽연수권(葉緣垂卷)'의 외형이 만들어진다. **또한 위조 과정에서는 찻잎 내의 엽록소가 줄어들기 때문에 건조된 백차는 회녹색을 띤다.**

백호은침 (白毫銀針)의 외형

새싹이 두툼하고 부드러우며 튼실하고 크다.
하얗고 윤기가 흐르는 백호가 풍부하다.

백모단 (白牡丹)의 외형

새싹과 찻잎이 이어져 있다. 새싹은 두툼하고 튼실하며 새싹과 찻잎 뒷면은 백호가 선명하고 찻잎 앞면은 회녹색을 띤다. 잎 앞면이 일어나 가장자리가 뒷면 쪽으로 살짝 휘말린다.

공미 (貢眉)와 수미 (壽眉)의 외형

새싹과 찻잎이 부드럽고 찻잎 앞면이 일어나 가장자리가 뒷면 쪽으로 살짝 휘어진다. 조금 짙은 회색을 띤다.
부서진 찻잎이나 밀랍같이 딱딱한 오래된 찻잎이 있다면 차의 품질을 떨어뜨릴 수 있다. 색상이 진녹색이나 초록색 또는 광택이 없고 어두운 붉은색이라면 품질이 좋지 않은 것이다.

품종에 따른 찻잎의 외형 비교

각 그림은 순차적으로 정화대백, 복운 595, 복정대호의 품종으로 만든 백호은침 건조 찻잎의 외형이다.

① **정화대백** (政和大白) : 새싹이 길고 편평하다. 약간 진녹색을 띠고 백호가 선명하다.

② **복운** (福雲) **595** : 새싹이 짧고 동그스름하다. 황록색을 띠고 백호가 풍부하다.

③ **복정대호** (福鼎大毫) : 새싹이 짧고 동그스름하다. 회녹색을 띠고 백호로 뒤덮여 있다.

백차의 품질은 차나무의 품종에 따라 차이가 많이 난다. 복정대호차는 채엽 시기가 가장 빨라 백차의 외형이 좋고, 백호가 풍부하며, 맑고 선명한 회녹색을 띤다. 정화대백차는 복정대호차보다 채엽 시기가 약 10일 정도 늦어 백호가 복정대호차보다는 성글고 찻잎의 색상도 조금 짙다. 복운 595로 만든 백차는 정화대백차보다는 백호가 많고 복정대백차보다는 적은 편이며 찻잎에서는 연황색이 보인다.

채엽(採葉) 시기에 따른 찻잎 외형 비교

각 그림은 순차적으로 정화대백 품종의 채엽 시기에 따른 건조 찻잎의 외형이다.

① **봄에 첫 번째로 채취한 찻잎 :** 새싹이 튼실하고 도톰하다.
백호가 선명하고 풍부하며, 회녹색에 초록빛이 감돈다.

② **두 번째로 채취한 찻잎 :** 새싹이 첫 차보다 작다. 백호가 선명하지만, 밀도가 성글다.
색상도 회녹색을 보이지만 첫 차보다는 조금 짙은 편이다.

③ **세 번째로 채취한 찻잎 :** 새싹의 크기가 작다. 백호는 있지만, 회녹색에 황색이 감돈다.

봄에 첫 번째에서 두 번째까지 채취한 찻잎으로 만든 백차의 품질이 최상급이다. 서너 번째부터는 새싹의 크기가 작아지고 곁눈도 많다. 여름차는 기온이 높은 탓으로 새싹이 빨리 성장하여 봄차보다는 품질이 낮다. 가을차의 품질은 봄차와 여름차 사이에 있다. 날씨가 건조한 가을에 고산 지대의 찻잎으로 만든 백차는 향기가 좋다.

수색 - 청철투량 (淸澈透亮)

: 수색이 맑고 투명하면서 밝다

백차를 우리면 황록색, 살구색, 주황색, 맑은 붉은색을 보이는데, 이는 찻잎의 성장 크기와 가공 방식에 따라 차이가 난 것이다.

찻잎에 함유된 테오필린계 Theophylline **폴리페놀**Polyphenol **화합물은 위조 과정에서 폴리페놀 산화효소에 의해 주황색의 테아플라빈**Theaflavin**과 갈색을 띠는 테아루비긴**Thearubigin **및 암갈색의 테아브라우닌**Theabrownin**으로 산화된다.** 이때 산화된 물질들은 수용성이다. **백차를 위조와 건조하는 과정에서 일부는 단백질과 결합하여 불용성 물질을 형성하고, 또 일부는 찻물에 용해되어 찻빛을 살구색이나 주황을 띠게 한다.**

찻빛은 차의 품질과 관련되지만, 색보다는 맑고 깨끗한지를 확인하는 것이 중요하다. 찻물의 맑고 깨끗함은 수용성 다당류인 펙틴 Pectin **등의 성분 함량에 비례하며, 백차의 위조 과정에서도 이러한 펙틴 성분들은 증감하기 때문에 품질이 훌륭한 백차의 찻빛은 맑고 투명하다.**

최상의 백차는 찻빛이 노르스름하면서 밝고 맑다. 연노랑, 진노랑, 주황, 연홍색이 감도는 주황도 정상적인 찻빛이다. 만약 찻빛이 어둡고 진한 노란색을 띠면서 탁하다면 품질이 낮은 백차로 판단할 수 있다.

향기 - 호향밀운 (毫香蜜韻)

: 백호의 향기가 꿀같이 달콤하다

백차는 '호향(毫香)과 더불어 **부드럽고도 신선하면서 상쾌한 향**'이 특징이다. 특히 **백호은침과 특급 백모단은 호향과 함께 맑고 달콤함이 뚜렷하여 '호향밀운(毫香蜜韻)'이라고 표현한다.**

위조 시간이 과도하면 백차에서 홍차와 비슷한 산화 향이 나고, 위조나 건조 시간이 부족하면 풋내가 난다. 위조 과정에서는 끓는점이 낮은 방향성 성분인 아세트산에틸Ethyl Acetate, n-펜탄올Pentanol, 이소아밀알코올Isoamyl Alcohol의 함량이 후기로 갈수록 점차 낮아지기 시작하고 효소의 활성이 점차 떨어지면서 대신에 폴리페놀류의 효소가 산화를 촉진하여 비효소성의 자연 산화가 일어나 아미노산의 축적량이 증가한다. 가용성 폴리페놀류와 아미노산, 그리고 아미노산과 당의 상호작용으로 백차의 향이 만들어지는 토대가 마련된다.

다음으로 건조 과정에서 새싹과 찻잎에 있는 여분의 수분이 제거되면서 백차에서 효소의 산화가 촉진된다. 풋내와 떫은맛, 쓴맛을 내는 성분이 건조 중에 다른 성분으로 전환되면서 풀 향이 점차 맑은 청향(淸香)으로 바뀌고, 방향성 성분도 함께 증가한다.

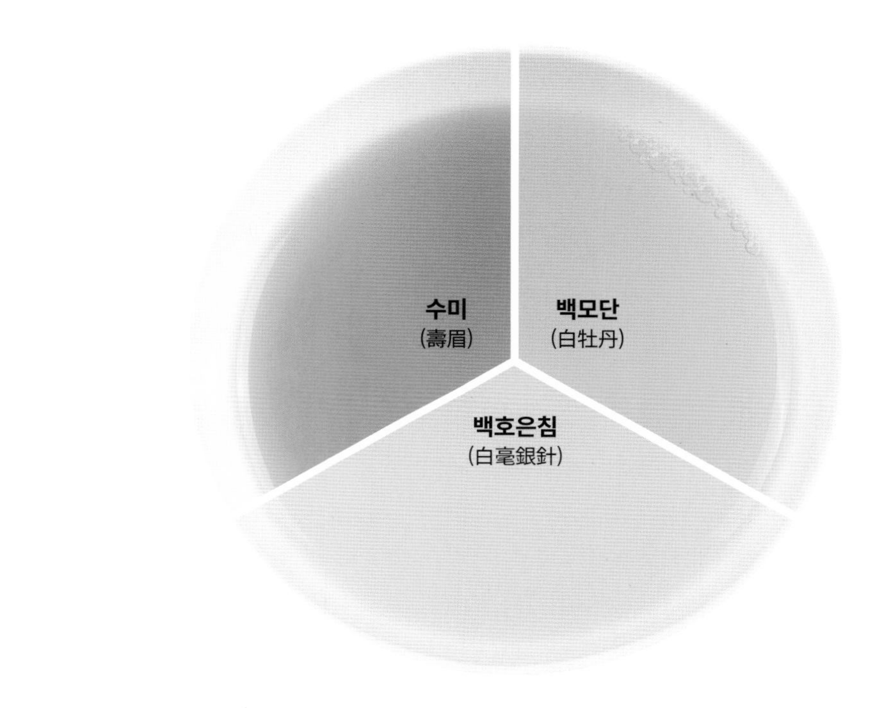

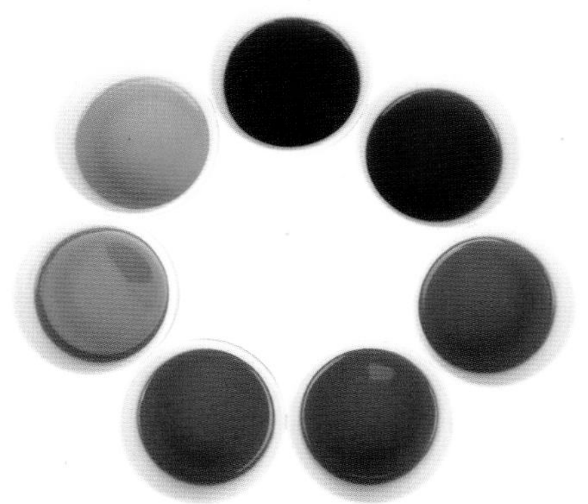

백차를 일정 기간 저장하면 우린 찻빛도 점차 변화된다. 밝고 맑은 노란색 → 연노랑 → 진노랑 → 주황색 → 약간 붉은색이 감도는 주황색 → 밝고 선명한 붉은색 → 호박색 → 짙고 기름진 붉은색으로 변화한다.

자미(滋味) – 선상감첨(鮮爽甘甜)

: 신선하고 달콤하다

백차를 처음 접하는 사람이 그 품질을 평가하는 가장 간단한 방법은 전체적인 맛에 해당하는

'자미(滋味)'가 달콤한지를 느껴보는 것이다. 백차에서 '달콤한' 맛은 품질과 직접적으로 관련되어 있기 때문이다.

찻잎 상태가 좋지 못하거나 수분을 줄이는 위조 과정 또는 건조 과정이 제대로 이루어지지 않으면 백차는 단맛이 잘 우러나지 않고 대신에 쓴맛이나 떫은맛이 난다. 특히 떫은맛은 입안에 오랫동안 머물면서 사라지지 않는다.

일반적으로 최고급 백차는 싱그러운 단맛과 짙은 호향을 느낄 수 있다. 그리고 품질이 약간 떨어지는 백차는 맛이 순수하고 달콤함도 진하지만 호향이 뚜렷하지 않다. 다음으로 품질이 낮은 백차는 맛이 연하고 풋내가 강하다.

백차에서 위조 과정은 단순히 찻잎에서 수분을 제거하는 일만을 의미하지 않는다. 특정 환경 조건에서 수분을 증발시켜 찻잎 세포의 농도를 변화시키고 세포벽의 투과성을 높여서 각종 효소의 작용을 활성화하여 백차의 주요 생화학적인 성분에 일련의 변화를 촉진하는 작업이다.

티 폴리페놀의 산화는 차에서 쓴맛을 줄이고 맛의 순도를 높인다. 즉 다량의 단백질이 가수분해되면서 감칠맛과 단맛이 나는 아미노산이 생성되는 것이다. 위조 과정에서 다당류인 녹말은 효소인 아밀라아제에 의해 가수분해되어 이당류와 단당류가 된다. 그러나 산화 과정인 호흡에서 생성물이 소모되면서 단당류와 이당류의 양이 감소할 수 있다.

위조 과정이 끝날 때 찻잎은 과도한 수분 손실로 호흡이 억제된다. 이때 다당류가 가수분해를 통해 생성되는 단당류의 양이 호흡에 의한 소비량보다 더 많아져 전체 당의 양이 증가한다. 그리고 위조 과정이 끝날 무렵에 단당류와 다당류의 축적이 백차 특유의 단맛을 내는 데 매우 중요한 역할을 한다.

백호는 백차의 품질을 구성하는 중요한 요소이다. 백차의 외형을 아름답게 만들 뿐 아니라 우렸을 때 호향과 맛도 부여한다. 그리고 백호는 함유 성분들도 풍부한데, 특히 아미노산 성분의 함량은 잎보다 많다. **복운 계열 백차는 하얀 백호의 함량이 건조 찻잎 무게의 10% 이상을 차지한다.**

차나무의 성장 환경, 품종, 가공 방식이 천차만별이기 때문에 백차의 맛은 산지에 따라서 차이가 있다. 백차의 주요 산지는 복정과 정화의 두 곳이다.

복정은 주로 복정대호의 품종을 재배하고 '일광위조(日光萎凋)'로 생산한다. 이로 인해 **복정백차는 외관이 아름답고 맛이 신선하고 달콤하면서 담백한 편이다. 정화는 복안대백, 정화대백의 품종을 주로 재배하고 '실내위조(室內萎凋)'로 많이 가공한다.** 위조가 끝날 무렵에 쌓기 과정을 진행하여 맛의 변화를 촉진하기도 한다. **복정백차만큼 백호가 선명하고 색상이 선명한 것은 아니지만, 꽃 향이 뚜렷하고 신선하면서 상쾌하고, 차의 맛도 훨씬 더 풍부하다.**

엽저 (葉底) - 비후연량 (肥厚軟亮)

: 찻잎이 살지고 부드러우면서 밝은 광택이 난다

차의 색, 향, 맛, 외형뿐만 아니라 우린 찻잎인 엽저(葉底)를 살펴보면 찻잎의 품질과 가공 과정의 문제점들을 발견할 수 있고, 또한 시음 과정에서 의문스러웠던 점들도 확인할 수 있다.

백호은침의 엽저는 모양이 균일하고 두툼하며 부드럽다. 좋은 품질의 백호은침은 새싹이 튼실하고 도톰하면서 백호가 풍부해 색이 밝고 선명하다. 새싹이 단단하고 색이 균일하지 못하면 품질이 낮다고 판단할 수 있다.

백모단의 엽저는 모양이 균일하고 두툼하며 부드럽다. 새싹이 많고 튼실하며 찻잎은 색이 선명한 것이 품질이 좋다. 엽저가 단단하고 새싹과 찻잎이 손상되거나 색이 어둡고 찻잎의 가장자리가 붉은색을 띠면 품질이 낮다.

좋은 품질의 공미와 수미는 엽저의 모양이 균일하고 부드럽다. 색이 밝고 선명한 동시에 잎맥에서 '주맥(主脉)'이 붉은색을 띤다. 맛도 순수하면서 상쾌하고, 향은 매우 신선하다. 엽저가 단단하고 색과 모양이 불균일하거나 색이 어둡거나 잎의 가장자리가 붉으면 품질이 낮은 것이다.

백차 품질의 문제 발생 원인

백차의 품질은 채엽, 운송, 가공 과정이 적절하지 못하면 다음과 같은 문제가 발생하기 쉽다. 문제의 원인을 파악하면 문제를 예방하여 제품의 최종 품질을 높일 수 있다. 백차의 일반적인 품질 문제와 그 원인을 소개한다.

① 찻잎에 붉은색이 많거나 검게 변하는 현상

새싹과 찻잎은 물리적인 손상을 입으면 붉게 변하는 경향이 있다. 위조 과정에서 새싹과 찻잎을 고르게 펴지 않아 겹침이 생겼을 때 상처로 인하여 검게 변하기 쉽다.

② 검은 곰팡이 현상

위조 시간이 너무 길거나 저온에서 오랫동안 쌓아놓아 건조가 제대로 이루어지지 않으면 검은 곰팡이가 생기는데, 흔히 흐리고 비 오는 날에 나타난다.

③ 색이 균일하지 않고 주홍색을 띠는 현상

2차 위조에서 처리가 제대로 되지 않으면 모차(毛茶)의 색이 고르지 않거나 주홍색으로 변하는 문제가 발생한다.

④ 백호의 황화(黃化) 현상

찻잎을 건조할 때 온도가 너무 높으면 백호가 노랗게 변하기 쉽다.

⑤ 부서진 찻잎이 많아 외형이 고르지 못한 현상

건조 과정에서 수분 함량의 조절이 적절하지 못하였거나 건조한 뒤 포장과 밀폐 처리가 제대로 되지 않았거나 포장 과정에서 찻잎을 조심스레 다루는 공정 기준이 부족하면 찻잎이 파손되기 쉽다.

⑥ 찻잎이 청록색을 띠면서 풋내가 나는 현상

위조 시간이 부족하면 찻잎이 청록색을 띠고 풋내가 나기 쉽다.

⑦ 찻잎의 모양이 편평한 현상

두 개의 체에 있는 찻잎을 하나로 합하는 '병사(竝篩)' 작업을 거칠게 진행하면 찻잎의 모양이 편평하게 된다.

⑧ 마른 찻잎과 묵은 줄기가 있는 현상

딱딱하게 마른 찻잎과 묵은 줄기가 있는 경우는 대부분 수확 과정이 섬세하지 못하여 원료 채취가 적절하지 못하였기 때문이다.

⑨ 호향(毫香)이 부족한 현상

찻잎을 건조할 때 온도의 조절이 적절하지 못하면 호향이 뚜렷하지 않게 된다.

3. 백차의 품질 감별

1) 백호은침 (白毫銀針)

- 주산지 : 복건성 복정시(福鼎市), 정화현(政和縣)
- 등급 : 특급, 1급, 2급

백호은침은 복정대호, 복안대백, 정화대백 품종의 도톰하면서 백호로 뒤덮여 있는 새싹만으로 만든다. **은백색의 바늘 모양을 이루어 '은침백호(銀針白毫)'라고도 한다.**

백호은침은 이른 봄에 첫 번째에서 두 번째까지 채취한 새싹만을 사용해 만든다. **세 번째 또는 네 번째에 채취한 새싹은 작고 가늘어 사용하지 않는다.** 일아이엽 또는 일아삼엽에서 가장 여린 새싹을 분리하여 백호은침을 만들기도 하는데, 외관상 크지만 가볍다. 산지에 따라 **북로은침**(北路銀針)과 **남로은침**(南路銀針)의 두 종류로 분류된다.

북로은침은 복정시가 주산지이다. **외형은 아름답고 새싹은 도톰하면서 크고, 백호는 조밀하면서 광택이 난다. 깨끗하고 신선한 향이 나고 찻빛은 연한 청록색이나 연한 살구색을 띤다.** 맛은 매우 싱그럽고 시원하다.

남로은침은 정화가 주산지이다. **새싹이 가늘면서 길고 백호의 밀도가 조금 성글다. 진녹색에 비취색이 은은하게 돈다.** 향이 풍부하고 맛은 신선하면서 그윽하고 시원한 것이 특징이다.

백호은침(白毫銀針) | 복정 | 복정대호

* 산지 : **복정**(福鼎)
* 등급 : 특급
* 품종 : **복정대호**(福鼎大毫)
* 채엽 시기 : 청명(淸明) 전
* 제공 : 복건품품향차업유한공사(福建品品香茶業有限公司)
* 외형 : 새싹은 도톰하고 토실하며 백호가 많아 두텁다. 새싹만을 채취하기 때문에 떡잎인 어엽(魚葉)도 섞여 있어 은회색으로 광택이 돈다.
* 향기 : 순하고 달콤하며 호향(毫香)이 뚜렷하다.
* 맛(자미) : 신선하고 달콤한 맛과 백호 특유의 맛인 호미(毫味)가 풍부하다.
* 수색 : 연한 살구색으로 맑고 투명
* 엽저 : **도톰하고 튼실하면서 부드럽고 색이 선명하다.**

백호은침 (白毫銀針) | 복정 | 복정대백

* 산지 : **복정**(福鼎)
* 등급 : 특급
* 품종 : **복정대백**(福鼎大白)
* 채엽 시기 : 청명(淸明) 전
* 제공 : 왕성룡(王成龍)
* 외형 : 새싹은 도톰하고 튼실하며 백호로 뒤덮여 있다. 은녹색이 고르다.
* 향기 : 달콤한 꽃 향과 호향(毫香)이 난다.
* 맛(자미) : 신선하고 달콤하다.
* 수색 : 맑은 연노란색
* 엽저 : **도톰하고 균일하면서 연한 황록색을 띤다.**

백호은침(白毫銀針) | 정화 | 정화대백

* 산지 : **정화**(政和)
* 등급 : 특급
* 품종 : **정화대백**(政和大白)
* 채엽 시기 : 4월 15일
* 제공 : 복건성 정화운근차업유한공사(政和雲根茶業有限公司)
* 외형 : 일아일엽 또는 일아이엽을 채취한 뒤에 새싹을 솎아 낸다.
  따라서 외형이 균일하고 회녹색에 백호가 보인다.
* 향기 : 향긋하고 약간의 풀 냄새가 난다.
* 맛(자미) : 신선하고 그윽하며 시원하다.
* 수색 : 맑고 투명한 연황색
* 엽저 : 도톰하고 연하면서 가늘고 길다. 맑고 균일한 녹황색이 선명하다.

백호은침 (白毫銀針) | 송계 | 복운 595

* 산지 : **송계**(松溪)
* 등급 : 특급
* 품종 : **복운**(福雲) 595
* 채엽 시기 : 청명(淸明) 전
* 제공 : 엽계당(葉啓唐)
* 외형 : 이른 봄의 첫 새싹으로 만들어 새싹이 무겁고 튼실하다. 떡잎인 어엽(魚葉)도 섞여 있다. 윤기가 도는 연노랑 찻잎에는 백호가 선명하다.
* 향기 : **상쾌하고 향긋하며 꽃 향과 호향(毫香)이 난다.**
* 맛(자미) : 신선하고 그윽하며 시원하다.
* 수색 : **연한 녹황색으로 맑고 투명**
* 엽저 : **도톰하고 부드러우면서 녹황색이 균일하다.**

2) 백모단 (白牡丹)

- **주산지 : 복건성 복정시(福鼎市), 정화현(政和縣), 건양구(建陽區)**
- **등급 : 특급, 고급, 1급, 2급**

백모단은 새싹과 찻잎이 이어져 한 송이로 되어 있으며, 외형이 자연스럽게 펼쳐진다. 찻잎은 회녹색을 띠며, 우린 찻빛은 맑고 깨끗한 주황색이다. 엽저는 새싹과 찻잎이 반반씩 조성되어 있다. **고급 백모단은 청명(清明) 전후 처음 피어난 일아일엽 또는 일아이엽으로 만든다.** 기타 등급의 백모단은 일아이엽을 주로 사용한다. 산지와 품종에 따라 백모단의 품질도 매우 다양하다.

복정백모단(福鼎白牡丹)은 외형상 녹색 찻잎에 은빛의 새싹이 한 송이로 이어져 있다. 찻잎은 도톰하고 백호가 조밀하며 잎 앞면이 가장자리 쪽으로 휘어져 있다. 찻빛은 맑은 살구색을 띠고, 맛은 신선하고 그윽하다.
엽저는 연회색을 띤다.

정화백모단(政和白牡丹)은 복안대백과 정화대백의 품종을 주로 사용한다. 찻잎은 회녹색을 띤다. 새싹과 찻잎 뒷면은 은백색의 백호로 뒤덮여 있다. 새싹은 도톰하고 부드럽다. 싱그러운 호향(毫香)이 특징이다. 맑고 깨끗한 주황색의 찻물은 달콤하고 신선하며, 백차 특유의 맛인 호미(毫味)가 진하다.

건양(建陽) 수길(水吉)에서 생산한 백모단은 수선(水仙) 품종의 새싹과 찻잎으로 만든다. 새싹은 가늘고 길며 백호가 적다. 찻잎은 진녹색이다. 맛은 신선하고 달콤하며, 꽃 향이 풍긴다.

백모단(白牡丹) | 복정 | 복정대호

* 산지 : **복정**(福鼎)
* 등급 : 특급
* 품종 : **복정대호**(福鼎大毫)
* 채엽 시기 : 청명(淸明) 전후
* 제공 : 복건품품향차업유한공사(福建品品香茶業有限公司)
* 외형 : 새싹과 찻잎이 줄기로 이어져 한 송이를 이룬다. 찻잎 앞면의 가장자리가 균일하게 휘어져 있다. 찻잎은 크고 튼실하면서 백호가 풍부하고, 색상은 회색에 연황색이 감돈다.
* 향기 : **신선하고 부드러우며 호향(毫香)이 뚜렷하다.**
* 맛(자미) : 신선하고 달콤하면서 상쾌하고 호미(毫味)도 충분하다.
* 수색 : **맑고 투명한 황색**
* 엽저 : **새싹이 많고 찻잎은 도톰하고 부드러우면서 색상이 밝다.**

* 산지 : **복정**(福鼎)
* 등급 : 1급
* 품종 : **복정대백**(福鼎大白)
* 채엽 시기 : 청명(淸明) 전후
* 제공 : 왕성룡(王成龍)
* 외형 : 가늘고 긴 새싹은 찻잎과 이어져 한 송이를 이루고, 찻잎은 진녹색이다.
* 향기 : 싱그러운 꽃향기와 달콤한 향기가 난다.
* 맛(자미) : 신선하고 달콤하며 진하다.
* 수색 : 맑은 오렌지색
* 엽저 : 부드러우며 연녹색이 짙은 편이다.

 백모단 (白牡丹) | 정화 | 복안대백

* 산지 : **정화**(政和)
* 등급 : 1급
* 품종 : **복안대백**(福安大白)
* 채엽 시기 : 청명(淸明) 전후
* 제공 : 상원차업고분유한공사(祥源茶業股份有限公司)
* 외형 : 새싹은 도톰하고 백호가 선명하다. 새싹과 찻잎이 한 송이로 이어지고, 여린 줄기가 긴 편이다. 찻잎의 색상은 청록색이다.
* 향기 : **달콤한 향에 꽃 향이 섞여 있다.**
* 맛(자미) : 신선하고 달콤하며 진하다.
* 수색 : **맑고 투명한 오렌지색**
* 엽저 : **새싹은 도톰하고 황록색이 짙은 편이며 여린 줄기는 길다.**

백모단 (白牡丹) : 수선백 (水仙白)

* 산지 : 건양(建陽)의 장돈진(漳墩鎭)
* 등급 : 1급
* 품종 : 수선(水仙)
* 채엽 시기 : 청명(淸明) 전후
* 제공 : 상원차업고분유한공사(祥源茶業股分有限公司)
* 외형 : 새싹과 찻잎은 백호가 선명하며 진녹색을 띤다. 찻잎은 살짝 휘말려 있다.
* 향기 : 달콤한 향에 꽃 향이 섞여 있다.
* 맛(자미) : 신선하고 달콤하며 진하다.
* 수색 : 맑고 투명한 오렌지색
* 엽저 : 부드러운 찻잎보다 줄기가 더 많다. 찻잎은 황록색과 갈색이 뒤섞여 있다.

3) 공미 (貢眉)

- 주산지 : **복건성 정화현**(政和縣), **건양구**(建陽區), **복정시**(福鼎市), **송계현**(松溪縣), **건구현**(建甌縣)
- 등급 : 수출용 공미는 1~4급으로 분류된다.

전통적으로 공미는 채차(菜茶) **품종의 신선한 찻잎으로 만든다. 채차 품종은 중소엽종**(中小葉種)**으로 찻잎이 작고 백호도 적다.** 현재는 백호은침과 백모단의 생산이 끝나 다음에 채취한 일아이엽 또는 일아삼엽으로 공미를 만들기도 한다. 호향(毫香)과 신선한 맛이 백모단보다 떨어진다. **고급 채차 품종으로 만든 공미는 연한 은백색을 띠고, 맛은 신선하고 달콤하며, 향은 꽃 향이 풍기면서 풍미가 상당히 독특하다.**

공미 (貢眉)

- 산지 : **복정**(福鼎)
- 등급 : 1급
- 품종 : **채차**(菜茶)
- 채엽 시기 : 4월 15일
- 제공 : 북경림홍무차업공사 (北京林鴻茂茶業公司)

- 외형 : 새싹과 찻잎은 한 송이로 이어지고 새싹이 뚜렷하다. 찻잎은 부드럽고 회녹색을 띤다.
- 향기 : 신선하고 향긋하다.
- 맛(자미) : 시원하고 달콤하면서 그윽하고 신선하다.
- 수색 : 맑고 투명한 오렌지색
- 엽저 : 새싹이 뚜렷하고 부드러우면 색이 밝다.

4) 수미 (壽眉)

- 주산지 : **복건성의 정화현**(政和縣), **건양구**(建陽區), **복정시**(福鼎市), **송계현**(松溪縣), **건구현**(建甌縣), **포성현**(蒲城縣)
- 등급 : 수출용 수미는 1~4등급으로 분류한다.

수미는 대백 또는 채차 품종의 낮은 등급 찻잎 또는 새싹을 솎아 내 다른 차를 만들고 남은 찻잎들로 만든다. 새싹이 작거나 없고, 찻잎은 회녹색에 황색을 띤다. 향기는 적고 풀 냄새가 섞여 있다. 찻빛은 살구색 또는 오렌지색을 띠며, 맛은 시원하고 달콤하면서 산뜻하다. 엽저는 황록색이고, 잎맥은 붉은빛이 돈다.

수미 (壽眉) | 정화 | 복안대백

* 산지 : **정화현**(政和縣)의 **징원향**(澄源鄉)
* 품종 : **복안대백**(福安大白)
* 채엽 시기 : 곡우(穀雨) 전후
* 제공 : 상원차업고분유한공사 (祥源茶業股分有限公司)
* 외형 : 찻잎은 살짝 휘어져 있고 새싹이 있으며, 회녹색에 붉은색이 돈다.
* 향기 : 신선하고 향긋하다.
* 맛(자미) : 시원하고 달콤하면서 순수하다.
* 수색 : 맑고 투명한 살구색
* 엽저 : 잎이 부드럽고, 잎맥이 불그스름하다.

수미 (壽眉) | 복정 | 복정대호

* 산지 : **복정**(福鼎)
* 품종 : **복정대호**(福鼎大毫)
* 채엽 시기 : 곡우(穀雨) 뒤
* 외형 : 찻잎은 살짝 휘어 있고 싹이 있으며 잎은 거칠고 깨진 잎도 있고 황편(黃片)도 있다. 어두운 회녹색에 붉은색이 비친다.
* 향기 : 순하고 향긋하다.
* 맛(자미) : 시원하고 달콤하며 순수하다.
* 수색 : 오렌지색
* 엽저 : **거칠고 붉은 잎도 있다.**

백차 한 잔의 품질을 판단하는 기준을 명확히 한 뒤 차나무의 성장 환경, 품종, 수확할 때의 날씨, 신선도, 가공 기술을 파악한다. **오랜 숙성을 거친 백차일 경우 저장 시간과 환경을 고려하는 등 차의 품질에 영향을 미치는 요소들을 살펴야 한다.** 다음은 그러한 품질에 영향을 주는 요소들을 살펴본다.

10

백차의 품질에 영향을 주는 요소들

1. 산지

"좋은 산과 좋은 물이 좋은 차를 만든다"는 말이 있듯이, 서호(西湖)**의 용정**(龍井)**, 황산**(黃山)**의 모봉**(毛峰)**, 운남**(雲南)**의 보이차**(普洱茶)**와 같이 우리가 익히 알고 있는 명차**(名茶)**들은 모두 독특한 지리적 환경과 기후 조건에서 만들어져 품질이 매우 우수하다.** 이렇게 **농산물인** 차는 산지와 **밀접한 관계가 있음이 분명하다.**

백차의 주요 산지는 복건성의 복정시(福鼎市)**, 정화현**(政和縣)**, 건양현**(建陽縣)**, 송계현**(松溪縣)**, 건구현**(建甌縣) **등이다.** 그리고 동일한 지역 내에서도 해발고도, 생태, 토양, 차원의 관리 등의 요소들이 차의 품질에 영향을 미친다.

고급 백차의 원료 차는 주로 정화와 복정의 고산 지대에서 생산된다. 이 산지들은 해발고도가 높을 뿐만 아니라 생태 환경도 우수하여 백차의 품질에 좋은 토대를 마련하고 있다.

백차 (白茶) 산지 지도

1) 해발고도

"높은 산의 운무(雲霧)가 좋은 차를 만든다"는 말이 있듯이, 해발고도가 높은 곳에서 자라는 찻잎이 낮은 곳의 찻잎보다 품질이 더 좋다. 스리랑카 홍차가 대표적이다.

해발고도가 1200m 이상이면 '**고지대 차**High Grown Tea', 600m~1200m이면 '**중지대 차**Middle Grown Tea', 600m 이하이면 '**저지대 차**Low Grown Tea'의 세 분류로 구분한다. 스리랑카의 유명 홍차 산지인 우바Uva와 누와라엘리야Nuwara Eliya에서 생산되는 차들도 모두 고지대 차에 속한다.

일반적으로 해발고도가 100m씩 올라갈 때마다 기온은 약 0.6도씩 낮아진다. 연구 결과에 따르면, **해발고도가 높아지고 기온이 낮아질수록 차나무의 새싹에 함유된 티 폴리페놀의 함량도 감소하여 떫은맛이 줄어드는 반면, 아미노산과 방향성 성분의 함량은 증가하여 찻잎의 신선하고 상쾌한 단맛도 증가한다.**

고산 지대는 일교차가 매우 크다. 낮에는 기온이 높고 일조량이 충분하여 차나무에서 광합성 작용이 활발하여 합성 물질도 풍부해진다. **밤에는 기온이 낮아지면서 찻잎 뒷면의 기공(氣孔)이 닫히고 차나무의 호흡도 느려진다.** 호흡이 줄어들면 차나무는 더 많은 영양분을 축적하고 저장할 수 있어 찻잎의 함유 물질이 풍부해진다.

찻잎의 품질은 또한 햇빛의 파장과도 밀접한 관련이 있다. 파장이 긴 적외선은 티 폴리페놀 형성에 유리하고, 파장이 짧은 자외선은 아미노산과 단백질 합성을 촉진한다. 일부 고산 지대는 강우량이 충분하고 운무가 많아 파장이 긴 붉은색 계통의 빛은 구름층에서 반사된다. 파장이 짧은 보라색 계통의 빛은 투과력이 강하여 차나무에 영향을 미친다. 이는 고산 지대의 찻잎에 아미노산과 방향성 물질이 풍부하고 티 폴리페놀 함량은 상대적으로 적어 떫은맛도 적게 나는 주된 이유이기도 하다.

또한 고산 지대는 부식질(腐蝕質) 성분이 풍부한 사질토(砂質土)로 이루어져 있어 토양이 깊고 산성도도 적당하다. 식생(植生)이 무성하여 낙엽과 잔가지도 많아 지면에 두껍게 쌓이면 토양이 푸석해지고 유기질과 미네랄 성분이 풍부해진다. 이러한 환경에서 자라는 차나무는 성장이 빠르고 새싹과 찻잎도 튼실하면서 함유 물질이 풍부하다. 이러한 찻잎을 백차로 가공하면 자연의 향과 신선한 맛을 훌륭하게 즐길 수 있다.

2) 생태

차원(다원) 주변의 생태가 차의 품질에 미치는 영향도 크다. **차의 맛은 차나무를 재배하는 토양, 물, 기후, 빛의 변화에 따라 다양해진다.** 중국 서남부가 원산지인 차나무는 따뜻한 날씨를 좋아하고 추위에 약하다. **일조량이 적당하고 산성의 토양에서 잘 자라고, 또한 강우량이 충분하고 배수가 잘되는 곳에서 성장이 활발하다.**

온난한 기후에 풍부한 강우량에서 비롯되는 높은 습도와 적당한 일조량, 그리고 비옥한 토양의 환경 조건에서 재배되는 모든 찻잎은 품질이 비교적 좋다. 복건성의 백차 산지에 있는 대부분의 차원은 주변의 삼림 피복률이 높아 차나무의 성장에 필요한 깨끗한 물과 습윤한 공기를 공급한다.

3) 재배 관리

백차 산지에는 수년간 관리되지 않은 차원들이 많이 있다. 이곳에서 자란 찻잎들로 만든 백차는 향이 강하고 풍부할 뿐만 아니라 맛도 신선하여 특색이 있다. 산지에서는 이런 차원들을 쉽게 찾아볼 수 있는데, 지금은 이런 곳의 찻잎들을 원료로 만든 차를 '황차(荒茶)'(거친 차) 또는 '야생차(野生茶)'라고 부른다.

또한 일부 차원에서는 지역의 토착 종인 채차가 자연적으로 번식하고 있는데, 품질과 품격이 매우 다양하다. 이 **찻잎으로 백차로 만든 것을 일반적으로 '소백(小白)'이라고 하는데, 그 맛이 신선하고 매우 달콤하다.**

대다수의 현대식 차원들은 우량종의 차나무를 재배하고 관리도 과학적으로 진행한다. 사람이 인위적인 관리를 통하여 차나무 성장에 필요한 조건을 제공하는 것이다. 예를 들면, 가뭄을 방지하기 위한 관개시설이나 비료를 통하여 찻잎의 생산량을 높이는 것이다. 그러나 농약의 과도한 사용은 찻잎의 품질에 악영향을 줄 수도 있다.

최근 몇 년 동안 일부 지역에서는 차나무의 유기농 재배가 크게 성행하였다. 유기농업에서 요구하는 사항에 따라 퇴비와 생물학적 방제 방식을 사용하여 차나무에 병충해를 예방한다.

이 방법은 차의 수확량에 영향을 주지만 품질은 더 좋아지고, 더욱이 유기농 인증을 거친다면 찻잎의 판매가도 높아져서 생산량 저하에 따른 손실을 어느 정도 줄일 수 있다. 따라서 차나무의 성장을 위한 자연환경을 보호할 수 있어 차 산업의 지속 가능한 발전을 꾀할 수 있다.

복정시 태모산(太姥山)의 한 생태 차원

2. 품종

차나무의 품종은 찻잎의 품질을 좌우하는 관건이다. 우롱차인 무이암차(武夷岩茶)의 경우 **"육계(肉桂)보다 향기로운 것은 없고, 맛이 순정한 것은 수선(水仙)을 능가할 수 없다"**는 말이 있다. 육계와 수선 모두 무이산(武夷山) 생산지에서 재배하는 품종이다. **육계 품종의 찻잎으로 만든 암차(岩茶)는 향기가 농후하고, 수선 품종의 찻잎으로 만든 암차는 맛이 더 달콤하고 순수하다.**

차나무 품종이 백차의 품질에 끼치는 영향도 마찬가지이다. **새싹과 찻잎에 백호가 선명한 모습은 백차의 품질을 결정하는 중요한 기준이다.** 따라서 **백차의 등급이 높을수록 찻잎의 외관에 백호가 가득 뒤덮여 있다.** 이는 **어린 새싹에 백호가 많고 새싹과 찻잎이 두껍고 튼실한 품종의 찻잎이며, 아미노산 함량이 높고 '티 폴리페놀 ÷ 아미노산'의 비율이 10미만이라는 것을 뜻한다.**

일아이엽에 든 아미노산에 대한 티 폴리페놀의 함량 비율은 생찻잎의 적합성을 판단하는 기준이다. 일반적으로 **녹차는 아미노산 함량이 높은 품목이기에 비율이 8보다 낮다.** 아미노산에 티 폴리페놀의 비율이 8~15 사이이면 녹차와 홍차의 생산에 모두 적합하다. 백차는 그 비율이 일반적으로 10미만인 반면, 홍차는 티 폴리페놀 함량이 높은 품목이기에 그 비율이 15보다 더 높아야 한다. **만약 그 비율이 높은 찻잎으로 녹차를 만들면 맛은 쓰고 떫고, 반대로 그 비율이 낮은 찻잎으로 홍차를 만들면 맛은 싱겁고 밋밋하다.**

전통적으로 **백차**를 만드는 데 적합한 품종은 **복정대호**(福鼎大毫), **복안대백**(福安大白), **복정대백**(福鼎大白), **정화대백**(政和大白), **복건수선**(福建水仙), 그리고 현지의 토종인 **채차**(菜茶) 등이다. 이중 채차를 제외한 품종들은 모두 키가 크고 소교목(小喬木), 중대엽종(中大葉種)이다. **새싹과 찻잎이 굵고 도톰하며 백호가 선명하다. 물론 품종에 따라 백차의 품질에도 차이가 있다.**

1) 복정대호 (福鼎大毫)

• 주요 산지 : 복정(福鼎)

복정시 점두진(點頭鎮) 왕가양촌(汪家洋村)에서 기원한 복정대호 품종은 약 100여 년의 재배 역사를 간직하고 있다. **새싹이 일찍 돋아나고 찻잎이 두껍고 튼실한, 즉 비장(肥壯)하며, 생산량도 많아 복정에서 오늘날 광범위하게 많이 재배되고 있다.** **복정백차의 70% 이상은 복정대호의 품종으로 생산된다.**

복정대호 품종의 차나무는 키가 크고 곧은데, 본줄기가 뚜렷하고 높이와 폭이 모두 2.8m 이상으로 자란다. 가지가 분기되는 분지(分枝)의 위치는 지면에서 높다. **가지들은 비교적 촘촘하고 굵으며 찻잎이 큰 소교목형(小喬木型) 대엽종(大葉種)이다.** 찻잎은 줄기에서 수평 또는 처진 모습으로 자라며, 모양은 타원형으로 끝이 뾰족하면서 처졌고 가장자리는 휘말려 있다. 광택이 도는 진녹색 찻잎은 톱니가 깊고 뭉툭하며 잎맥이 뚜렷한 편이다.

백차 품질의 특징

복정대호 찻잎의 앞면은 진녹색을 띠고 뒷면은 백호가 가득하여 은백색을 띤다. 새싹과 찻잎은 매우 도톰하고 튼실하다. **맑은 향과 순수한 맛이 훌륭한 '백호은침'과 '백모단'을 만드는 고급 원료이다.**

복정대호 품종의 차나무에서 봄에 처음 돋아난 일아이엽을 자연 위조하면 새싹과 찻잎이 한 송이로 이어진다. 외형은 비장하며 찻잎 가장자리가 휘말리고, 앞면은 융기되어 있으며, 끝부분은 기울어져 있다. 찻잎의 앞면은 청록색이고, 뒷면은 백호가 풍부하며, 특히 새싹 부분은 은백색을 띤다.

찻잎을 수확하는 모습

우린 찻물의 향은 신선하고 상쾌하며 호향(毫香)이 뚜렷하다. 찻빛은 황록색으로 맑고 깨끗하며, 상쾌한 단맛이 나고 호미(毫味)가 강하다. 엽저의 새싹은 비장하고 찻잎은 부드러운데, 새싹과 찻잎은 이어져 있다. 색상은 황록색을 띠고, 잎맥은 붉은색을 띤다.

2) 복정대백 (福鼎大白)

• 주요 산지 : 복정(福鼎)

복정대백 품종은 복정현의 태모산(太姥山)에서 유래하였다. 100여 년 전 백류향(柏柳鄕) 죽두촌(竹头村)의 진환(陳煥)이라는 사람이 차나무를 집에 옮겨 심고 재배에 성공하였다는 전설이 있다. **복정대백의 생산량은 복정대호만큼 좋지 않고, 새싹과 찻잎도 도톰하지 않아 농가들은 재배에서 복정대백보다 복정대호를 더 선호하는 편이다.**

복정대백 품종은 높이 1.5m~2m 가까이 자라고, 폭은 1.6m~2m이다. 반개장(半開張) **수형이다. 소교목형 중엽종이고 잎은 타원형이고 비스듬히 자란다.** 녹색의 윤기가 나는 잎의 면은 융기되고 잎몸은 편평하고 끝이 뭉툭하다. 톱니가 날카롭고 촘촘하며 잎은 두껍고 부드럽다.

복정대호 복정대백 정화대백

복운 6호 복운 595 복건수선 복안대백

백차 품질의 특징

복정대백차는 녹색 찻잎에 새하얀 백호가 풍부하다. 우린 찻물은 맛이 신선하고 훌륭하기로 유명하다.

봄철에 처음 돋아난 일아이엽을 채취한 뒤 자연 위조하여 만드는데, 새싹과 찻잎이 한 송이로 이어져 있다. 찻잎의 외형이 비장하고, 잎사귀는 편평하면서 가장자리가 휘어져 있다. 찻잎 앞면은 귀갑 문양이 융기되어 있고 초록색 광택이 균일하며, 찻잎 뒷면에는 백호가 나 있다. 새싹은 밝은 은백색을 띠며, 찻잎 끝부분은 위로 휘었다.

향기는 부드럽고 상쾌하며 호향(毫香)이 뚜렷하다. 찻빛은 오렌지색에 녹색이 감돌면서 맑고 깨끗하다. 맛은 신선하고 달콤하며 호미(毫味)가 중후하다. 엽저의 새싹은 비장하고 찻잎은 부드러우며 새싹과 찻잎이 이어져 있다. 엽저 전체는 황록색을 띠지만 잎맥은 약간 불그스름하다.

3) 복안대백 (福安大白)

• 주요 산지 : 정화(政和), 송계(松溪)

복안대백 품종의 원산지는 복건성 복안시 강착향(康厝鄉) 고산촌(高山村)이다. 복건성 동부와 북부 산지에서 많이 재배되는 품종이다. **정화대백 품종보다 발아가 빨리 되고 홍차로 만들기에 적합하다.** 따라서 복안대백 품종은 정화 지역에서 광범위하게 재배되고 있다. 키가 높이 자라고, 본줄기가 뚜렷하면서 가지가 촘촘한 소교목형 대엽종이다.

찻잎은 가지에서 위쪽으로 비스듬히 자라고, 모양은 긴 타원형이며 진녹색에 광택이 선명하게 돈다. 찻잎의 앞면과 가장자리는 편평하고, 잎은 안쪽으로 휘말려 있는데, 끝으로 갈수록 뾰족하다. 가장자리의 톱니가 날카롭고 조밀하며, 재질은 두껍지만 부드럽다.

백차 품질의 특징

복안대백 품종의 신선한 찻잎으로 만든 백차는 색이 조금 어둡다. 이 품종으로 백호은침을 만들면 찻잎이 백호로 뒤덮여 있어 하얗지만 색이 약간 짙다.

봄에 처음 돋아나는 일아이엽을 따서 자연 위조하여 만든 백차는 새싹과 찻잎이 한 송이로 이어진다. 새싹은 외형이 비장하다. 찻잎은 편평하게 펼쳐져 있고 가장자리는 휘어져 있는데 끝부분은 위로 휘었다. 찻잎 앞면은 회녹색으로 균일하게 윤기가 돌면서 약간 어둡다. 뒷면에는 백호가 나 있다. 은백색의 새싹도 색이 조금 짙은 편이다.

우린 찻물은 향이 신선하고 부드러우며 호향(毫香)이 뚜렷하다. 찻빛은 맑고 깨끗하면서 약간 짙은 오렌지색을 띤다. 맛은 신선하고 농후하며 달콤한 맛에 호미(毫味)가 두드러진다.

엽저는 새싹이 비장하고 찻잎은 부드러우며, **새싹과 찻잎이 한 송이로 이어져 있다.** 전체 색상은 약간 짙은 황록색이지만 잎맥은 약간 불그스름하다.

4) 정화대백 (政和大白)

• 주산지 : 정화(政和), 송계(松溪)

정화대백 품종의 원산지는 정화현 철산(鐵山) 고창두산(高倉头山)이다. 만생종으로 발아 시기가 복정대호와 복안대백보다 10일 이상 늦다. 최근 몇 년 사이에 정화에서 재배 면적이 갈수록 줄어들고 있다. 그러나 **백차의 외형이 비장하고 향기가 신선하며 맛이 달콤하고 그윽하여 백호은침과 백모단을 만드는 고품질 원료로 사용된다.**

정화대백 품종은 높이가 1.5m~2m, 폭은 1m~1.5m까지 자란다. 곧게 자라면서 가지가 적고 가지의 마디와 마디의 사이가 길다. 어린 가지는 적갈색을 띠고, 성숙한 가지는 회백색을 띠는 소교목형 대엽종이다. 찻잎은 수평으로 자라고 모양은 타원형이며 진녹색으로 광택이 있다. 찻잎 앞면은 융기되고 두께는 두꺼운 편이다.

백차 품질의 특징

정화대백 품종으로 만든 백차는 연노란색을 띠고 새싹이 비장하며, 찻물은 신선하면서 농후한 맛과 맑은 향기가 특징이다. 정화대백으로 만든 백호은침은 찻잎이 새 하얀색에 연한 노란색이 감돌고 백호로 가득 뒤덮여 있다.

봄철에 처음 돋아난 일아이엽을 자연 위조하여 만든 백차는 새싹과 찻잎이 한 송이로 이어져 있다. 새싹은 외형이 비장하며, 찻잎은 편평하게 펼쳐지고 가장자리는 휘어지면서 끝부분이 위로 휘었다.

찻잎의 앞면은 회녹색으로 윤기가 돌고, 뒷면은 백호로 인해 은회색을 띤다. 새싹은 은백색이지만 조금 어두운 편이다. 향기는 신선하고 부드러우며 호향(毫香)이 뚜렷하다. 찻물은 약간 진한 오렌지색을 띠고 맑고 깨끗하다. 맛은 신선하고 농후하면서 달콤한데, 백호의 맛인 호미(毫味)가 강하다.

엽저는 새싹과 찻잎이 하나로 이어져 있다. 새싹은 비장하고, 황록색의 찻잎은 부드럽고 연하다. 잎맥은 연한 붉은색을 띤다.

5) 복건수선 (福建水仙)

• 주산지 : 건양(建陽)

복건수선 품종의 원산지는 복건 건양시(建陽市) 소호진(小湖镇) 대호촌(大湖村)으로서 약 100년 이상이나 재배되었다. **복건성의 '민북(閩北)'과 '민남(閩南)' 지역이 주요 산지이고, 광동(廣東)의 요평(饒平)에서도 재배되고 있다.**

오늘날 수선 품종은 우롱차를 만드는 데 주로 사용되지만, 건양 수길 일대에서는 백차로 아직도 소량으로 생산하고 있다. **수선 품종의 새싹은 비장하고 향이 농후하며 맛도 순후해 사람들로부터 인기가 높다.** 그러나 백차로 가공하였을 때 외형이 좋지 않아 다른 백차와 '병배(拼配)'(일종의 블렌딩)하여 향과 맛을 높이는 데에 많이 사용된다.

소교목형 대엽종인 복건수선은 높이 자라는 품종으로 자연환경에서 5m~6m까지 성장한다. 본줄기가 뚜렷하고 가지가 무성하며, 마디와 마디의 사이 길이가 1.8cm~3.5cm 정도 된다. 여린 가지는 적갈색을 띠고, 성숙한 가지는 회백색을 띤다. 찻잎은 수평으로 성장하고, 모양은 타원형으로 진녹색을 띠고 윤기가 난다. 찻잎 앞면은 편평하고 가장자리는 구불구불 물결치는 모양이며, 끝으로 갈수록 뾰족하다. 찻잎은 두껍고 튼실하면서 바삭하다.

백차 품질의 특징

복건수선차는 새싹과 찻잎이 한 송이로 이어진다. 찻잎은 비장하고 편평하면서 가장자리가 휘어져 있다. 특히 찻잎 끝부분이 위로 휘어져 있다. 찻잎의 앞면은 윤기가 도는 진녹색을 띠고, 뒷면은 황백색의 백호가 있다. 새싹은 약간 짙은 은백색이다.

우린 찻물의 향기는 신선하고 부드러우며 호향(毫香)이 뚜렷한데, 수선차 특유의 난향(蘭香)도 풍긴다. 찻빛은 오렌지색으로 맑고 깨끗하다. 맛은 농후하면서 상쾌한 단맛에 호미(毫味)가 진하다.

엽저에는 도톰하고 튼실한 새싹이 많고 찻잎은 부드럽다. 새싹과 찻잎은 이어져 있다. 전체적으로 찻잎은 황록색을 띠는데, 잎맥은 약간 불그스름하다.

6) 채차(菜茶)

- 주산지: 건양(建陽), 정화(政和), 복정(福鼎)

채차 품종은 씨앗으로 번식하는 차나무 군체종(群体中)으로서 재배의 역사가 1000년이 넘는다. 씨앗 번식과 자연적인 유전자 변이로 채차 품종의 형질은 매우 다양하다.

백차의 원료로 주로 사용되는 품종은 '**무이채차**(武夷菜茶)'인데 민북과 민동의 백차 주요 산지에서 모두 재배된다. **공미 등급의 백차로 주로 가공하였는데, 지금은 새싹과 찻잎으로 백모단 등급의 백차도 생산한다.**

채차의 새싹은 작고 가늘어서 백차로 만들었을 때 흰 눈썹 모양과 흡사하여 '소백(小白)'이라고 부른다.

무이채차는 관목형으로 중간 크기이다. 본줄기가 짧게 자라고 가지가 무성한 형태이다. 가지의 껍질은 진한 회색을 띠고 매우 거칠다. 새싹은 자주색이 감도는 녹색이다. **백호는 적은 편이다.** 찻잎은 가지에서 편평하게 또는 위로 비스듬히 성장한다. 색상은 녹색이나 진녹색이다. 모양은 긴 타원형으로 앞면이 융기되고, 가장자리는 편평하거나 약간 물결치는 듯한데, 톱니가 깊고 촘촘하면서 날카롭다. 끝부분은 뭉툭하거나 끝으로 갈수록 뾰족하다.

공미(貢眉)의 원료 품종인 무이채차(武夷菜茶)

백차 품질의 특징

채차 품종으로 만든 백차의 찻잎은 새싹과 찻잎이 한 송이로 이어지는데 크기가 작다. 찻잎은 편평한 모양으로 가장자리가 휘어져 있다. 찻잎의 앞면은 거북 등딱지 같은 귀갑(龜甲) 문양이 있고, 약간 융기되어 있으며 녹색을 띤다. 뒷면은 청록색을 띠고 백호가 있다. 은백색의 새싹이 뚜렷하다.

향은 매우 신선하고 상쾌하며 호향(毫香)이 있다. 찻빛은 밝은 노란색에 녹색이 감돌고 맑고 깨끗하다. 맛은 시원하고 달콤하며 호미(毫味)가 뚜렷하다. 엽저의 새싹은 작고 가늘며, 찻잎은 부드럽고 회녹색을 띤다.

한편 중국 내에서 백차의 인기가 급부상하면서 복건성 일부 산지에서는 우롱차를 만드는 품종과 새로운 품종으로 백차를 가공하기 시작하였다. 우롱차 품종으로 가공한 백차는 향이 더 진하고 맛도 농후하다. **새로운 품종인 복운(福雲) 595로 가공한 백차의 경우 새싹이 작고 백호가 적은 편이지만, 꽃 향이 뚜렷하고 맛도 농후하여 입안을 감도는 촉감인 '회감(回甘)'이 훌륭하다.**

광동성에는 백모차(白毛茶)와 영홍(英紅) 9호의 품종으로 백차의 가공을 시도한 공장도 있다. 운남성 경곡(景谷)의 차창에서는 운남대백차(雲南大白茶) 품종의 찻잎을 백차 가공법에 따라 '월광백(月光白)'이라는 백차를 생산하였는데, 꿀 향과 호향이 농후한 것으로 유명하다.

3. 채엽 (採葉)

"하루 일찍 따면 보물이고, 하루 늦게 따면 풀이다"는 속담에서 알 수 있듯이, 찻잎은 시간을 잘 지켜서 제때 채취해야 한다. 그 채엽 시기는 산지와 품종에 따라 각기 다르다.

백차의 경우 찻잎을 청명(清明) 전후로 따는데, 복정 지역이 정화보다 더 빨리 채엽을 시작한다. 동일 지역에서도 복정대호차와 복정대백차가 복안대백차보다 먼저 채엽되고, 복안대백차는 정화대백차보다 채엽 시기가 이르다. **또한 백차의 품질 요구에 따라서도 채엽 시기는 다른데, 예를 들면 백호은침에 사용되는 새싹의 채엽 시기는 백모단, 공미, 수미보다 더 이르다.**

차학자인 장천복 선생의 『복건백차에 대한 조사 연구(福建白茶的調查研究)』에서는 백차의 채엽 시기에 대하여 다음과 소개하고 있다.

"봄차 수확기는 5월 소만(小滿)까지인데, 그 양은 연간 총생산량의 50%를 차지한다. 여름 수확기는 6월 망종(芒種)에서 7월 소서(小暑)까지이고, 연간 총생산량의 25%를 차지한다. 가을 수확기는 7월이다. **봄차는 새싹이 비장하고 찻잎이 부드러우며 백호가 새하얗고 수분 함량이 많아 무겁다. 찻물은 농후하고 맛이 상쾌하여 품질이 제일 좋아 고급 차(특급, 1급, 2급의 차) 가공에 가장 많이 사용된다.** 여름차의 새싹은 작고 가늘며 찻잎은 딱딱한 편이지만 가볍다. 맛은 싱겁거나 풋풋하다. 가을차는 봄차와 여름차의 중간 정도 품질이다."

날씨가 맑고 청명한 가을날은 백차 찻잎을 말리기에 적합하며, 가공된 백차의 품질도 우수하다. 고산 지대의 차 산지는 일교차가 크고, 자외선이 강하며, 직간접적인 햇빛도 많아 백차는 향이 매우 풍부해지고 맛도 농후해진다.

백차의 원료 채엽 시기는 기후 조건도 살펴서 진행한다. **백차의 가공에서 가장 중요한 위조 과정을 위해서는 찻잎을 맑은 날에 따야 하고, 특히 북풍이 부는 날씨가 가장 적합하다. 내륙에서 불어오는 북풍은 공기가 건조하여 햇볕이 강하고 기온이 높을 때 진행되는 위조 과정에서 찻잎의 수분을 쉽게 조절할 수 있어 백차의 품질을 높이는 데 도움이 된다.**

만약 남부 바다에서 불어오는 남풍일 경우 습도가 높아 햇볕이 강하고 기온이 높은 날씨라도 건조가 느려진다. 따라서 가공된 백차는 새싹이 푸르고 줄기가 검게 변하면서 품질이 떨어진다. 또한 **비가 오거나 안개가 끼면 채취와 가공을 모두 중단해야 한다.**

이같이 백차는 날씨의 영향과 가공 장소의 조건적인 제약이 많았던 탓에 과거에는 좋은 품질로 가공하는 것이 어려웠다. **현재는 실내위조 방식을 채택하여 가공 과정에서 날씨의 영향을 적게 받는다.** 실내에 난방이나 조명, 또는 온습도 제어 장치를 설치하여 위조 과정을 진행한다. 그러나 **시장에서는 여전히 자연 위조를 거친 백차를 더 선호한다.**

백차는 원료의 등급에 따라 품질과 종류가 달라진다. 백호은침으로 가공하는 찻잎은 두 번째까지 수확한 봄차이다. 이때 줄기의 끝에 생기는 정아(頂芽)(끝눈)는 비장하고 싹이 특히 크다. 세 번째 채엽할 때는 줄기 옆에 생기는 측아(側芽)(곁눈)가 대부분이고 싹이 작다. 여름과 가을에 채취하는 찻잎은 새싹이 더 작고 가늘어 고급 차로 가공하기 힘들다.

백호은침은 주로 복정대호, 복정대백, 복안대백과 정화대백의 찻잎을 원료로 사용한다. 새로 발아한 가지 끝부분의 가장 큰 싹만 수확하는데, 첫 회에 수확한 새싹은 어엽(魚葉)이 많이 딸려 있다.

새싹은 굵고 무게감이 있어 최고급 백호은침을 가공할 수 있다. 일아일엽 또는 일아이엽을 수확한 뒤 '추침(抽針)' 작업을 하여 가공하기도 한다. '추침'은 한 송이로 이어진 새싹과 찻잎을 분리하는 작업인데, 새싹은 백호은침으로, 찻잎은 백모단으로 만들기 위해 원료를 분리하는 것이다.

백모단을 위한 채엽도 요구 사항이 엄격하다. **고급 백모단은 일반적으로 대백차(大白茶) 품종의**

일아일엽과 일아이엽의 여린 새싹과 찻잎을 원료로 한다. 간혹 채차(菜茶)와 수선(水仙) 품종의 여린 찻잎을 원료로 사용하기도 한다.

고급 백모단은 채엽을 일찍 해야 하고, 또 부드러운 찻잎 위주로 사용하기 때문에 청명 전후로 채엽을 진행한다. 대부분의 백모단은 적당히 부드러운 원료로 가공되기 때문에 주로 일아이엽을 사용하지만, 종종 일아삼엽으로 가공하는 수도 있다. **찻잎이 너무 여리고 가는 것을 가공하면 품질은 좋지만 생산량이 떨어져 결국 생산 수율이 높지 않다. 또한 거칠고 많이 성장한 찻잎을 따서 가공하면 차의 외형과 맛, 향기가 모두 떨어지는 영향을 받는다.**

공미는 주로 채차 품종의 찻잎을 원료로 사용하는데, 일아이엽과 일아삼엽을 채엽한다. 채차의 새싹은 작지만, 제품 규격에 맞는 부드러운 새싹이 필요하여 협엽(夾葉)(겹잎)의 채엽은 필요치 않다. 이와 같은 이유로 공미에는 '수미화색(壽眉花色)'이라는 제품이 있다. 본래 공미 중에서 3~4급의 품질이지만 대백차의 거친 찻잎을 혼합하여 품질을 더 높인 것이다.

한편 **수미는 1953년~1954년까지 생산하다가 한동안 생산이 중단되었다.** 그런데 **1959년 해외 시장에서 수요가 생기면서 생산이 재개된 것이다. 현재 백차 시장에서는 수미의 생산량이 가장 많고, 그 대부분이 백차 병차(餠茶)로 가공된다.**

4. 위조 (萎凋)

백차 가공의 '영혼'이라고 할 수 있는 위조 작업은 백차의 품질을 결정한다. **위조는 일정한 온도와 습도, 그리고 통풍의 조건에서 찻잎 속의 수분 증발과 호흡이 동반되어 내용물이 천천히 가수분해되어 산화하는 과정이다.** 이 과정을 통해 찻잎에서 풋내가 휘발되어 사라지고 달콤하고 그윽한 '위조의 향'이 발산하여 백차의 품질을 높인다.

위조 방식에는 **'일광위조(日光萎凋)'**, '실내 자연위조(室內自然萎凋)', **'가열위조(加温萎凋)'**, '복식위조(複式萎凋)' 등이 있다.

백차의 일광위조 현장
촬영 : 진흥화(陳興華) / 제공 : 복정차판(福鼎茶辦)

1) 일광위조(日光萎凋)

날씨가 청명하면 복정백차의 대부분은 일광위조를 진행한다. 찻잎을 대나무껍질로 만든 발인 '멸폐(篾箅)' 또는 그물코의 체인 '수사(水篩)'에 놓고 고른 뒤 얇게 펴서 말린다.

멸폐는 0.2~0.3cm 넓이의 대나무껍질로 길이가 2.2~2.4m, 폭이 70~80cm인 직사각형으로 엮어서 만든 대나무 발이다. 이 발은 구멍이 없이 작은 틈만 있다. 위아래로 모두 공기 순환이 잘되게 만든 구조로서 백차의 위조에 적합하다.

수사는 1cm 넓이의 대나무껍질로 지름 약 100cm의 원형으로 엮은 체이다. 약 0.5cm 간격을 두고 엮기 때문에 수사에는 틈새가 있다. 찻잎이 겹치면 검게 변하기 때문에 찻잎을 수사에 놓고 얇게 펴서 선반에 올리거나 수사를 햇볕 아래에 놓고 자연적으로 시들게 한다.

이러한 위조 과정에서는 **손으로 찻잎을 뒤집지 않는다.** 왜냐하면 **새싹이나 찻잎에 손상이 생기면 붉게 변하고 백호도 떨어질 수 있기 때문이다.** 또한 **찻잎을 놓은 멸폐나 수사는 바닥에 놓지 않는다. 왜냐하면 통풍을 방해하여 위조 시간이 길어지기 때문이다.** 위조 과정은 48~72시간에 걸쳐 진행되고, 차 장인이 경험과 기술을 통해 날씨 상황, 찻잎의 수분 함량 상태, 색 변화, 건조 상황에 따라 조정한다.

① 신선한 찻잎 ② 12시간 경과 ③ 18시간 경과

④ 24시간 경과 ⑤ 36시간 경과 ⑥ 48시간 경과

백차의 위조 과정 / 촬영 : 가류화(賈留華)

2) 실내의 자연위조 (室內自然萎凋)

정화현의 백차 산지에서는 대부분 실내에서 자연위조를 진행한다. 실내 공간은 통풍이 잘 되고, 직사광선이 들지 않으며, 비나 안개가 들어올 수 없도록 해야 한다. 청결하고 위생적인 환경을 유지해야 하고, 온습도의 조절도 가능해야 한다.

개청(開青)

봄차를 위조할 때 실내 온도는 20도~30도로 요구되지만 25도 내외가 적당하다. 습도는 55%~70%를 유지해야 한다. 여름차일 경우 실내 온도는 30도~32도, 습도는 60%~75%를 유지해야 한다.

이러한 조건에서 실내 자연위조는 약 52~60시간 지속된다. **비가 오는 날에 위조 시간은 3일을 넘기지 말아야 한다.** 그 이상 진행하면 찻잎에 곰팡이가 피거나 검게 변한다. **맑고 건조한 날씨에는 위조 과정을 2일 이상 진행한다.** 그보다 짧은 경우에는 찻잎의 풋내가 사라지지 않고 떫은맛이 나면서 품질이 떨어진다.

실내 자연위조는 시간이 비교적 길게 걸리고, 위조 시설이 있는 건물의 면적도 넓어야 하며, 다양한 설비가 필요한 동시에 날씨의 영향도 받기 때문에 대량 생산에 적합하지 않고, 적용 범위도 제한되어 있다.

• 개사(開篩) : 체에 찻잎 펼치기

공장에 도착한 신선한 찻잎은 여린 것과 성숙한 것을 구별해서 위조해야 한다. **일반적으로 백차의 위조는 찻잎을 대나무 체인 수사 위에 놓고 펼치는 작업으로 시작된다.** 이를 '**개사**(開篩)' 또는 '**개청**(開青)'이라고 한다.

찻잎을 수사에 올려놓은 뒤 양손은 수사의 가장자리를 잡고 돌려서 찻잎을 고르게 펼친다. 이 동작은 빠르고 경쾌하게 해야 하며, 단 한 번으로 찻잎이 고르게 펼쳐져야 한다. 수사를 반복하여 돌리다 보면 찻잎에 손상이 생기기 때문이다.

수사를 돌리려면 기술이 요구되기 때문에 손으로 찻잎을 털어 수사나 대나무 발에 뿌리기도 하지만 대부분 동작은 아주 가볍고 부드럽다. 체당 찻잎의 양은 봄차의 경우 약 0.8kg, 여름차와 가을차의 경우 약 0.5kg 정도 된다. **단 찻잎을 펼친 수사를 건조대에 올려놓되 찻잎을 뒤집지는 말아야 한다.**

• 병사(並篩) : 체의 찻잎 합치기

실내의 자연위조 과정에서는 여러 수사의 찻잎을 합치는 '병사(並篩)' 작업을 진행한다. 주된 목적은 찻잎 가장자리가 휘말리도록 하고 수분을 고르게 하여 수분의 증발 속도를 늦추어 변색을 촉진하는 데 있다.

백차를 위조하는 데는 약 35~45시간 정도 필요하다. 전체 과정의 70%~80% 정도 진행되면 찻잎이 체에 달라붙지 않는다. 그리고 새싹은 백호로 흰색을 띠고, 찻잎은 녹색에서 진녹색 또는 회녹색으로 변한다. **찻잎의 가장자리가 휘말리고, 새싹과 찻잎, 줄기가 위로 휘어져 치켜들면서 풋내가 나지 않으면 '병사'를 진행할 수 있다.**

소백차는 위조가 80% 정도 진행되면 병사를 진행할 수 있다. 대백차는 병사를 두 번 진행하는데, 약 70% 정도 위조되었을 때 두 개의 수사에 널린 찻잎을 하나로 모으고, 80%가량 진행되었을 때 또 한 번 찻잎을 하나의 수사에 합친다. 이렇게 병사한 찻잎을 10cm~15cm의 두께로 오목하게 쌓는다.

• 퇴방(堆放) : 찻잎 쌓기

중저급 백차, 특히 복건 북부인 민북에서 생산하는 저급 백차는 일반적으로 '퇴방(堆放)' 또는 '악퇴(渥堆)' 작업을 진행한다. 찻잎을 쌓을 때 수분 함량이 20% 이상 되어야 변색할 수 있는데, 이를 위하여 **건조된 찻잎의 수분 함량에 따라 쌓는 두께를 조절하는 작업**이다.

수분 함량이 30% 안팎일 경우 10cm 두께로 쌓고, 수분 함량이 25% 안팎일 경우 20cm~30cm 두께로 쌓는다. 병사를 진행한 찻잎은 건조대에 올려놓고 위조를 계속 진행한다.

일반적으로 병사 작업 뒤 12~14시간 정도 지나면 줄기와 잎맥의 수분 함량이 크게 줄어들면서 찻잎이 부드러워지고 회녹색으로 변한다. 찻잎이 약 95% 정도 건조되면 찻잎을 수사에서 내려 분류하고 고르는 작업을 진행한다.

• 분류와 선별

분류와 선별은 새싹과 찻잎이 부스러지지 않도록 조심스레 진행해야 한다. 모차의 등급이 높을수록 작업의 난도가 높다. **고급 백모단의 원료일 경우에는 딱딱한 찻잎인 납편**(蠟片), 유념이 적절하지 못해 푸석한 찻잎인 황편(黃片), **붉게 변한 찻잎인 홍장**(紅張), 거칠고 큰 찻잎인 조로엽(粗老葉), 이물질 등을 골라내야 한다.

1급 백모단은 납편, 홍장, 줄기, 이물질을 분류해야 하고, 2급 백모단은 홍장과 이물질, **3급 백모단은 줄기와 이물질만 골라내면 된다.** 더 낮은 등급의 백차는 이물질만 제거한다.

백차의 가공 과정

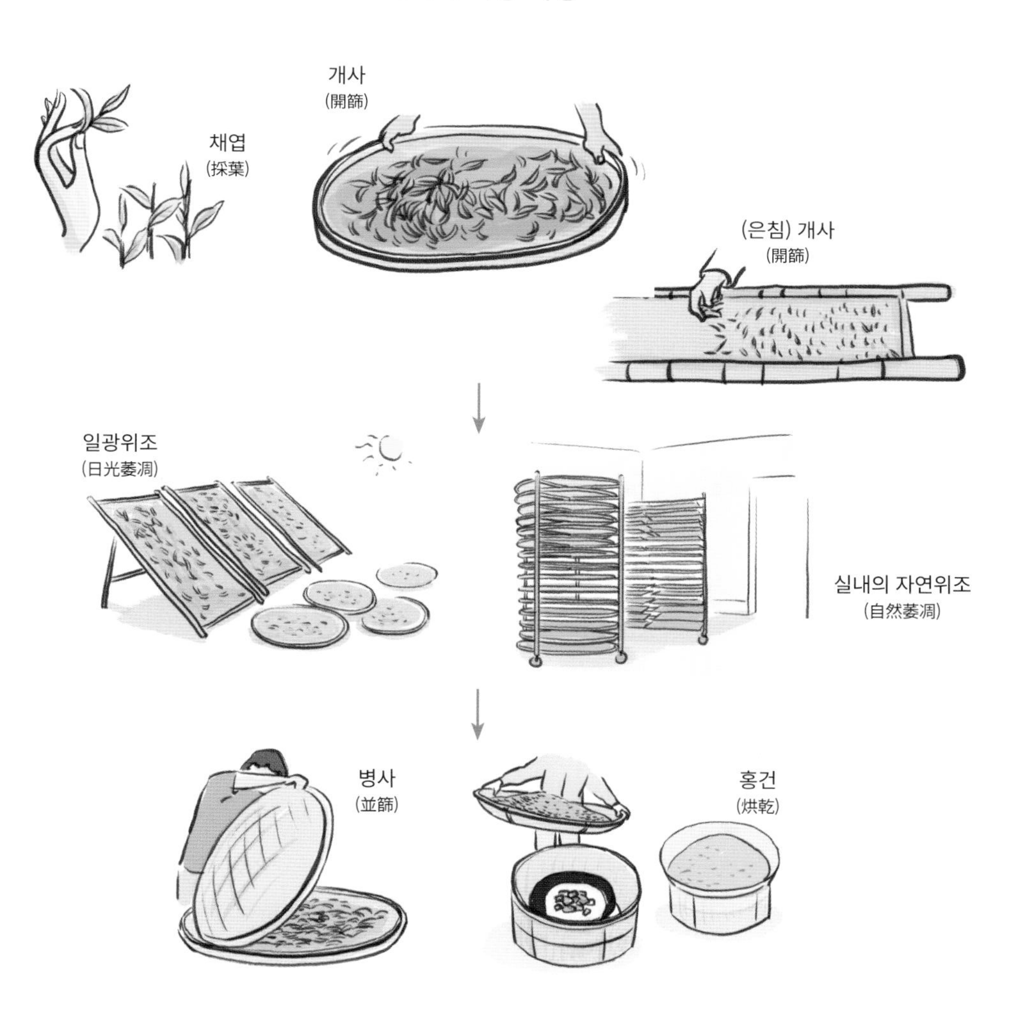

3) 가열위조 (加熱萎凋)

봄차의 채엽 시기에 궂은비가 계속되면 반드시 열을 가하는 가열위조를 해야 하는데, 배관을 통해 온도를 높이거나 위조 설비를 사용할 수 있다.

• 배관의 가열위조

위조 전용의 '백차 배관 위조실'에서 뜨거운 열풍(熱風)으로 실내 온도를 높여 위조하는 방식이다. 위조실은 가열하는 화덕, 배기 설비, 위조 발과 선반으로 구성되어 있다. 위조실 밖에는 열풍기가 설치되어 있다. 열풍기에서 생성된 뜨거운 공기가 배관을 통해 실내로 고르게 분포되어 위조실의 온도를 높이는 방식이다.

위조실은 일반적으로 300제곱미터 정도의 면적으로 약 1200개의 위조용 발을 배치할 수 있다. 위조용 발은 길이 2.5m, 폭 0.8m로 대나무 껍질로 엮었으며, 발당 찻잎을 1.8~2kg 정도로 담을 수 있다.

배기용 환풍기는 위조실 내 앞뒤로 2대씩 설치되어 실내 통풍과 환기가 잘되도록 한다. 특히 주의할 것은 열풍이 들어오고 나가는 설비는 반드시 지면과 가까운 데 설치해야 한다는 점이다.

실내 온도는 29도~35도, 상대 습도는 65%~75%를 유지한다. 위조실은 고온에서 밀폐된 상태가 계속되지 않도록 주의해야 한다. 여린 새싹과 찻잎 가장자리에서 수분 함량이 빨리 손실되어 줄기에 수분의 공급이 부족하면 찻잎 속에 물리적, 화학적 변화가 충분히 이루어지지 않으면서 새싹과 찻잎이 바짝 마르고 붉게 변한다.

일반적인 가열 위조는 18~24시간 지속되며, 연속적으로 가열하는 방식을 사용한다. 가열을 시작하고 1시간에서 6시간 사이에 실내 온도를 29도~31도로 조절하고, 7~12시간 동안은 온도를 32도~35도로 높여서 유지한다. 13~18시간을 경과할 때는 30도~32도로, 18~24시간이 지날 때는 다시 29도~30도로 낮춘다.

마침내 수분 함량이 16%~20%가 되면 찻잎이 체에 들러붙지 않고, 백호는 하얀 흰색으로, 찻잎은 연녹색에서 진녹색으로 변한다. 그리고 새싹의 끝부분과 부드러운 줄기가 위로 휘말리고, 찻잎 가장자리가 약간 처지면서 물결처럼 주름진다. **이윽고 풋내가 사라지면서 차의 향기가 올라오면 위조 과정을 마무리하는 것이다.**

열풍을 통한 가열위조는 비가 오는 날에 백차 위조의 어려움을 해결할 뿐 아니라 기계를 이용하여 위조 시간을 단축하고 생산성을 높일 수 있다. 그러나 단축된 시간으로 인하여 찻잎 내용물들의 화학적인 변화가 충분히 일어나지 않는다. 이를 보완하기 위하여 가열위조된 찻잎을 일정 기간 쌓아 두고 숙성 작업을 진행한다. 그 구체적인 방법은 다음과 같다.

위조를 마친 찻잎을 바구니에 약 25cm~35cm 정도 두께로 수북하게 쌓고 찻잎이 붉게 변하지 않도록 온도를 22도~25도로 제어한다. **찻잎의 수분 함량이 낮을 경우 조금 더 두껍게 쌓거나 아니면 자루나 대바구니에 담는다.** 이렇게 2~5시간 정도 쌓아서 숙성하는데, 경우에 따라서 며칠간 지속하기도 한다.

위조한 찻잎의 부드러운 줄기와 잎맥이 연한 적갈색으로 변하고, 찻잎은 진녹색이나 회녹색으로 변한다. 그리고 풋내가 완전히 사라지고 차의 향이 나면 곧바로 건조 작업을 진행하여 품질을 고정한다. **건조는 온도를 100도~105도로 조절하고, 찻잎을 쌓는 두께는 3cm~4cm로 하여 약 8~10분간 진행한다.**

• 기계위조

위조용 기계를 사용하는 방식은 공부홍차(工夫紅茶)를 가공하는 방법과 같지만, 온도는 30도로 낮추고 찻잎을 쌓는 두께도 20cm~25cm로 얇게 펴서 12~16시간 동안 위조한다. 그리고 기계 위조가 끝난 뒤에도 찻잎을 선반에 펼쳐놓고 위조를 계속한다.

4) 복식위조 (複式萎凋)

봄철 맑은 날에 할 수 있는 위조 방법으로서 일광위조와 실내의 자연위조를 결합한 것이다. **곡우(穀雨) 전후로 '대백(大白)'과 '수선백(水仙白)'의 찻잎을 복식위조로 가공하면 수분의 증발을 가속하여 찻물의 농도를 높이는 데 도움이 된다.**

복식위조는 위조의 전 과정을 2~4회 반복하는 것으로, 햇빛에 쬐는 일조 시간은 1~2시간 정도이다. 신선한 찻잎을 아침과 저녁의 약한 햇빛으로 위조하는데, 그 횟수와 시간은 온도와 습도에 따라 결정된다.

봄차 가공 초기의 실외 온도가 25도이고 상대 습도가 63%인 조건에서 25~30분간 일광위조를 하고, 찻잎이 조금 뜨거울 때 실내로 옮긴다. 실내에서 찻잎이 식으면 다시 실외에서 일광위조를

하는데, 이 과정을 2~4회 정도 반복한다.

봄차 가공 중기에 실외 온도가 30도이고, 상대 습도가 57%인 조건에서 일광위조는 15~20분이 적당하고, 후기에는 실외 온도가 30도인 조건에서 일광 위조는 10~15분 정도가 적당하다. **여름은 고온과 강한 일조량으로 복식위조를 진행하기 어렵다.**

5. 건조 (乾燥)

백차의 건조 과정은 배롱(焙籠)을 사용해 홍배(烘焙) 작업으로 진행하거나 기계로 진행한다. 이때 **배롱은 대오리로 엮어서 만든 건조용 바구니로 화덕 위에 올려서 사용한다.**

배롱 홍배는 가장 전통적인 건조 방법으로서 자연위조와 복식위조를 진행한 백차를 가공하는 데 사용한다. 위조 과정이 약 90% 정도 진행된 찻잎은 홍배를 1회만 진행한다. 배롱에 1~1.5kg의 찻잎을 담고 70도~80도의 온도에서 15~20분간 건조한다. 위조가 70%~80% 진행된 찻잎은 2회에 걸쳐 건조한다.

홍배를 처음 진행하는 '초배(初焙)' 작업은 배롱마다 0.75~1.0kg의 찻잎을 넣고 '명화(明火)', 즉 강한 불로 100도의 온도로 10~15분간 건조한다. 찻잎이 80%~90% 정도 건조되었을 때 배롱을 불에서 내리고 찻잎을 펼쳐서 식힌다.

시간이 30분에서 1시간 정도 지나면 다시 복배(複焙) 작업을 진행한다. 복배는 '암화(暗火)', 즉 약한 불로 약 80도의 온도로 10~15분에 걸쳐서 완전히 건조하는 것이다. 이 홍배 과정에서는 찻잎을 여러 번 뒤집어야 한다.

오늘날에는 대부분 찻잎을 건조기에 넣어 대량으로 건조하고 있다. 약 90% 정도 건조된 찻잎은 4cm 두께로 쌓고 70도~80도의 온풍으로 20분간 1회만 홍배한다.

그리고 60%~70% 정도 건조된 찻잎은 홍배를 2회에 걸쳐 진행한다. 초배는 4cm 두께로 쌓은 찻잎을 90도~100도의 온풍으로 10분 정도 건조한 뒤 펼쳐서 30분에서 1시간 정도 식힌다. 다시 찻잎을 4cm 두께로 쌓아 80도~90도의 온풍으로 복배를 20분간 진행하여 완전히 건조한다.

2000년도 이전에 백차는 낱 잎의 산차(散茶) 형태로만 가공되었다. 오늘날 시장에서 흔히 볼 수 있는 **백차병**(白茶餠)은 2006년도부터 대중화되면서 현재 백차 시장의 절반을 차지할 정도로 신흥 강자로 떠올랐다. 다음은 백차병에 숨겨진 비밀과 다양한 정보를 해석하는 방법을 살펴본다.

백차의 건조 도구인 배롱(焙籠)

11

백차병(白茶餠)에 숨은 수수께끼

복건성차엽진출구공사(福建省茶葉進出口公司)에서 편찬한 『백차경영사록(白茶經營史錄)』에는 다음과 같은 기록이 있다.

"백차라는 차류가 출현한 뒤 1950년대부터 수선백차병(水仙白茶餠)이 생산되었다. 그러나 시장에서는 백차가 여전히 산차 형태로 유통되고 있다."

그런데 2000년도부터 보이차 산업이 성장하면서 백차도 본격적으로 병차(餠茶)로 만들어졌다. 이 백차병은 해마다 그 생산량이 증가하여 현재는 중국 백차의 주류 제품이 되었다.

한편 과거에는 불편한 교통으로 인해 차를 긴압하여 병차로 만들었지만, 운송이 발달한 오늘날의 백차병은 차를 간편하게 마시는 데 불편을 줄 수 있다. 그러나 "일 년째는 차, 삼 년째는 약, 칠 년째는 보물이 된다"는 말이 유행하면서 **백차를 숙성하기 위하여 저장하는 사람들이 늘어나고 있다.**

백차를 산차가 아니라 병차의 형태로 만들어 보관하면 재고의 부담을 덜 수 있는 장점이 있다. 수미(壽眉) 찻잎 100근(斤)을 긴압(緊壓)하면 100여 편(片) 만들 수 있어 포장 상자가 2개면 되지만,

산차로 담는다면 포장 상자가 6개 이상이나 필요하다.

또한 여러 해를 저장하여도 포장에 표기된 연도, 품질, 브랜드 문양 등으로 진품을 식별할 수 있는 장점이 있어 백차병에 대한 시장의 선호도도 높아진다.

한편 백차를 병차로 만드는 것을 두고 전문가들 사이에서는 백차의 품질과 풍미에 영향을 준다는 시각도 있다. 즉 산차는 백차의 자연 상태를 잘 유지할 수 있지만, 병차는 찻잎을 증기로 찌고 틀에 넣어 돌로 누르고 모양을 만들어 건조하는 긴압하는 과정에서 찻잎의 모양과 내용물에 영향을 줄 수밖에 없다는 것이다.

긴압 백차 전차(磚茶)

그런데 대부분의 소비자들은 그러한 변화에 그다지 민감하지 않다. **긴압한 병차로 인하여 백차의 숙성이 가속화되어 맛이 더욱더 달콤하고 부드러워져 오늘날에는 오히려 애호가들의 선호도가 더 높아진 것으로 나타났다.**

긴압 백차에도 여러 종류가 있다. 대표적인 형태가 **병차**이고, 그 밖에도 **전차**(磚茶), 초콜릿 타입인 **교극력차**(巧克力茶), **월병차**(月餠茶) 등이 있다. 2015년 국가 표준 제22호에 따라 '긴압 백차'의 출시가 승인되어 백차 압제 기술 개발의 초석이 마련된 것이 배경이 되었다.

긴압한 백차병

그러나 모든 백차를 긴압해 병차로 만들 수 있는 것은 아니다. 아름다운 외형이 품질을 평가하는 기준이 되는 **백호은침**과 **고급 백모단**은 긴압하여 병차로 만들면 백호가 벗겨지고, 찻잎을 차병에서 분리할 때 새싹과 찻잎이 쉽게 부스러져 고급 백차를 마시는 가치가 떨어진다.

긴압 병차에 적합한 백차는 주로 '공미'와 '수미'이며, 일부 낮은 등급의 '백모단'도 있다. 일부 업체는 **품질을 높이기 위해 원료를 2~3년 먼저 저장하여 차 성분이 안정화될 때까지 기다렸다가 긴압 과정을 진행한다.** 이렇게 만든 백차는 맛이 더욱더 순후하다. 일부 낮은 등급의 수미 품종 원료는 저장을 거치면 병차로 긴압해 만들기가 훨씬 더 쉬워진다.

백차의 긴압 기술은 아직은 개발 단계에 있어 백차병 제품에는 문제점들도 있다. 병차의 긴압이 너무 단단하면 백차의 후기 숙성을 저해할 수 있다. '초심(焦心)' 현상이 대표적이다. '초심'은 잘못된 저장으로 곰팡이가 생긴 모습과 비슷하여 분별이 어려울 때도 있지만, 실은 긴압이 너무 강한 탓에 내부 건조가 잘되지 않아 '탄화(碳化)'가 일어난 것이다. 이러한 백차는 마실 수는 있지만, 표면과 내면의 찻잎 맛이 크게 차이가 난다.

고산수미 (高山壽眉)

* **산지 :** **정화**(政和)
* **원료 등급 :** 2급 백모단(白牧丹)
* **품종 :** **복안대백**(福安大白)
* **출시 연도 :** 2015년
* **제품 제공 :** 상원차업고분유한회사(祥源茶業股份有限公司)

고산수미(高山壽眉)는 복건성 정화 지방의 해발고도 900~1200m 고산 생태 차원에서 수확한 봄차를 원료로 긴압한 차병이다. **향이 매우 신선하면서 달콤하고, 맛도 달콤하고 농후함이 오랫동안 지속된다.** 찻빛은 맑고 깨끗한 노란색이다. **정화고산백차**(政和高山白茶)를 대표하는 제품이다.

노수백차 (老樹白茶)

* **산지 :** **복정**(福鼎), **정화**(政和)
* **원료 등급 :** 수미(壽眉)
* **품종 :** **복정대호**(福鼎大毫), **정화대백**(政和大白)
* **출시 연도 :** 2013년
* **제품 제공 :** 복건차엽진출구고분유한공사
(福建茶葉進出口股份有限公司)

노수백차(老樹白茶)는 1950년~1960년대 백차의 원산지에서도 **고산 지대**에서 재배한 복정대호, 정화대백, 채차 품종의 노수차(老樹茶) 찻잎을 원료로 백차의 전통 제다 기법과 업체의 병배(拼配)(찻잎 블렌딩) 기술을 적용해 만든 제품이다. 향이 맑고 상쾌하며, 맛은 달콤하다.

쇄백금 (曬白金) 1341

* 산지 : **복정**(福鼎)
* 원료 등급 : 수미(壽眉)
* 품종 : **복정대백**(福鼎大白), **복정대호**(福鼎大毫)
* 출시 연도 : 2013년
* 제품 제공 : 복건품품향차업유한공사(福建品品香茶業有限公司)

쇄백금(曬白金) 시리즈의 제품이며, 생산 연도, 등급, 산지를 일련번호로 표기한다. 차품 번호 1341은 2013년 '관령문양수미(貫嶺文洋壽眉)'를 원료로 생산한 제품이다. 찻잎은 황갈색이고, 백호가 있는 싹도 섞여 있다. 대추 향이 뚜렷하고, 찻물은 짙은 호박색을 띤다. **맛은 순후하면서 매끄럽고 달콤하다.**

난지 (蘭芷) - 후년 (猴年)

* 산지 : **복정**(福鼎)
* 원료 등급 : 수미(壽眉), 소량의 백모단을 병배
* 품종 : **복정대백**(福鼎大白), **복정대호**(福鼎大毫)
* 출시 연도 : 2016
* 제품 제공 : 복건천호차업유한공사(福建天湖茶業有限公司)

난지(蘭芷)는 12간지(干支)를 표지로 하는 제품이다. 간지 해당 연도의 원료를 긴압하여 백차로 만든다. 원숭이해를 기념하는 난지 백차는 2013년 수미와 소량의 백모단을 병배한 뒤 2016년에 긴압해 출시하였다. 향이 순후하고 섬세하며, 찻물은 맑은 오렌지색을 띤다. 맛은 **매우 달콤하고 부드럽다.**

수선백차 (水仙白茶)

* 산지 : **건양**(建陽)
* 원료 등급 : 백모단(白牧丹)
* 품종 : **복건수선**(福建水仙)
* 출시 연도 : 2016년
* 제품 제공 : 상원차업고분유한공사(祥源茶業股份有限公司)

수선백차(水仙白茶)는 복건 수선 품종의 원산지인 건양 수길 지방의 찻잎을 원료로 전통 제다 기법을 통해 만든 제품이다. **은백색의 새싹들이 선명하고, 꽃과 과일의 향이 풍부하여 입안을 부드럽고 감미롭게 한다.** 맛은 농후하고 '내포성(耐泡性)'이 좋다. **수선백은 차의 향기와 맛을 돋우기 위하여 병배에 주로 사용되었던 품종이기 때문에 수선백으로만 만든 제품은 시장에서 보기가 힘들다.**

소백차 (小白茶)

* 산지 : **복정**(福鼎)
* 원료 등급 : 백모단(白牧丹)
* 품종 : **채차**(菜茶)
* 출시 연도 : 2016년
* 제품 제공 : 상원차업고분유한공사(祥源茶業股份有限公司)

소백차(小白茶)는 복정 관양(管陽) 지방의 고산 지대에서 재배한 봄차 원료를 긴압해 만든 병차 제품이다. 소백차 품종은 '채차(菜茶)' 또는 '토차(土茶)'라고 한다. 지역 토종인 유성군체종(有性群體種)으로서 씨앗으로 번식한다.

소백차는 대부분 해발고도가 높은 산과 숲에서 자연적으로 흩어져 자라기 때문에 채취와 인위적인 관리가 어렵다. 따라서 봄에 채엽한 뒤 자연적으로 성장하도록 내버려 둔다. **그로 인해 소백차는 원료가 청정하고 순수할 뿐 아니라 독특한 야생의 기운을 느낄 수 있다.**

소백차에서는 금은화(金銀花)**(인동초)의 향기가 풍부하고 오래 지속된다.** 맛은 순후하고 신선하며 달콤한 여운이 감돈다. 자연적인 상쾌함과 야생의 기운이 풍부한 독특한 매력을 풍기는 제품이다.

소백차의 병차는 거의 모든 업체가 생산하고 있어 시장에서 흔히 볼 수 있다. 병차는 마실 때 약간 불편함이 있지만, 저장하기에 편리하고 독특한 품질과 특징이 발현되기 때문에 많은 소비자가 선호한다. 백차병도 보이병차와 같이 대중화할 수 있는 가능성이 엿보인다.

황야백 (荒野白)

* 산지 : **복정, 정화, 건양, 복안 등 다양한 산지의 찻잎을 병배**
* 원료 등급 : 공미(貢眉)
* 품종 : **채차**(菜茶)
* 출시 연도 : 2018년
* 제품 제공 : 상원차업고분유한공사(祥源茶業股份有限公司)

상원 황야백(荒野白)은 복건성 복정, 정화, 건양, 복안 등 다양한 산지의 원료들을 배합하여 만들었다. 방목 생태형 차원은 해발고도 600m~700m에 자리하고 있으며, 차나무의 평균 수령은 25년 이상이다. 살충제와 화학 비료를 사용하지 않고 사람의 인위적인 개입이 거의 없어 생육 환경이 원래 생태에 가까워 식생이 풍부하다.

차나무의 휴식 시간도 충분하고 찻잎에 더 풍부한 물질이 함유되어 있어 최종 가공된 백차에는 산 특유의 향과 꽃과 풀의 향기가 그윽하며, 맛이 유난히 산뜻하고 시원하다. **여러 산지의 원료를 병배하여 맛이 한층 조화롭다.**

이 상품은 최초로 미세 압착 기술로 가공하였기에 새싹과 찻잎의 형태를 온전히 유지하면서 차를 꺼내기 쉽게 만들었다. 미세 압력으로 찻잎 사이에 틈이 생겨서 후기 변화에 도움이 되어 백차의 특성을 최대한 유지하는 긴압 백차이다.

복정 여행 안내도

복정 여행의 가이드!

복정에서 차를 찾아 남다른 여행을 즐기고 싶은 독자들을 위하여 발원지인 **백류**(柏柳)에서 시작하여 **태모산**(太姥山), **반계**(磻溪), **점두**(点头) 등 백차가 크게 발전하였던 지역의 탐방 노선을 그려 보았다.

해변 도시와 산속 마을에 남아 있는 선차(禪茶)에 담긴 이야기와 차 상인들의 이야기에 귀를 기울이다 보면 자연스럽게 백차의 고향에 대한 기억을 간직할 수 있고, **복정백차**의 전반을 이해할 수 있다.

봄철의 차밭 모습

Part 2.

탐사 –
차 (茶)에 깃든
과거

01

취교촌(翠郊村) 고택의 오씨(吳氏) 가문과 백차의 역사

세상 인심이 갈수록 박한데, 나더러 말을 타고 화려한 경성으로 오라 부른 자는 누구던가.
작은 방에 묵으며 밤새 봄비 소리 듣다 보면, 내일 아침 구석진 골목에서 살구꽃 파는 소리 들리겠지.
작은 종이에 한가롭게 초서를 쓰고, 날 밝아오는 창가에서 다소곳이 차를 즐겼지.
경성의 세속에 물들여지는 것을 탄식할 필요는 없지, 청명 전에는 고향 집으로 돌아갈 수 있으니.

_ 남송(南宋) 시인 육유(陸游, 1125~1209)의 「임안춘우초제(臨安春雨初霽)」

봄비가 부슬부슬 내리는 푸른 산과 물은 800년 전 시인이 지날 때 보았던 모습이겠지만, 세월이 흐른 봄차 한 잔에는 여전히 물결이 인다. 그러나 시대는 바뀌었다. 절강 사람 육유(陸游)가 복건과 절강을 오가면서 제거상평차염공사(提擧常平茶鹽公事)/북송 말기, 남송 초기의 짧은 기간에 존재한 관직으로 상평, 차, 소금 업무를 담당/로 두 번 취임할 때의 황량함과 무력함은 보이지 않았다. 오히려 백차의 싱그러운 향기가 봄을 가득 채우고 있었다.

해마다 4월 「**복정백차축제**」를 보름 앞두고 민동(閩東) 산지에 열린 길을 가다 보면 주변에 펼쳐진 차원들을 여실히 볼 수 있다. 천천히 걷다 보면 도심에서 40km 떨어진 복정 백림(白琳)의 취교촌(翠郊村)에 도착한다. 입구에 들어서면 고풍스러운 전통 가옥 한 채가 눈에 들어온다.

이곳 현지를 안내하는 민속 전문가에 따르면, 이곳이 오씨 가문의 고택인 '오가대원(吳家大院)'이며, 건물은 복정뿐만 아니라 민동 전 지역에서도 가장 큰 규모의 강남 고택 중 하나라고 한다.

오가대원은 청나라 건륭(乾隆) 10년(1745년)에 건축되어 북쪽으로 닫힌 안뜰인 사합원(四合院)과 남쪽으로 열린 정원이 결합한 고대 건물이다. 누창(漏窗)(정자에서 경관을 감상하기 위해 낸 창)을 통해 자연의 경치를 경관으로 구성하는, 즉 차경(借景)이 특징인 강남 원림(園林) 건축 기법을 도입함과 동시에 민동 차 마을의 생활과 문화도 담겨 있다.

약 200년 전 강소성(江蘇省) 무석(無錫) 출신의 오응묘(吳應卯)가 가족을 인솔하여 절강 태순(太順), 복건 하포(霞浦) 지역을 거쳐 복정 취교(翠郊)에 도착해 정착하였다. 그들이 갖고 온 강남의 농경 문화와 '민월 문화(閩越文化)'가 섞이면서 형성된 차 문화도 이곳에서 번성하기 시작하였다.

오씨 선조들은 이곳 고산 지대에서 차나무를 재배하는 기술을 빠르게 터득하였고, 나중에는 일련의 새로운 가공 기술도 개발하였다. 『오씨족보』의 기록에 따르면, 오응묘/**오왕 부차(夫差)의 104대손이라고 자칭함**/는 젊어서 우산 장사로 큰돈을 벌고 땅을 사서 세를 받다가 차업을 시작하였다. 규모가 가장 클 때는 북경에서도 찻집을 운영하여 복정 일대의 거상이 되었다. 민속 전문가는 오응묘가 이곳에 집을 짓기로 결정하기까지 약 4년이 걸렸다고 고택을 소개하였다.

"이 집을 살펴보면 앞에 보이는 두 산이 서로 감싸고 있는 지세로, 풍수지리설에서 보면 '좌청룡, 우백호'의 형국입니다. 앞에는 필가산(筆架山)이 있는데 겹겹이 높은 형태가 출세를 상징하고, 산기슭에 개울이 흘러 배산임수 지형을 이루고 전망도 넓어 풍수가 좋은 입지라고 볼 수 있습니다."

오응묘는 갑부가 된 뒤 원(元), 형(亨), 리(利), 정(貞) 네 아들에게 점두진(點頭鎭) 연산(連山) 지역에 작양봉기(乍洋鳳岐)의 고택을, 자영현(柘榮縣)에 봉기취수(鳳岐聚秀)의 고택을, 반계(磻溪) 양변(洋邊)에 지은 고택, 백림(白林) 취교(翠郊)에 악해종상(岳海鐘祥)의 고택을 각각 지어 주었다. 이중 광서(光緖) 시대에 화재로 소실된 반계 양변의 고택을 제외하고 나머지 3곳은 지금도 잘 보존되어 있다.

백림 취교촌의 악해종상은 단일 건축물로서는 면적이 가장 크고 현재 보존 상태가 가장 좋은데, 당시 건축 비용으로 은 64만 냥, 오늘날 화폐 가치로 2억 위안(元)이 들었다. **2005년에는 복건성 문화재 보호 단위로 지정되어, '중국 고대 건축의 보물'로 알려져 있다.**

취교촌 오씨 고택의 건축 대지의 면적은 약 5000제곱미터이며, 360개의 나무 기둥으로 지지하고 있다. 삼진합원(三進合院)(복건 고대 건축 양식 중 하나)이 나란히 세워진 구조로서 천장의 격자 모양의 틀인 '천정(天井)' 24개와 6개의 대청, 12개의 작은 거실, 192개 방으로 구성되었다.

192개의 방에는 창문만 1000개(허실 구조의 이중 미닫이창으로 안에는 닫힌 창문이고 밖에는 누창)가 넘었다. 이 집에는 매일 창문을 여닫는 일만 맡은 하녀도 있었다고 한다. 다른 일화도 있는데, 좋은 날과 시간을 받아 기둥을 세우고 들보를 올려야 하며, 360개의 기둥을 동시에 세워야 한다는 현지의 건축 관습이 있었다고 한다. 기둥을 세우려면 최소 1000명의 일꾼들이 필요하였는데, 사람들을 모으기 위하여 온주(溫州) 등에서 전통 극단을 초대해 연극 무대를 마련하였다.

이와 동시에 집이 완성되기 전에 연극을 보러 오는 모든 사람에게 무료로 숙식을 제공한다는 소문을 내었다. 소문을 듣고 연극을 보러 온 인근 마을 사람들은 숙박하는 동안 집안 기둥을 세우는 일에 힘을 모았다고 전해진다.

기품 있는 오씨 고택의 정문

취교촌의 이 고택은 오응묘가 그의 4남 '정(貞)'에게 지어 준 저택이었다. 이 집을 짓기 전에는 장사로 가세가 승승장구하였지만, 벼슬에 오른 사람이 없었기에 평범한 서민 가문일 뿐이었다. 그러나 이 건물에는 과감히 황실의 '삼합회룡(三合回龍)', '중척사방(中脊四放)'의 구조를 채택하고, 대문은 관청 대문처럼 팔자로 열리는 양식인 '팔자개(八字開)' 형태를 사용하였다.

그 결과 신분에 걸맞지 않다는 이유로 고발되자, 관아에 돈을 기부하여 소동을 마무리하였다. 건물이 지어진 뒤로도 그 후손들은 여전히 벼슬길에 오르지 못하고 줄곧 장사로 생업을 이어갔다.

흰색 바탕에 검은 글씨로 '해악종상(海岳鐘祥)'이라고 새겨진 대문으로 들어서면 색을 칠하지 않은 목조 구조가 한눈에 펼쳐지고, 내부 전체는 목조 장식(木雕裝飾)이 조각되어 있다. 이 목조 장식은 매우 비싼 조각품으로 같은 문양이 거의 없다. 입구에 들어서면 태자정(太子亭)이 가장 먼저 보인다. 무늬로 장식한 천정(天井)인 '조정(藻井)'은 팔괘 형태로서 우물을 상징하며, 가운데는 24마리의 박쥐가 조각되어 1년 24절기마다 복이 따르기를 기원하는 의미였다.

사방의 방화벽은 바닷소금으로 방부 처리한 대나무로 만들어져 철근 역할(복건 지방은 태풍이 많아 철근이 없던 시절에는 대나무로 벽을 받쳤음)을 하는 동시에 방범 역할도 하였다. 외벽의 벽돌을 들어내고 내벽을 뚫으려면 가운데 있는 대나무를 잘라야만 하는데 소리가 나기 때문에 도난을 방지할 수 있었다.

집 주인과 청나라 시대 대학사인 유용(劉墉, 1719~1804)의 인연을 기록한 대련(對聯)

저택 전체는 24개의 천정(天井)에 위치한 배관으로 연결되어 있고, 지하 배수로도 서로 연결되어 지하수가 전후좌우로 흐르고 있었다. 뒷마당에 있는 주방 근처에 '음양정(陰陽井)'이라 불리는 우물 두 곳이 있는데, 이중 '양정(陽井)'에서 길은 물은 밥을 짓고 차를 끓이고 두부를 만드는 데 사용되었다. 저택의 지하수는 활수로 지금도 물이 차오르고 있고, 맛 또한 달콤하다.

마당의 가장자리를 장식하는 12개의 돌 조각상은 모두 가로 5.7m, 세로 37cm, 두께 14cm의 크기로 삼합토(三合土)/석회, 모래, 벽돌 부스러기를 조합해 물을 뿌려 만든 건축재/로 만들어졌으며, 절강성 태순(太順) 지역에서 사람을 통해 들어온 것이다.

마당의 배치는 숫자 3과 관련된 것이 많다. 중국 도교에서는 "도가 하나를 낳고, 하나는 둘을 낳고, 둘은 셋을 낳으며, 셋은 만물을 낳는다"고 하여 세상 만물의 근원에 '도'가 있다는 것이다. 이때 '도'는 오늘날 자연법칙을 말하며, 만물의 존재와 진화 운동의 기본이라고 본다.

저택에는 2층으로 오르내릴 수 있는 계단이 8개로 양쪽에 각 3개, 뒤뜰에 2개가 있다. 2층은 어느 계단으로 오르든지 한 바퀴를 돌 수 있도록 연결된 구조이다. 중국식의 거실 사이 홀인 '이진중청(二進中廳)' 위에 서 있으면 또 다른 큰 홀인 '삼진대청(三進大廳)' 바로 위에 설치한 꽃문양으로 조각한 창문이 정면으로 보인다.

이 창문은 유일하게 열 수 없는 문으로 오씨 집안 아가씨가 선을 보기 위해 만든 창문이었다. 중매인이 청혼하는 도련님과 함께 대청에 앉아 있으면 아가씨는 위층에서 확인할 수 있었다.

물론 이런 위풍당당한 저택에는 남다른 이야기들이 담겨 있다. 그 대부분은 차와 차인들과 관련되어 있다. **백림은 백차와 홍차로 유명하여** 길거리에서는 차와 관련된 광고를 오래전부터 많이 볼 수 있었다. 특히 청나라 말에서 민국 시대에 걸친 몇몇 이야기들도 전해져 온다.

먼저 오응묘와 대학사인 유용(劉墉, 1719~1804)의 교제와 관련된 이야기가 있다. 세 번째 삼진대청의 벽면에는 "학도회시망찬가, 시류별후견양하(學到會時忘粲可, 詩留別後見羊何)"의 대련이 걸려 있는데, 낙관은 '유용'의 것이다. 민속 전문가에 따르면, 이 대련은 그 유용의 친필이라고 한다.

대련은 송나라 시인이자 서예가인 황정견(黃庭堅, 1045~1105)의 시 「차운봉답존도주부(次韻奉答存道主簿)」의 구절로 "학문에 정통하면 깨달음을 얻고, 이별의 선물로 시를 남겨, 볼 때마다 친구를 떠올릴 수 있기를"의 뜻이다.

건륭제가 평복 차림으로 강남에 민정을 살피려 나섰을 때 대학사 유용도 수행하여 복녕부(福寧府)에 왔었다. **때마침 해마다 열리는 투차(鬪茶) 행사가 진행되었고, 유용은 오씨 찻집에서 주인 오응묘를 우연히 마주치게 되었다.** 이야기를 나누다 보니 두 사람 모두 마음이 잘 맞았다. 교제를 통해 친분이 두터워지자 유용은 이 대련을 남겨 오씨 자손들이 학업에 정진하기를 격려하였다.

오씨 가문의 차 사업은 규모가 크고 수익이 높았으며, 가족 중에는 차를 업으로 하는 사람도 많았다. 특히 **중국 백차와 홍차의 황금기였던 청나라 말기에 접어들면서 복정백차와 홍차는 해외로 끊임없이 판매**되었고, 오씨 집안도 그 혜택을 많이 받았다. **특히 백림은 3대 민홍(閩紅) 중 하나인 '백림공부(白林工夫)'의 발원지였다.**

청나라 창건 때부터 중화인민공화국 건국 전까지 이곳의 백차와 홍차는 전부 수작업으로 만들었다. 민간 농가와 차 상인들은 자체적으로 작업장을 만들어 차를 생산하였고, 차관(茶館)/**차를 마시는 곳이 아닌 차를 가공하고 거래하는 곳**/의 상인들이 모차 또는 신선한 찻잎인 차청(茶青)을 구입하고 가공하여 완제품을 만들었다.

백림은 해마다 봄차 시즌이 되면 천주(泉州), 하문(廈門)의 '남방(南幇)' 행상과 광주(廣州), 홍콩의 '광방(廣幇)' 행상들이 현지 상인들과 함께 차관을 차려 차를 만들었다.

당시 마을에는 차관이 행상들이 운영하던 곳을 포함하여 24곳이 있었는데 그중에서 가장 유명한 곳은 지역 상인이 운영하던 '**쌍춘륭**(雙春隆)', '**항화춘**(恒和春)', '**합의리**(合義利)'의 세 곳이었다. 그중 '**쌍춘륭**'이 바로 민국 시대의 유명한 차 상인인 **오씨 후손 오관해**(吳觀楷)/**오세화**(吳世和)**라고도 함**/가 운영하던 곳이었다.

오관해는 백림에서도 사업을 크게 운영하고 박력이 있기로 유명한 사람이다. 오관해는 1940년대에 차를 상해로 보냈는데, 때마침 태평양전쟁이 발발하여 외국 상인들이 중국 내로 들어올 수 없게 되자 차를 3년 넘게 상해에 보관해 두었다. **항일전쟁이 끝나고 상황이 호전되면서 외국인들의 차 수요가 급증하자, 그는 보관된 차를 고가로 판매해 큰돈을 벌었다고 전해진다.**

백림의 옛 거리인 옥림고가(玉琳古街)는 이제 쇠퇴하였지만, 100년 전의 번화한 모습은 오늘날 점두진의 '민·절 변경 차화 무역 시장(閩浙邊貿茶花交易市場场)'을 능가한다. 거리 한가운데 길가에 '쌍춘륭'이 있었고, 그 전신은 '채씨상차관(蔡氏上茶館)'이었다. 이 채씨상차관은 마적 무리에 의해 약탈을 당한 뒤 오관해에 의해 인수되었다.

또한 1939년 복건성 건설청(建設廳)이 설립한 백림시범차창(白琳示範茶廠)/**상인 매백진**(梅伯珍)**이 사장과 부공장장을 겸임한 차창**/도 문을 닫은 뒤 오관해에 의해 인수되었다. 그로 인해 당시 백림 길가의 상가 70%는 모두 오씨 집안의 것이었다고 전해진다.

정원이 깊이 자리한 오씨(吳氏) 저택

오관해의 '쌍춘륭'과 인접한 곳에는 원자경(袁子卿)이 운영하던 찻집 '합무지(合茂智)'가 있었다. 오관해가 복주에서 진행하던 사업은 원자경의 전폭적인 도움을 받았기에 둘 사이는 돈독하였다. 그 뒤에도 함께 '복주화대련호(福州華大聯號)'의 공급업체가 되면서 백림에서도 거대 자본을 획득한 차 상인으로 성장하였다.

두 업체의 등록 자본금은 각각 은화 5000냥과 6000냥이었다. 사업이 전성기였을 때 오관해는 모차 구입과 급여 지급의 편리를 위하여 차행은표(茶行銀票)를 발행하여 하포(霞浦), 복정(福鼎), 자영(柘榮)의 세 지역에서 유통하였다. 그리고 오씨 차관에서 은표를 현금화할 수 있게 하였다.

사업 수완이 뛰어났던 오관해는 상인 중에서 마침내 복정 차 역사상 가장 유명한 자본가로 성장하였다. 부와 명예를 모두 가졌던 오관해도 비극적인 시대의 운명은 피할 수 없었다. 그 격동의 시대에 오관해는 결국 대지주로 지목되어 강서성 도시인 응담(鷹潭)의 어느 강제 노동 수용소에서 생을 마감한 것이다. 그의 손자로서 현재 50대 중반에 들어선 오건(吳健)은 다음과 같이 회고한다.

민국 시대의 차관, 쌍춘륭(雙春隆) 옛터 **제공 : 복정차판(福鼎茶辦)**

"취교의 저택은 할아버지의 할아버지 세대가 네 아들을 위해 지은 가옥 중 하나에요. 가문의 차 사업은 제 세대까지 벌써 7~8대째 이어 왔어요. 오씨 집안은 대가족이어서 한약재나 포목 또는 차 같은 장사를 하는 사람들이 대부분이었죠. 민국 시대에는 주로 백차를 생산하였어요. 우리 가문도 차로 유명하였지요. 그러나 현재 차를 만드는 사람은 가문에서도 제가 유일합니다. 역사에 기록된 쌍춘륭을 복원하고 그 영향력을 회복하는 것이 제가 차를 만들겠다고 결심한 이유이지요."

오건의 부친은 평생 가르치는 일에 전념하면서 집안의 차 사업에 절대 관여하지 않았다. 1982년 8월, 오건은 19세의 나이로 '민동기술고교(閩東技校)' 복정 분교에서 찻잎의 정제 및 가공을 전공하여 졸업한 뒤 백림차창(白琳茶廠)에서 일하였다. 처음에는 차 가공 현장에서 일하고, 위조 작업장에서 4년 근무한 뒤 작업 현장 관리자, 현장 주임으로 승진하였고, 나중에는 사무실 부주임으로 2년간 역임하였다. 그 뒤 1990년 6월 국영 차창을 떠난 오건은 1991년 자신의 '쌍춘륭' 차창을 설립하였다. 2005년에 '춘륭백차(春隆白茶)'로 차창 이름을 변경하였다.

오씨의 후손인 오건이 늘 간직하고 있는 꿈은 역사의 '쌍춘륭'을 복원하는 일이다. 그는 자신의 꿈에 대하여 간략히 소개한다.

"시대가 다르지만, 저는 다시 전통 기술을 복원하여 복정백차(福鼎白茶)의 공예를 후대에 전수하고 싶습니다."

그의 공장은 규모도 크지 않고, 바쁜 기간에도 직원이 10명밖에 되지 않는다. 한 해에 오직 봄차 한 시즌만 생산하는데, 전 과정이 기계 작업으로 진행된다. 연간 2000단(약 100톤)의 차를 생산하는데 그중 90% 이상은 수출하고 있다.

2006년과 2007년에 미국 유명 티 소매업체인 **티바나**Teavana는 '절강차업그룹(浙江茶業集團)'의 안내로 복정을 찾았던 적이 있다. **현지 상황을 검토한 뒤 백호은침 10톤을 주문하였는데, 최종적으로 품품향(品品香)과 춘륭(春隆) 등 여러 회사가 공동으로 공급하게 되었다. 2012년 티바나가 세계적인 커피 체인 기업인 스타벅스**Starbucks**에 인수되면서 복정백차는 공식적으로 글로벌 음료 산업의 공급망에 진입하였다.** 오건 씨는 이에 대하여 다음과 같이 설명해 주었다.

"수출되는 차는 국내 소비자들이 즐겨 마시는 차와 품질에서 차이가 큽니다. 외국에서는 중급 차를 구입하는데, 일부는 단품 음료로, 일부는 과일 차 베이스로 블렌딩해 판매하며, 찻잎도 낱으로 포장하여 매장에서 팔기도 합니다. 제가 스타벅스에 공급한 것은 보통 등급의 백모단 원료와 재스민 꽃차입니다. 저는 말리용주(茉莉龍珠)도 많이 생산하는 편인데, 한 해에 50톤가량 생산합니다."

국영 차창에서 경력을 쌓은 오건 씨는 차 공예와 품질 기준에 대해서도 자세히 설명해 주었다.

"1982년 백림차창에서 견습생 단계부터 시작해 모든 가공 과정을 한 단계, 한 단계 거치면서 배웠어요. 스승님들은 기술을 가르치면서 깊이 연구하고, 어려움을 참고 견디는 진취적인 정신도 전수하였지요. 노력한 만큼 성과를 얻기에 진정한 실력을 쌓으려고 열심히 일을 배웠지요."

오건(吳健) 씨의 모습

오건 씨에게는 자녀로 아들과 딸이 한 명씩 있다. 아들은 학교에 다니고, 딸은 졸업한 뒤 중국 기업 알리바바 그룹에서 운영하는 온라인 쇼핑 마켓인 '타오바오Taobao'에서 몰을 운영하면서 차의 판매를 돕고 있다. 그런데 정작 자녀들은 차에 관심이 크게 없으며, 오건도 이러한 상황에 초연하다. 단지 여생에 '쌍춘륭'을 이어갈 후계자를 찾아 차에 깃든 가문의 꿈을 이루기를 바랄 뿐이다.

오씨 가족의 운명은 격동의 중국 근대사를 지나온 차 상인들의 축소판이다. 200년의 세월 속에서 수차례에 걸쳐 우여곡절을 겪었던 중국 백차는 오늘날 삶의 일부로 남게 되었고, 중국 6대 차류의 하나로 자리매김한 것이다. **다음은 백차가 청나라 말기 복건 지역의 사회적인 변화에 끼친 영향들을 살펴본다.**

02

좌종당(左宗棠)에서 시작된 복주항의 흥망성쇠

첫 장에서 복정백차의 부흥은 그 원산지인 복정의 건현(建縣)과 깊은 관련이 있다고 이미 소개하였다. 명나라 말기에 전쟁이 있은 뒤로 황실에서는 몇 년 동안 민생을 회복하기 위하여 민간 차원에서 자발적인 생산을 촉구하는 <**간황령**(墾荒令)>을 내려 **농민들 스스로 땅을 경작하도록 독려하였다. 이로 인하여 경제적으로 낙후된 복건 지역은 개척되기 시작하면서 경작지도 급증하였다.**

복건에서는 청나라 초기부터 오랫동안 소작농 경영 방식으로 차나무를 재배하였다. 영세한 소작권을 가진 소작농들이 현지에서 임차료를 지불하면 자신이 경작하고 있는 대지를 영원히 소작할 수 있게 됨에 따라 농민들의 적극성도 크게 자극되었다.

또한 전쟁으로 피난하였던 많은 유랑민이 민북과 민동으로 대거 입주하여 토지를 임차하여 차나무를 재배하였다. 그로 인해 생활이 안정되고 산물이 풍부해지면서 인구수가 급속히 성장하였고, 시장의 교역도 전례 없이 번성하였다. 결국 원래 복녕부(福寧府)에 속하였던 복정은 건륭 4년(1739년)에 독립된 현으로 승격되었다. 비록 여전히 복녕부에 속하였지만, 민간 거래의 자율성은 크게 높아졌다.

학자들은 일반적으로 가경 원년(1796년)을 현대적 의미에서 백차의 탄생 시기로 보고 있다. 그해는 **복정의 토종 품종인 채차(菜茶)로 만든 은침백차(銀針白茶)가 처음으로 역사의 무대에 등장한 해**이기도 하다.

그 뒤 **청나라 중기부터 중국 차는 유럽에 판매되어 세계 최고의 브랜드가 되면서 이제 청나라 통치자들에게도 남다른 위상을 가지게 되었다.** 그때부터 차 무역 이익에 대한 정부의 약탈과 통제가 강화되었는데, 이는 청나라의 차에 대한 정책 변화에서도 뚜렷이 알 수 있다.

청나라 초기부터 **차는 정부의 독점 상품**이었고, **일반 상인들은 차를 쉽게 거래할 수 없었다.** 산지에서 생산된 차 중에서 일부 고품질 차는 조정에서 임명한 관리들이 직접 황실에 조달하는 '**공차**(貢茶)'로 사용되었다. 그 밖에 무역 거래에 사용되는 차는 '**전차**(田茶)'라고 하였는데, 대체로 '관차(官茶)'와 '상차(商茶)'로 구분하였다.

청나라 정부는 '관차'와 '상차' 모두 차의 매매 허가증을 부여하는 '차인(茶引)' 제도를 시행하여 규제하였다. 상인들은 '차인'을 받고 세관에서 검수를 받아야만 차를 반출하고 판매할 수 있었다. 만약 차인이 없거나, 차의 양과 거래 내용이 차인과 다를 경우 상인들은 체포되었고, 또 차를 판매하고 차인이 남으면 관청에 다시 반납해야 하였다.

이러한 제도에서 차를 경영하던 상인들은 유통 과정에서 역할이 구분되어 크게 '**매집상**(收購商)', '**차행상**(茶行商)', '**운소상**(運銷商)'의 세 유형으로 나뉘었다. **매집상은 차농과 차행상 사이의 중개인으로 오늘날의 모차(毛茶) 도매상과 같다. 차행상은 운송 판매 상인인 운소상의 대리인으로서 때로는 모차 가공도 병행한다.** 그리고 **운소상은 산지에서 직접 차를 판매하려면 차행을 설립하고, 차인의 검수를 받아야 하며, 대금도 먼저 지급해야 하는 불편함이 있어 현지 상황에 익숙한 차행상과 협력하였다.** 모든 과정을 마치면 차행상은 운송 및 판매자인 운소상으로부터 수수료를 받았다.

특히 운소상 중에서 '관차'를 운송, 판매하는 상인을 '**인상**(引商)'이라고 불렀는데, 직접 인허가 부(附)에서 차인을 받고 대부분 서북으로 이동하면서 **차마무역**(茶馬貿易)을 진행하였다. 국가 통일을 수호하고, 국경의 안정을 유지할 목적으로 1인(引)(100근)을 운송할 때마다 50근은 관아에 납부하고, 50근은 상인들이 직접 판매할 수 있게 규정하였다.

또한 '부차(附茶)'는 14근을 추가로 판매할 수 있었는데 사실상 정부에서 '관차' 상인들의 운송비와 판매 손실에 대한 보상으로 시행되는 보조금이었다. 다른 하나는 '행상(行商)'인데 지방 정부에서 차인을 받고 '상차'만 전문적으로 운송 및 판매하였다. 전매자에게 판매량에 따라 부과하는 세금인 '인과(引課)'를 납부하는 동시에 세관을 통과할 때마다 차인의 검수를 받고 세금을 내야 하기 때문에 '인상(引商)'보다 정책적인 혜택이 좋지 않았다.

청나라 정권이 안정되고 물질적인 부가 축적됨에 따라 청나라 중기부터는 차에 대한 중앙 정부의 통제가 느슨해졌다. 특히 강희(康熙) 23년(1684년) 바닷길의 무역을 금지하는 해금(海禁) 정책이 해제되면서 대외 무역 발전이 크게 가속화되었다. 복건, 절강 일대의 차(茶), 연초(煙草), 명반(明礬) 등의 재료가 대량으로 수출되었고, 민동 전체 연해 지역의 농업, 어업, 목축업, 차업이 모두 발전하였다.

당시 복건의 차 산업 분포 상황을 살펴보면, **차나무는 현(縣) 전역에서 재배하고 있었으며, 지역 경제의 기둥 역할을 담당하였다.** '칠인총독(七印總督)'으로 불리던 청나라 관직인 변보제(卞寶第)의 한 관리는 『민교요헌록(閩嶠輶軒錄)』에서 복건 각 지역의 산물에 대한 자세한 기록을 남겼다.

중국 차의 수출 전 포장 작업을 그린 수묵화(1790년)

기록에서 열거된 차를 생산하는 현은 하포(霞浦), 복정(福鼎), 영덕(寧德), 대전(大田), 남평(南平), 사현(沙縣), 영안(永安), 건안(建安), 구녕(甌寧), 건양(建陽), 숭안(崇安), 정화(政和), 송계(松溪), 소무(邵武), 광택(光澤), 태녕(泰寧), 건녕(建寧) 등이다.

청나라 때 복건에서 복주(福州), 천주(泉州), 건녕(建寧), 복녕(福寧), 연평(延平), 정주(汀州), 흥화(興化), 소무(邵武), 장주(漳州) 등의 각 부(府)가 설립된 지역에도 차나무의 재배가 널리 보급되었음을 알 수 있다. 송나라, 원나라 시대부터 차나무 재배의 분포지를 살펴보면 민북에서 시작하여 민북, 민동, 민남의 세 갈래로 전파되면서 차 산업이 발전하였다.

특히 중국 백차의 산지는 '민북'과 '민동'의 지역이다. 당시 민북의 차 산지로는 건녕, 연평, 소무의 세 부(府)와 그 관할지인 17개의 현이 포함되어 있고, 산지는 주로 구녕, 건양, 숭안 일대에 분포되었다.

또한 역사 자료에서도 차 산업이 발전하던 기록을 살펴볼 수 있다. 청나라 시인 장형(蔣蘅, 1672~1743)의 『운요산인문초(雲寥山人文鈔)』(제2권)에는 당시 차 산업에 대하여 다음과 같이 기록하고 있다.

"구녕현은 최근 들어 차산이 갈수록 넓어지고 있다. 그 관할지의 4개 마을 12리(里)를 살펴볼 때, 깊은 산속에 있는 서향(西鄉)에도 차산이 있을 정도이다."

차 농사를 지으면서 공장을 건설하는 농민들도 부지기수였음을 알 수 있는 대목도 있다.

"공장은 1000개 이상이고, 큰 공장에서는 100명이 넘고, 작은 공장에서도 수십 명의 노동자가 일하고 있어 모두 합하면 인원이 1만 명이나 된다. 왕래하는 수천 명의 상인과 짐꾼들까지 더하면 여관에는 사람들로 가득하고, 수요를 따라가기가 힘들 정도이다."

"건양현은 산이 많고 밭이 적으며… 최근 들어 강서 사람에게 임대하여 밭을 개간하고 차나무를 심는다 … 정화의 산물은 차, 삼나무, 죽순, 종이 외에 주된 것이 없다."

당시 사회에서는 차 산업이 번영하는 모습을 노래한 「종다곡(種茶曲)」이 유행하기도 하였다.

"꽃이 없는 차는 향기로 넘치고, 밭이 없어도 집집마다 돈이 넘치네. 수많은 농가에서 산봉우리까지 차나무를 심네 … 올해는 산 남쪽을 개간하고, 내년에는 산 북쪽을 개간하여 해가 갈수록 많은 차나무가 심기네."

복녕과 복주의 두 부와 그 관할지인 15개 현을 포함한 민동의 차 산지는 청나라에서 급성장한 무역 지역으로 주목을 받았다. 복녕부의 차 산지는 주로 복정, 복안, 영덕의 세 현에 분포되었다. **청나라 때 복정에서 차는 지역의 주요 특산품이었고, 모든 마을에서 차를 생산하였다. 특히 태모산(太姥山) 지역의 녹설아차(綠雪芽茶), 백림의 백차와 홍차 모두 유명하였다.**

복안 지역은 "산과 정원에는 모두 차나무가 재배되고, 생산된 차는 특히 훌륭하며, 그 향은 수십 리 밖에서도 맡을 수 있다"고 하였다. 영덕현은 "산비탈 근처 민가의 넓은 땅에는 차나무가 심겨 있고, 서쪽 마을에는 모두 차나무를 재배하는데, 지제(支提)의 차 품질이 특히 좋다"고 한다.

멀리 떨어져 있는 하포현의 차 생산량과 품질은 복정의 차만큼 좋은 것은 아니지만, 곳곳마다 차나무를 재배하였다. 이때부터 복건은 근대 차나무의 재배와 차 산업의 황금기에 접어들었다.

한편으로 차 산업은 호황을 누리고 있었지만, 다른 한편으로 국내 분쟁과 대외 마찰이 계속되던 당시 상황에서 청나라 동치(同治) 원년(1862년) 복건 해운 무역의 최전선에 든든한 모습의 한 중년 남성이 나타났다.

그는 청나라 말기의 충신으로 호남군(湖南軍)의 유명한 군사가로서 증국번(曾國藩, 1811~1872), 이홍장(李鴻章, 1823~1901), 장지동(張之洞, 1837~1909)과 함께 '만청사대명신(晩清四大名臣)'으로 불렸던 **좌종당**(左宗棠, 1812~1885)이었다.

당시 50세였던 좌종당은 농민 혁명인 태평천국(太平天國)의 운동을 평정한 공로로 복건성과 절강성의 총책임자인 '민절총독(閩浙總督)'으로 부임하였다. 좌종당이 복건에 왔을 무렵은 청나라가 영국과의 근대 첫 불평등 조약인 《남경조약(南京條約)》(1842년)을 체결한 지 22년이 지난 때였다. 또한 《남경조약》의 추가 조약인 《오구통상장정(五口通商章程)》과 《오구통상부첨선후조항(五口通商附黏善後條款)》(《호문조약》)이 시행된 지는 20년이 지났다.

좌종당은 청나라 말기 전쟁을 주장한 몇 안 되는 '주전파(主戰派)'였으며, 광동에서 아편을 불태우는 '호문소연(虎門銷煙)'을 주도한 복주의 장군, 임칙서(林則徐, 1785~1850)와도 깊은 인연이 있었다.

당시 인재의 등용을 중요시하였던 임칙서 장군은 신장(新疆)에서 국경 수비를 담당할 때 정리한 자료와 지도를 모두 좌종당에게 건네주었다. 그리고 자신보다 12살이나 어렸고, 당시 보좌관에 불과하였던 좌종당에게 "미래에 동남쪽 오랑캐와 맞서고 서쪽으로 신장을 안정시키는 데는 당신이 적임자일 것이요"라고 당부하였다고 전해진다. 임칙서 장군은 말년에 고향인 복주로 돌아와 생의 마지막을 보내는 순간에도 아들에게 유서 대필을 명하여 함풍(咸丰) 황제에게 좌종당을 추천하였다.

스승인 증국번과 망년지우(忘年之友)(나이 고하를 불문하고 재주와 학문으로 삼은 벗)였던 임칙서, 친구이면서 사돈이었던 양강(兩江)/**청대에 강남성과 강서성의 합칭**/의 총독인 도주(陶澍, 1779~1839) 등 대신들의 천거로 좌종당은 관직에 오르게 되었다.

좌종당이 복건에서 보낸 시간은 짧지는 않았다. 특히 1866년 복건에서 청나라 최대 규모의 신식 조선소인 복주선정국(福州船政局)/**지금의 복주마미선적창**(福州馬尾造船廠)/을 건설하여 '양무운동(洋務運動)'의 지도자로 여겨졌다. 복주선정국은 당시 극동 최고 규모의 조선소이자, 중국 근대에서 중요한 군함의 생산 기지로서 해군 무기와 장비를 제조하고 수리하였다. 이는 당시 '서양의 선진 기술을 본받아 서양의 침략을 물리치자'는 양무운동의 사상적 산물이기도 하였다.

문인이면서 무신이었던 좌종당은 군사력을 확충하려면 경제적인 성장이 바탕이 되어야 한다는 사실을 인식하고 있었다. 그로 인해 중국 대외 무역에서 수익성이 가장 높았던 차 산업에 주목하였으며, 지역의 차 경제를 관찰하면서 귀중한 자료들도 남겼다.

함풍 3년(1853년)부터 복주시의 항구들이 개항하면서 1860년대 이후 외국계 기업들이 잇달아 중국에 입주하였다. 복주의 도심에는 영미 기업이 21곳으로 급증하였는데, 그중에는 유명한 이화(怡和), 보순(寶順), 경기(瓊記) 등 외국 자본의 기업들도 포함되었다. 이런 기업들은 중국 내의 중개인을 통해 본토 시장의 정보를 입수하여 차 시장에 대한 통제를 강화하였다.

당시 상황에 대하여 청나라 학자 구양욱(歐陽昱, 1838~1904)은 『견문소록(見聞瑣錄)』(후편 권2)에 다음과 같이 기술하고 있다.

"좌종당은 「운송 및 판매에 대한 차 세금을 고정 세율로 설정할 수 없는 상황」이라는 제하의 상소문을 통해 '해마다 봄차가 성 소재지에 도착하면 외국 기업에서 많은 고객을 유치하려고 높은 가격에 구매하였다가 차를 구매하려고 사람들이 몰리면 낮은 가격으로 판매한다'고 설명하였다. 이로 인해 이윤은 외국인들이 통제하여 중국 상인들은 경쟁하기가 어렵게 되었다."

이를 통해 외국인의 관심은 오로지 차와 복건의 차 무역을 완전히 통제하려는 데 있었다는 사실을 알 수 있다. 1865년 이후 복주 세관 연보에는 "시장에서 각종 차가 대량으로 판매되어 서둘러 제작해야 한다 … 분기 내내 화물을 기다리는 배가 있다"는 내용이 있다. 그리고 1872년 영국인이 상해에서 운영하던 『북화첩보(北華捷報)』에서도 **"유럽에서 차 소비의 놀라운 성장은 생산 속도를 능가할 정도"**라고 소개된 적이 있다.

이러한 배경으로 **복건 차의 수요는 갈수록 늘어 1880년대에는 최고**였는데, 그 이익도 막대하였다. 1832년 유럽 시장에서는 백호차 1단(担)당 가격이 은(銀) 100냥(两)이었고, 영국에서는 1단(担)당 은 60냥이었다. 은 1냥에 2.8파운드로 계산되었던 1868년에 홍차는 1단(担)당 128파운드였다.

관직에 오르기 전에 좌종당은 고향인 호남 지역에서 차나무를 재배하여 수익을 올렸던 경험이 있었다. 그 경험을 통해 복건에서 차 관련 업무의 개혁에 집중하면서 특별히 「복건성 차 운송 및 판매 세금을 고정 세율로 징수하는 상황」이라는 제하의 상소문을 올렸다.

그는 동치 13년(1874년)에도 「총독 인장이 있는 관표(官票)로 차인(茶引)을 대체하는 방법」이라는 제하의 상소문 중 제7조에 "이번원(理藩院)(외국을 담당하는 관서)에서 발부하는 차표(茶票)로는 백호(白毫), 무이(武夷), 향편(香片), 주란(珠蘭), 보이(普洱)의 6종류만 운송, 판매할 수 있는데, 모두 복건과 운남에서 생산된다"고 기술하여 **복건 차의 중요한 위상을 소개**하고 있다.

고향에서부터 차나무를 재배하고 즐겼던 좌종당은 복건의 홍차와 백차(당시 채차로 만든 소백차)에 대하여 좋은 평가를 내렸다. 또한 치열한 시장 경쟁에서 자국민의 이익을 보호하기 위하여 좌종당은 특히 외국 차 상인들의 무역 독점 문제에 대해서는 "중국 상인들에게는 차 세금의 할당량을 설정하지 않고 부과하여 생계를 유지할 수 있도록 해야 한다"고 주장하였다. 그와 관련하여 좌종당은 당시 차 시장의 상황에 대하여 다음과 같이 소개하고 있다.

"외국 상인들이 차 시장의 주도권을 쥐고 있다. 봄에 신차가 나오면 성 내의 외국 상인들은 고객을 유치하기 위하여 비싼 값에 사들였다가 차를 구매하려고 사람들이 몰려들면 가격을 떨어뜨려 국내 상인들은 늘 손실을 본다. 또한 절강(浙江), 광동(廣東), 구강(九江), 한구(漢口)의 각지에는 외국의 차 도매상가들이 즐비한데, 선박을 통해 가격이 저렴한 곳을 재빨리 알아내 대량으로 차를 구매할 수 있다."

그가 이렇게 주장한 데는 청나라 중기 이후부터 차 무역을 통해 막대한 이익이 생기는 것을 안 통치자들이 태평운동의 난을 진압하는 데 필요한 군비를 마련하기 위해 차 상인들에게 가혹한 조세를 부과하는 것이 부당함을 알리는 것이었다.

당시 소금과 차를 거래하던 상인들은 정식 세금을 낸 뒤에도 상품의 지방 통과세인 '이금(釐金)'과 기타 부과된 세금들을 모두 내고 나면 생계를 겨우 유지할 정도의 이윤밖에 남지 않았다. 특히 차에는 '연조(捐助), 양렴(養廉), 충공(充公), 관례(官禮)'의 불합리한 규정들로 인해 세금이 부과되고 있었다.

이러한 과도한 세금 부과와 관련해서는 『좌종당상소문초판(左宗棠奏疏初編)』(35권)에 다음과 같은 기록이 있다.

"1850년대 복건순무(福建巡撫)(복건 지방 군정 관리)였던 왕의덕(王懿德, ?~1861)이 황제에게 민강(閩江) 상류의 차 산지에서 운송하는 차는 100근마다 은 1전(錢) 4푼(分) 8리(釐) 5호(毫)의 세금을 징수할 것을 청하였다."

《오구통상장정(五口通商章程)》 체결 이후의 복주 모습

함풍 5년(1855년)에는 운송, 판매에 세금을 부과하였고, 함풍 8년(1858년)에 '차리(茶釐)'와 '백화리(百貨釐)' 등의 부가세를 추가하였으며, 함풍 11년(1861년)에는 군비도 추가 징수하였다. 이때가 되면 차의 세율은 이미 100근마다 은 2냥 3전 8푼 5호로 인상되었다. 함풍 3년(1853년)부터 동치 4년(1865년)까지 차의 운송세와 판매세의 두 가지만 하여도 200만 냥에 달하였다.

이러한 **과도한 세금 착취로 인하여 중국 상인들은 국제 시장 가격을 인상해야만 원가 상승의 압력을 줄일 수 있었는데, 이는 중국 차의 경쟁력이 크게 제한을 받게 된 이유가 되었다.**

중국의 재정(財政) 사학자인 나옥동(羅玉東, 1908~1947)의 『중국이금사(中國釐金史)』의 통계에 따르면, 함풍 3년(1853년)부터 광서 29년(1903년)까지 복건 전체 차 세금과 부가세의 총액은 은 2890만 냥에 달한 것으로 나타났다. 이는 중국 상인들에게 상상할 수 없는 압력이 가해졌음을 알 수 있다.

복주가 개항된 뒤 1880년대까지 약 30년간 복건의 차 산업은 국제 무역 거래가 편리해짐에 따라 크게 발전하여 복건 차는 유럽에서도 큰 인기를 누렸다. **민북과 민동의 차(주로 홍차)는 국제 차 시장을 급속히 점령하였다.** 그러나 1880년 이후 인도, 실론(스리랑카), 일본 등의 신흥 차 산지들이 급부상하면서/**실론의 차나무 재배 면적은 1875년 437ha에서 1895년 12만 3430ha로 증가**/차 생산도 증가하여 시장에서는 공급 과잉 현상이 나타나기 시작하였다. **그 결과 중국 차의 가격도 폭락하였다.** 이 같은 상황은 『중국근대수공업사자료(中國近代手工業史資料)』(제2권)에 잘 기술되어 있다.

"순창현(順昌縣) 양구(洋口) 지역은 함풍, 동치 연간에 차 100근이 은 20냥 이상으로 판매되었지만, 광서 7년 이후부터는 하락하기 시작하여 봄의 신차(新茶)는 7~9냥으로, 조차(粗茶)는 3~5냥으로 판매되었다."

광서 13년(1887년)에 차의 가격이 '7~8냥'이었다면, 광서 15년(1889년)이 이르면 런던 시장에서 일반 공부차의 가격이 1파운드에 4~4.5페니로서 1단(担)당 5냥 정도밖에 되지 않았다. 중국 상인들이 부담하던 가혹한 세금으로 인하여 이러한 가격 하락을 감당할 수 없었다.

더욱이 처음부터 대규모 재배지 운영을 중심으로 표준화, 기계화로 발전하였던 인도, 실론(현 스리랑카) 등과 같은 국가 차원의 생산 모델에 비하여 중국의 차 생산과 관리의 기술은 낙후되어 상품의 경쟁력도 떨어졌다. 그 결과 차행들이 잇따라 폐업 또는 파산하기 시작하였고, 중국 차의 무역에 관여하였던 외국 기업들도 예외는 아니었다. 『광서16년 복주구화양무역정형논략(光緒十六年福州口華洋貿易情形論略)』에서 하권인 「통상각관화양무역총책(通商各關華洋貿易總冊)」에는 "1890년까지 복주에서 외국 상인이 차를 운영하던 회사가 전년도에는 7곳이었지만 올해는 모두 문을 닫았다"고 기록되어 있다.

찻잎을 전통적으로 분류하던 중국의 여성 노동자들,
그녀들의 수공업은 오늘날 기계화로 대체되었다.

복주항의 50년은 격동의 시대에 놓인 많은 사람의 운명과 복건 차 무역에 관한 굴곡진 역사의 기록이다. 복건의 차 산업을 위해 심혈을 기울였던 좌종당은 광서 11년(1885년)《천진조약(天津條約)》의 체결을 받아들일 수 없어 중신인 이홍장을 심히 책망하였고, 그 결과 좌종당의 병권은 박탈을 당하였다. 그 뒤 좌종당은 한 달간의 화병 끝에 복주에서 갑작스러운 질병으로 세상을 떠났다.

세월 속에 강산은 변화하고 비극적인 시대가 지나자 새로운 도약이 다시 시작되었다. **복건홍차가 타격을 입고 대외 무역이 쇠퇴한 뒤부터 사람들은 백차의 가치를 다시 찾기 시작하였다.**

중국의 차 상인들은 백차의 발원지에서부터 다시 시작하여 백차의 품종과 생산 및 가공 기술을 높였고, 그 결과 중국 백차의 획기적인 발전을 이루었다. 연해에 접한 민동 지방에서부터 고산 지대의 민북에까지 시간이 갈수록 많은 사람들이 과학기술을 활용하고 있다. **다음으로는 그들이 누구인지 살펴본다.**

03

정화백차(政和白茶)에 깃든 '중국의 맛'

온화한 햇살과 산들거리는 봄바람이 부는 날에 민북의 고속도로를 달리다 보면, 정화(政和)에서는 높은 산을 유독 많이 볼 수 있다. 그 이유는 송나라 휘종이 지역명을 하사한 뒤에도 900년 동안 교통이 불편하였기에 그 발전이 매우 더디었기 때문이다. 여기서는 북송의 화려한 왕조 시대로 되돌아가 정화 지역의 초기 차 산업을 살펴본다.

해마다 만 그루에서 수확해 공물로 바치고, 지금의 승설(勝雪)*은 처음과 다르네,
선화전(宣和殿)*에는 봄바람이 따뜻하고, 기쁨이 넘치는 용안은 옥처럼 빛나네.

황제가 정화에서 공물로 바친 차를 받고 용안(龍顔)에 기쁨이 넘치는 모습을 송나라 대학자 웅번(熊蕃)이 시구로 담은 것이다.

민북 출신의 학자인 **웅번**은 복건 건양 지방의 숭태리(崇泰里)/오늘날 거구(莒口)/출신이다. 한평생 세속적인 삶을 멀리하면서 과거 시험에도 응하지 않았지만, 문장과 시에도 능한 명실상부한

* 승설(勝雪) : 승설차(勝雪茶). 2월 하순~3월 상순 눈 속에서 딴 새싹으로 만든 녹차.

* 선화전(宣和殿) : 북송 시대 황궁 건축 중 하나이다.

'**차치**(茶痴)'(차 애호가)였다.

청나라 옹건(雍乾) 시대의 문사(文士) 동천공(董天工, 1703~1771)이 저술한 것으로서 무이산 역사 자원 연구의 최고 사료인 『무이산지(武夷山志)』에는 고향 사람인 웅번에 대하여 「은일권(隱逸卷)」에 기록하였다. 여기에는 웅번이 과거 시험을 보지 않고 무이산에 은둔하면서 '독선당(獨善堂)'을 지어 '독선선생(獨善先生)'으로 자처하였다고 소개한다.

그런데 정화의 차를 언급하려면, '북원공차(北苑貢茶)'를 빼놓을 수 없다. '독선'적이었던 웅번은 『선화북원공차록(宣和北苑貢茶錄)』을 저술하면서 고향의 '건차(建茶)'를 높이 평가하였고, **'북원건차(北苑建茶)'의 기원, 발전 과정, 찻잎의 품질과 특징, 공차(貢茶)의 종류와 시행 연대 등을 상세히 기록하여 북송 시대 차 산업을 연구하는 중대한 자료를 남겼다.**

『선화북원공차록(宣和北苑貢茶錄)』에는 송나라 휘종의 마지막 재위기인 선화(宣和) 연간에 북원에서 만든 차의 생산 일자와 품명, 더욱이 가공에 사용하던 틀까지 낱낱이 기록하여 후대 연구자들이 북원 차의 생산과 발전의 본래 모습을 엿볼 수 있게 하였다.

웅번의 이 기록에서 차에 대한 분석은 이론적인 수준에 그쳤지만, 그의 아들 웅극(熊克, ?1111~1189)은 실제 가공 과정에 대해서도 기록하였다. 웅극은 20세인 약관의 나이에 진사에 급제하여 문관의 20품계 중 7품인 조산랑(朝散郎)에 해당하는 관직인 비서랑(秘書郎)을 비롯해 국사편수관(國史編修官), 학사원권직(學士院權直) 등의 관직에 올랐다.

웅극은 송나라 고종의 소흥(紹興) 연간에 북원에서 일을 맡게 되면서 다음과 같은 사실을 발견하고 부친의 저서인 『선화북원공차록』을 다시 인쇄하였다.

"귀한 공물들을 살펴보니 옛것은 그대로 보존되었고, 그 등급의 순서도 같구나. 다만 용단승설(龍團勝雪)만 백차보다 위에 있구나!"

웅번은 북원 차의 이름만 기록하였지만, 그의 아들 웅극은 38점의 '공차형제도(貢茶形製圖)'를 증보하면서 "형제(形製)를 추가하여 보는 자들에게 여한이 없도록 하였다"고 기록하였다.

또한 기록에서 '용단봉병(龍團鳳餠)', '만춘은엽(萬春銀葉)', '을야공청(乙夜供淸)', '의년보옥(宜年寶玉)'

등과 같은 많은 차의 우아한 이름을 접하다 보면, 정위(丁謂, 966~1037), 채양(蔡襄, 1012~1067), 가청(賈青), 정가간(鄭可簡) 등 북원 공차의 개발을 위해 심혈을 기울였던 북송 시대 차인들의 노력도 엿볼 수 있다.

민북 출신의 웅씨 부자는 건양 차를 자랑스럽게 여겼고, 정화현이 차로 인하여 명성을 얻은 역사적 배경에는 논란의 여지가 없는 사실이 놓여 있었다. 그것은 송나라 시대부터 차의 가공 수준이 정교하고 높기로 유명한 동남의 차 산지가 그 생산량과 품질이 전례가 없는 수준에 도달하여 중국의 상류층과 주류 사회에 미치는 영향력이 서남의 차 산지보다 월등하였다는 사실이다.

중국 현대 '**제다학**'의 창시자인 **진연**(陳椽) 교수는 그와 관련하여 『**차엽통사**(茶葉通史)』에서 다음과 같이 소개하고 있다.

"당나라 말에서 송나라 초 무렵에 복건에 차 산지가 형성되었는데, 건주(建州)의 차는 절강의 대주(台州), 처주(處州)의 경원(慶元) 지역을 통해 정화(政和)에 유입되었을 것이고, 다시 송계(松溪)를 거쳐 건구(建甌)로 전해진 것으로 보인다. 송나라, 원나라 시대에 유명하였던 건안(建安)의 '북원공차'와도 역사적으로 깊은 인연이 있다."

이 시대의 정화는 이미 '북원공차'의 주산지가 되었고, 송나라 조정은 북원에서 황실을 위한 '어용(御用)' 차를 만들도록 명하였다.

사료에 따르면, 당시 북원에는 38곳의 '관배(官焙)'(관용 건조실), 1336곳의 '사배(私焙)'(민간 건조실)가 있었고, 관배에서 만든 차는 직접 황궁으로 진상되었다. 그 뒤 황실의 수요가 갈수록 많아지면서 관배에서의 생산이 그 수요를 따르지 못한 탓에 해마다 '**투차**(鬪茶)'를 진행하여 사배에서 만든 좋은 차들을 골라 관배로 병합하고 일괄 진상하기도 하였다. 송나라 휘종의 높은 평가를 받았던 정화의 차도 이 과정에서 모습을 드러내었다. **송나라 휘종은 그의 저서 『대관차론(大觀茶論)』에서 투차의 취향을 언급하였다.**

"점차(點茶)*를 하여 찻빛을 살펴보면 순백(純白)이 최고품이고, 청백(青白)이 버금이며, 회백

* 점차(點茶) : 송나라 시대의 차를 우리는 방식의 일종.

(灰白)**이 다음이고, 황백**(黃白)**이 그다음이다. 찻잎을 따거나 차를 만들 때 하늘의 때를 기다리는 것이 먼저이고, 때에 맞춰 최선을 다하여 만든다면 차는 반드시 순백색이다. 만약 날씨가 많이 더워지면, 새싹이 무성하게 자라는 탓에 제때 만들지 않은 찻잎은 흰색이지만, 제때 만들면 황색이 된다. 증압**(蒸壓)**이 약하면 청백을 띠고, 증압이 지나치면 회백색을 띤다.”**

북원 소용봉단차(小龍鳳團茶)의 창시자,
채양(蔡襄, 1012~1067)

정화 지역에는 야생 차나무가 많았는데, 찻잎에 흰색의 잔털인 백호(白毫)가 많았을 뿐만 아니라 단차(團茶)를 만들어 우려내면 찻물에 거품이 특히 하얗고 오래 머물렀다.

정화에는 지금도 당나라, 송나라의 옛 차원들이 남아 있다. 진전진(鎮前鎮)의 영지(郢地) 심도갱촌(深渡坑村)에는 당시 차나무를 재배하였던 농장이 있는데, 지역 주민들은 ‘**차원갱**(茶園坑)’이라 부른다. 현지 송씨 가문의 가보인 『잡사기(雜事記)』에는 다음과 같은 기록이 있다.

“송씨 조상들은 한나라 시대부터 정화에 머물며 산을 사고 황무지를 개간하여 차나무를 재배하였는데, 훗날 재배 면적이 확장되면서 차원(茶園)이 되었다.”

심도갱촌은 도심에서 약 50km 떨어져 있다. 산에 오르면 당나라와 송나라 시대 고대 차원들의 흔적을 어렴풋이 볼 수 있다. 길가에는 모두 차나무가 있지만, 키가 높지 않아 눈에 잘 띄지 않는다. 현대에 대규모로 개간한 차원의 차나무와는 달리 이곳의 차나무들은 산골짜기에서 불규칙하게 자라고 있어 자세히 보지 않으면 다른 야생 식물과 다를 바 없다.

이에 대하여 차 전문가들은 “고대에 심은 이 차나무들은 모두 관목형 소엽종이어서 키가 크지 않을뿐더러 숲에 가려서 일조량도 부족하기 때문”이라고 설명한다. 그로 인하여 찻잎은 우리가 흔히 알고 있는 품종인 대호(大毫), 대백(大白)의 튼실한 형태로 자라기가 어렵다.

복건 선유(仙游) 지방 출신의 서예가이자, 복건 공차의 사군(使君)(관리 장관의 존칭)인 채양(蔡襄)은 당시 민북 차의 명성을 시구로 아름답게 읊었다.

북원 차의 새싹은 천하의 정기를 머금고, 추위가 사라지고 봄이 되면 자라네,
친구는 운유백(雲腴白)을 편애해, 아름다운 글귀로 그 청아함을 멀리 전하네.

채양은 건주(建州)에서 무이차(武夷茶)의 정수로 불리는 '소용단(小龍團)'의 제다(製茶)를 주관하였고, 저서 『차록(茶錄)』에서 고대의 제다, 품차(品茶)의 경험을 기록하여 차의 발전에 기여하였다.

물론 채양이 시에서 언급하는 '운유백(雲腴白)'은 송나라 시대의 백차로서 현대 가공 기술로 정의되는 백호은침(白毫銀針), 백모단(白牧丹), 공미(貢眉), 수미(壽眉)와 같은 백차가 아니라는 점을 주지해야 한다. 송나라 시대 백차는 증압(蒸壓)을 거쳐 다양한 틀에 넣어 압착한 단차(團茶)로서 '원형(圓形)', '능형(菱形)', '매화형(梅花形)' 등의 여러 형태로 만들어졌다.

채양의 사촌 동생인 채경(蔡京, 1047~1126)도 차 전문가이면서 서예 대가로서 송나라 휘종과 친분이 깊었다. 채경은 세 차례에 걸쳐 찻잎 판매와 세수의 개혁을 단행하였는데, 그 세 번째 개혁을 역사에서는 '정화차법(政和茶法)'이라고 한다. 그 결과 조정의 '전매제도'가 '인권차제도(引權茶制度)'로 전환하였는데, 네 가지 특징이 있었다.

첫째는 조정의 전매 수익을 상인들이 실현하고, 둘째는 조정이 생산과 판매의 직접 경영하는 위험을 피하여 '순이익'을 얻었고, 셋째는 중앙에서 전매 수입을 독점하여 지방 관아의 이익 배분을 배제하였고, 넷째는 고액의 이자를 취득할 뿐만 아니라 상인들에게 '차인(茶引)'을 중복적으로 구매하도록 하여 이윤의 수탈을 가중시켰다.

결국 휘종의 안일함과 국정에서의 오판으로 북송은 멸망하였고, 채경은 흠종(欽宗) 즉위 뒤에 영남(嶺南)(현 광동, 광서 일대) 지역으로 좌천되고, 현지에 부임하러 가는 도중 담주(潭州)/**오늘날 호남 장사현**(長沙縣)/에서 생을 마감하였다.

그러나 '동남차법(東南茶法)'과 '사천차법(四川茶法)'은 채경의 정화차법인 인권차제도를 기본으로 채택하였다. 송나라의 차법은 인권차제도를 전면적으로 실행하면서 본궤도에 올랐다. **송나라 시대는 중국 차 생산의 발전 시기로서 차나무의 재배 지역과 면적이 확대되고, 생산량도 당나라 시대보다 두 배 이상이나 증가하였다. 이로 인해 차는 중요한 경제 작물로 대두되었다.**

1950년대 정화차창(政和茶廠)의 전경

한 자료에 따르면, 송나라 고종(高宗) 말년의 국가 재정 수입은 5940만 관(貫)(고대 화폐단위로 엽전 1000개를 꿴 꾸러미)이 넘었고 차의 이윤도 6.4%를 차지하였다. 효종(孝宗) 시대가 되면 재정 수입이 6530만 관(貫)에서 차의 이윤이 12%로 증가하여 수익성이 높았다.

송나라는 중국 역사상 문(文)을 숭상하고 무(武)는 경시하는 '상문경무(尚文輕武)'로 유명한 봉건 왕조이다. 거란의 요(遼), 당항(黨項)의 서하(西夏), 여진의 금(金) 등 여러 나라와의 거듭되는 전쟁으로 재정적 어려움에 당면하여 황실은 이 중요한 수입으로 군사력을 강화해야만 하였다.

궁극의 사치를 추구하던 송나라가 멸망하고 원나라와 명나라를 거치면서 정화의 차 산업은 큰 발전기를 맞이하였다. **오늘날의 정화백차는 우량종인 대백 품종이 발견되고 대량으로 번식되면서 전례 없이 큰 발전을 이루었는데, 복정백차와 동시대에 발전하였다.** 동치 13년(1874년) 정화에서 홍차의 연간 생산량은 1만 상자(상자당 30kg) 이상에 달하였고, 품질이 월등하여 복주에 운송되면 가장 먼저 거래되어 **가장 높은 가격에 판매**되었다.

19세기 초 정화에서는 은침을 대량으로 생산하여 처음으로 영국과 미국 등에 판매하였지만 제1차 세계대전의 발발로 중단되었다. 그런데 민국 15년(1926년)에 은침 수출이 재개되면서 독일, 동남아시아, 홍콩, 마카오 지역으로 판매되었다. 당시 연간 생산량이 50톤 이상이었고, 수매 가격도 1톤당 은화 6400위안으로 상승하여 정화의 차 산업이 가장 빛났던 시대였다.

이와 관련하여 민국 시대 『정화현지(政和縣志)』에는 **'차가 흥하면 많은 사업이 흥하고, 차가 쇠하면 많은 사업이 쇠한다'**는 내용의 글이 있으며, 이는 정화의 산업에서 차의 중요성을 잘 보여 준다.

민국 36년(1947년) 태평양전쟁의 발발로 정화의 차 산업은 추락하고 말았다. 당시 현의 총생산량이 100톤에 불과하였고, 버려진 차원들도 곳곳에 방치되어 있었다. 항일전쟁이 끝난 뒤 복건성 정부에서 설립한 정화현시범차창(政和縣示範茶廠)은 운영한 지 2~3년 만에 문을 닫았다. 1949년까지 정화현에서 운영하는 차의 가공 공장은 단 한 곳뿐이었고, 민간의 수공업 공장은 195곳 정도 있었다.

중화인민공화국 건국 이후에는 차의 수출 시장이 소련으로 변경되면서 소비자의 식습관에 맞는 홍차(정화공부)를 대량으로 생산하였다. 따라서 은침의 생산은 1958년에 잠시 중단되었다가 1985년부터 재개하였지만, 1988년까지 연간 생산량은 단지 5톤에 불과하였다.

계획 경제가 실행되던 1950년~1960년대에 정화현의 국영 차창은 정화에서도 백차를 생산하는 유일한 업체였다. 당시에는 국가 이류물자(二類物資)/**중화인민공화국 시대 국가가 분배를 맡았던 비교적 중요 물자**/였던 찻잎은 국가에서 일괄 구매와 판매를 주관하였다. 해마다 정화현차업국(政和縣茶業局) 소속이었던 동평차업점(東平茶業站)에서 백차의 모차 구매를 대행하여 정화차창에 조달하였다. 완제품은 상자에 포장된 뒤 '중국토산축산복건차엽진출구공사(中國土產畜產福建茶葉進出口公司)'에 전매하고 다시 수출하였다.

정화현의 전통적인 차나무 품종은 평원 지역의 **정화대백차**(政和大白茶)와 고산 지대의 유성군체종(有性群體種)인 **채차**(菜茶)이다. 1960년대 후반부터 처음으로 소량의 **복정대백**(福鼎大白), **복정대호**(福鼎大毫) 등의 품종이 정화현의 국영 도향차창(稻香茶廠)을 통해 도입되었다.

1980년대 초기에는 정화현에서 복운(福雲) 6호, 복안대백(福安大白), 매점(梅占) 등의 특조아종(特早芽種)과 조아종(早芽種), 중아종(中芽種)과 같은 우량종 차나무를 대거 도입하여 품종의 다양화를 꾀하였다. 정화현 내의 촌인 석둔(石屯), 동평(東平), 웅산(熊山)은 모두 중요한 백차 산지로서 복안대백, 정화대백, 복운 6호 등의 품종을 재배하고 있다.

정화현 차업관리센터의 장의평(張義平) 주임은 이러한 정화현 전체 차 산지의 규모에 대하여 간략히 설명하였다.

"정화현에는 11만 묘(畝)의 차원이 있는데, 징원, 동평, 석둔, 진전의 차원 면적이 가장 넓다. 가장 크게 펼쳐진 차원은 주로 동평, 진전, 징원에 분포한다."

정화현 내에서 **소채차(小菜茶)**를 재배하는 지역은 약 20곳인데, **야생 소채차**는 해발고도 800m~1000m인 고산 차원에 흩어져 자생한다. 주로 **고급 녹차**와 **소종홍차**, **공미**를 만드는 데 사용한다.

정화백차의 가공 기술은 복정백차와 구별되며, 완전히 위조된 경미산화차(輕微酸化茶)에 속한다. 맑은 날씨에 수사(대나무 체)에 고르게 펼친 찻잎은 통풍이 잘되는 전용 공간에서 자연위조를 통하여 산화효소의 활성을 파괴하지 않으면서 산화도 어느 정도 방지해 정화백차 특유의 '향(香)', '색(色)', '미(味)'의 품질을 형성한다. 찻잎이 80%~90% 건조되면 홍건(烘乾)을 진행하여 모차를 만든다. 이때 모차를 분별하고 더미로 쌓는 작업을 거친 뒤 다시 홍건을 진행하면 완성된다.

2004년에는 95세의 차학자 장천복 선생이 정화를 방문하여 "정화백모단의 형태, 색상, 향기, 맛은 매우 진귀하다"고 품평하면서 정화백차가 권위적인 인정을 받았던 적도 있다.

2007년 국가검험총국(國家檢驗總局)은 정화현 관할 행정구 내 정화백차에 대해서 지리적 표시 및 제품 보호 제도의 시행을 승인하였다. 2008년 국가공상총국(國家工商總局)의 상표국에서는 '정화백차' 지리적 표시제 인증 마크를 발급하고 등록하였으며, 같은 해 10월에 인증제를 공포해 실시하였다. 마침내 2009년 12월에는 '저명상표(著名商標)'로까지 인정을 받았다.

이제는 오늘날 '정화백차, 중국의 맛'이라는 문구로 사람들에게 친숙한 민북에서 가장 오래된 차 산지를 소개한다. 이는 정화백차가 아득한 세월 속에서 서서히 이어져 내려오면서 사람들의 삶에서 발전하고 성숙하였다는 것을 의미한다. 따라서 정화백차는 성공과 좌절이 반복되는 가운데 여전히 생기 넘치게 대대로 전승되는 '중국의 맛'이기도 하다.

자연위조 과정을 거치는 정화백차

다음은 지난 세기 동안 생계를 줄기차게 이어나갔던 정화현의 사람들이 백차와 함께 과연 어떤 삶을 펼쳤는지를 소개한다.

04

전촌(前村)을 돌아보며 다시 듣는 송씨(宋氏) 사당의 백차 노래

정화현의 고산 지대에 있는 징원향의 전촌(前村)은 조용한 옛 마을이다. 이 마을은 국가급풍경명승지(國家級風景名勝地)인 정화현의 불자산(佛子山)과 병남현(屛南縣)의 백수양(白水洋)과 함께 인접해 있다. **중국 동남부 해안 산자락의 분지에 있으며, 평균 해발고도는 890m이다.**

맑은 하천인 이어계(鯉魚溪)가 흘러 지나는 전촌에는 명나라, 청나라 시대의 민가가 52채, 민국 시대의 민가 20채, 그리고 전통 양식의 건물들이 98채나 있다. **정화현 내에서도 명나라, 청나라 시대에 흙을 다져 지은 민가들이 가장 많이, 온전하게 보존된 마을이다.** 약 100~200년이나 된 가옥에는 지금도 마을 사람들이 살고 있을 뿐 아니라 전통적인 생활방식과 풍습도 여전히 보존하고 있다.

화창한 날씨에 마을의 작은 길을 걷다 보면, 산에서 찻잎을 따서 내려오는 사람이 차 한 잔을 권하기도 하고, 마당에서는 소를 다듬거나 바느질하는 여성들도 종종 볼 수 있는 매우 소박한 시골 풍경을 경험할 수 있다.

전촌 송씨(宋氏) 가문 사람들의 인솔에 따라 민가에 들어가서 본 결과, 이곳의 전통 건물들은 대부분 흙으로 다진 벽에 세 칸 목조 천장의 구조를 갖추고 있었다. 흰 담장과 검은 기와, 지붕보다 높게 올린 방화벽 구조물인 마두장(馬頭牆), 마당 곳곳에 있는 정교한 조각과 대련 시구 등 전통 가옥의 주요 구성 요소들도 찾아볼 수 있다.

대청(大廳)은 징원향 마을 사람들의 일상 활동에서도 중심이 되는 공간이며, 향을 피워 조상의 신위를 모시는 공간이기도 하다. 대청 정면 벽에 긴 제사상을 배치하여 문을 마주하게 한다. 선조들과 지역 신들의 이름이 배열되어 있고, 명절이나 집안 결혼식 또는 장례식을 치를 때마다 차례를 지낸다. 주로 과일, 고기, 떡 등을 준비하고 제사상 앞에 공손하게 서서 촛불을 켜고 향을 피워 하늘과 땅, 조상과 신령들에 절을 올린다. 중요한 전통 명절 때에는 폭죽을 터뜨리고 가족의 번영과 한 해의 풍작을 기원한다.

전촌의 송씨 민가에는 조각과 문발(문앞에 치는 발), 대문 입구의 경첩을 지지하는 구조물인 문돈(門墩), 진열장, 대청의 창호 곳곳에는 매화 문양이 특별히 새겨져 있다. 딸을 시집보낼 때 신부 혼수에 '매화학사(梅花學士)'라는 문구를 붙여 결혼식의 아름다운 풍경이 연출되기도 한다.

전촌 사람들이 **매화**를 유독 사랑하는 이유는 송씨 선조 중에서 당나라 현종(玄宗, 685~762) 개원(开元) 연간에 명재상이었던 **송경**(宋璟, 663~737)에서 비롯되었다. **강직하기로 유명한 송경은 평생 매화를 좋아하였다.** 정세에 순응하지 않은 이유로 여러 차례 좌천되었고, 결국 재상에서 파면을 당하였다. 현종 황제는 "정직한 척하여 명예를 탐하고자 한다"고 말하며 비웃었지만, 송경은 구차하게 변명하지 않고 **『매화부**(梅花賦)**』**라는 한 곡을 남겼다. 그 서문은 다음과 같다.

오호라 매화여!
자태와 자질이 남달리 출중하여도 잡초더미에 둘러싸여 있으면 어찌 알아보겠는가?
순결하고 강직한 본성이 변하지 않는다면 그 또한 족하리!

송경은 20대에 창작한 『매화부』와도 같이 공정하고 청명한 삶을 살았다. 이와 같은 삶은 약 1000년 뒤 중국의 다른 황제로부터 높은 평가를 받았다. 1750년 가을, 청나라 건륭제(乾隆帝)가 하남(河南)의 숭산(嵩山)과 낙양(洛陽)의 순시를 마치고 돌아갈 때, 송경의 고향인 하북(河北) 형대(邢台) 지역을 지나게 되었다. 고향 사람들이 송경을 기리기 위해 세웠던 정자를 보고 깊은 감명을 받은 건륭제는 송경의 『매화부』를 육필로 쓰고 그 옆에 시 한 수와 매화 한 송이를 그려 그에 대한 존경심을 표하였다.

전촌은 원나라 말기인 지정연간(至正年間, 1341~1351)에 형성되었고, 송경의 후손들은 이곳에서 오랜 세월 동안 농사를 지으면서 중국의 가장 전통적인 생활방식을 유지하면서 살아왔다. 이곳에는 여전히 찻잎, 쌀, 담뱃잎, 채소, 대나무, 밤 등 농산물을 주요 수입원으로 삼고 있다. 그만큼 이곳의 자연환경도 매우 깨끗하고 아름답다.

전촌 고대 건물들은 송씨 사당을 중심으로 정자(井字) 형의 골목으로 구분되면서 방사상으로 분포되어 있다. 명나라 영종(英宗, 1427~1464) 천순(天順) 3년(1459년)에 지은 사당에 들어서면 세 층의 봉미형(鳳尾型) 지붕과 대청과 무대 위의 팔각형의 둥근 천장, 그 위에 그려진 화려한 벽화를 그대로 볼 수 있다.

사당의 내실에는 민북 민간에서 신봉하는 여신인 진정고(陳靖姑)의 상을, 좌우의 신주를 모셔 두는 감실(龕室)에는 송씨의 조상신들을 모시고 있다. 대청 위에는 '진사(進士)', '발공(拔貢)'의 '문괴(文魁)'(문과 장원)가 새겨진 현판이 걸려 있다. 1886년 전촌의 송씨 가문에 두 명이 진사에 장원 급제한 영예를 기록한 것이다. 해마다 음력 1월 3일부터 15일까지 마을 사람들은 새해의 번영을 기원하기 위해 이곳에서 등(燈) 축제를 열어 활기가 넘친다.

전촌에서는 오래전부터 차를 만들었다. 청나라 말기에서 민국 시대에는 집집마다 정교하게 만든 정화공부(政和工夫)의 홍차와 정화백차를 포장하여 수응장(遂應場)/**정화현 금병촌**(錦屏村)/에서 팔았고, **복안의 목양진**(穆陽鎮)**에서 부두를 통해 다시 복주로 운반되어 유럽과 동남아시아로 판매되었다.** 징원향에서 목양진까지 통하는 이 고대 도로는 찻잎과 소금 무역으로 번성하였다고 하여 '차염고도(茶鹽古道)'라고 불렸다.

역사 자료에 따르면, 이 차염고도가 바로 정화에서 민동 지방의 바다로 잇는 중요한 무역로였고, 과거에 '경제 대동맥'의 역할을 하였다는 사실도 알 수 있다.

민북 지방의 정화, 송계, 포성과 절강성의 경원 일대에서 생산된 찻잎, 말린 죽순 등 큰 화물과 어린 대나무 섬유로 만든 고급 종이인 모변지(毛邊紙), 동백유, 붉은쌀인 홍곡(紅糀), 담뱃잎인 연초, 찹쌀을 풀잎에 싸서 찐 떡인 종엽(粽葉) 등의 토산물들은 모두 짐꾼들이 어깨에 짊어지고 목양까지 운반하였고, 다시 배로 연해 각 지역까지 운송하였다. 해안 지방의 산물인 소금, 생선, 흑설탕, 기타 생활 자재는 다시 육로를 통해 내륙으로 운반되었다. 오래전 짐꾼으로 일하였던 한 노인이 당시의 상황을 잘 설명해 주었다.

“**정화는 옛날부터 홍차와 백차로 유명하였지요.** 전촌의 차 상인들이 차를 만들면 동유(桐油)를 칠한 나무상자에 60근씩 담았는데, 우리와 같은 일꾼들이 두 상자씩 메고 옮겼지요. 전촌에서 출발하여 임산(林山), 제하(際下), 전계(前溪), 조계(朝溪), 순지(純池), 양원(楊源), 서문교(西門橋), 대석(大石), 하남계(下南溪)를 거쳐 마침내 복안의 목양진(穆陽鎭)에 도착하고, 거기서 나무상자를 배에 옮겨 복주항까지 보내 홍콩에서 팔았습니다. 수많은 왕래를 통해 많은 상인이 차로 부를 축적하였지요.”

송씨(宋氏) 사당 내의 현판

전촌의 송씨 사당 근처에는 **민국 시대 정화의 차 상인**이었던 **송사환**(宋師煥, 1904~1948)의 고택이 있다. 목재 구조의 기품이 있던 생가는 보수를 하지 않아 지금은 허름해졌지만, 대문 왼편 골목에 지은 높은 포루(炮樓)는 여전히 과거 주인의 존귀한 신분을 나타내고 있다.

송사환은 민국 시대에 정화현의 가장 큰 차 상인일 뿐 아니라 가장 유명하고 잘 알려진 상인이기도 하다. 16세에 벌목과 차 사업에 뛰어들어 남다른 재능을 보였던 그는 20세 이후에 직접 차행을 차려 백차와 홍차를 거래하였는데, 그중에서도 **대백은침**(大白銀針)(백호은침)이 가장 경쟁력이 있는 품목이었다. 당시 무역기록부에 따르면, 1930년 정화현에서 홍콩으로 수출한 차 2만 6000상자 중에서 송사환의 상호인 ‘의화호(義和號)’의 대백은침이 30~40%를 차지하였다.

정화현의 대백은침이 당시 홍콩으로 직접 거래된 일도 송사환의 역할이 컸다. 1928년 24세의 송사환은 대백은침의 대표 상인로서 당시 복건성 재정부장이었던 엄가감(嚴家鑑)과 함께 홍콩으로 건너가 대백은침의 홍콩 직거래를 협상하였다. **그 뒤 정화백차는 홍콩 시장에 직접 판매되어 그 영향력을 확대하였을 뿐 아니라 차의 가격도 두 배로 높였다.**

『정화차사기략(政和茶史紀略)』에는 민국 시대 정화백차의 발전을 다음과 같이 기록하였다.

"1914년에는 경무상(慶無祥), 취태륭(聚泰隆), 만신춘(萬新春) 등 54개의 차행이 있었고, 은침의 연간 생산량은 40톤이었다. 1920년에는 동평, 서진, 장성 일대에서 백모단이 대량으로 생산되어 홍콩에 판매되었다. 1922년에는 베트남 상인이 정화현에 12곳의 차잔(茶棧)(차 도매상)을 설립해 백모단을 베트남에 판매하기 시작하였다. 1926년에는 은침이 프랑스, 독일에 수출되어 연간 판매량이 50톤에 달하였다. 1940년의 『민차전간(閩茶專刊)』의 창간호에는 7월까지 정화현에 차호(茶號)를 등록한 차행은 47곳이었다……."

송사환(宋師煥, 1904~1948)의 고택

민국 시대에 정화현은 자원의 이점으로 차 생산 시대의 봄을 맞이하였다. 『정화현지(政和縣志)』에는 "차에는 은침, 홍차, 녹차, 우롱차, 백미, 소종, 공부의 일곱 종류가 있는데, 모두 만들어지고 난 뒤에 명명되었으며, 공장, 가정, 차행에서 가공하고 있다"고 기록되었다.

민국 시대 중후반에 이르러 정화백차는 공부홍차와 나란히 발전하면서 국내외로 수출되어 정화현의 경제 주력 상품이 되었다. 송사환의 '의화호(義和號)' 차행이 번영하였던 그 시절에는 곳곳에 차의 향이 넘쳐나고 많은 사람들의 삶도 차로 인해 변화되었다. 그때 전촌 송씨 사당에서는 '백차의 노래'가 시작되었다.

지역 민생에도 관심을 쏟았던 송사환은 정치에도 참여하여 고향 사람들의 생명을 구하기도 하였다. 민국 17년(1928년) 제4구역 경비 대장으로, 같은 해에 4구역 41보의 보장(保長)(보갑 제도의 수장)으로 임명되었다.

민국 21년(1932년)에는 송정유격대(松政遊擊隊) 제2중대 부관과 전촌 보장을 겸임하였다. 민국 23년(1934년) 남리(南里) 보연대부장, 민국 27년(1938년)에는 전현(全縣) 차엽수출평가단의 홍콩 대표로 공천되었고, 이듬해 현 제2구 무역차엽연합부의 경리로 승진하였다. 민국 29년에는 전현 차엽회의(全縣茶葉會議)에서 그는 중차공사(中茶公司)의 복건수출차엽부서 심사위원으로 추천되었다. 1945년에 송사환은 정화현의 관리인 참의(參議)로 선출되었다.

이미 정계의 거물이었던 송사환은 민국 28년(1939년)에 강제 징용으로 끌려간 마을 사람을 구하기 위하여 직접 찾아가 협상을 진행하고 은화 40~50위안을 대가로 지급하고 구조에 성공하였다. 이 일은 오랫동안 마을의 미담으로 전해졌다.

1948년 송사환은 44세의 나이로 병으로 인해 정화현에서 세상을 떠났다. 백차로 한 시대를 주름잡았던 '의화호'는 송씨 사당과 저택만 남은 채 오늘날 허름한 모습으로 마을에 남아 있다. 송사환의 후손들은 여전히 이곳에서 조용한 삶을 지내고 있다. 마을 밖 차염고도는 변한 세상을 모른 채 한적한 숲속으로 굽이굽이 지나간다. 옛 모습 그대로지만 모든 것이 달라졌다. 정화백차와 관련한 노래가 있어 소개한다.

남쪽 산은 높고 북쪽 산은 낮은데, 마을 사람들은 사다리에 오르듯이 찻잎 따러 산에 간다네,
곡우가 되면 산에 새 찻잎이 돋아 가지마다 무성하다네.
새로운 산의 찻잎이 오래된 산의 찻잎보다 좋고, 찻잎을 따기 위해 일찍 산에 오르네,
봄비는 개지 않고 새 가지의 찻잎이 쇠할까 두렵다네.
아침, 저녁으로 찻잎을 따기에 마을에는 한가한 집이 없다네,
남녀 모두 바구니를 들고 나르며 땀방울이 찻잎에 스며 든다네,
올해 시장이 잘되어 찻잎으로 곡식을 교환할 수 있기를 바란다네.

백차의 노래와 함께 송사환과 그 시대 정화현의 상인들은 모두 사라지고 이제는 그 시대도 저물었다. 정화백차는 민국 시대에서 새로운 중국의 시대로 나아가면서 감탄을 자아내는 새로운 이야기도 시작된다.

05

석수 (石圳) - 어느 백차 마을의 어제와 오늘

정화현은 "산은 높지 않아도 대나무숲이 우거지고, 물이 범람하지는 않지만 맑은 물결은 출렁인다"는 풍경을 묘사하는 말에서 볼 수 있듯이, 민북 산간 지역에 있는 이 작은 마을은 편리한 수상교통의 조건을 갖추고 있다.

정화현 도심에서 약 7km 떨어진 곳에 자리한 **석수자연촌**(石圳自然村)은 정화현 **석둔진**(石屯鎭)의 **송원촌**(松原村)에 속한 곳으로서 **칠성계**(七星溪) 남안에 위치하고, **우배산**(牛背山)을 등지고 있다. 삼면이 모두 정화현의 주하천인 칠성계에 둘러싸여 있으며, 면적은 1100묘(畝)에 달한다. 인공적으로 산을 파고 운하를 열어 강의 중심에 자리한 '강심도(江心島)'로서 송나라 때부터 마을이 형성되었다.

석둔진은 **'북원공차'**의 주요 산지였고, 정화현의 서대문으로 민북 지역에서 절강 남쪽과 민동으로 이어지는 중요한 통로였다. 또한 **정화현에서 차의 가공량이 가장 많고 유통량도 가장 많은 향진**(鄕鎭) **중의 하나였다. 북송 시대부터 정화의 차는 석둔진의 석수촌에서 출하되었기에 이 작은 마을에는 수많은 이야기가 전설로 남아 있다.**

명나라, 청나라 시대에 **석수촌**은 이미 "동구향(東衢鄕) 동구리(東衢里) 23도야(都冶)", "현은 서쪽으로 10리 떨어져 있다"는 행정구의 편제 기록을 갖고 있으며, 동령진(桐嶺鎭)과 같은 지도에 속하였다.

석수촌은 고대 국도의 첫 역이었던 동령포(桐嶺鋪)와 세 번째 역인 예둔포(倪屯鋪)와 연결되어 육로의 중요한 분기점이었다. **칠성계는 석수촌 지역을 흐를 때 굽이굽이 돌면서 수역이 깊은 부두를 형성하는데, 역사적으로도 중요한 육로 운송과 수로 운송의 중계지였다.**

이런 석수촌은 명나라, 청나라의 두 시대를 거치면서 크게 발전하였다. 당시 곡물, 소금, 외지의 생활필수품을 실은 배들이 서진하(西津河)에서 석수 부두까지 올라와 정박하였다. 그러한 물품들은 다시 뗏목으로 옮겨 정화현의 성문 부근에서 판매되었다. 더불어 **정화현의 차, 목재, 말린 죽순 등의 특산품들도 석수에서 배에 선적되어 외지로 운송되었다.**

1958년 건구—정화 간의 도로가 개통되기 전까지 물자 수송은 주로 수로에 의존하였다. 따라서 성수기에는 수백 척의 배와 뗏목이 이곳에 정박하여 칠성계 전체를 뒤덮는 장관을 연출하였다.

명나라 신종(神宗, 1563~1620) 만력(萬曆) 27년(1599년)에 정화현 지사직인 지현(知縣)으로 있던 차명시(車鳴時)는 정화현의 풍경에 대하여 다음과 같이 기록하였다.

"수백 리 펼쳐진 정화는 산천과 협곡이 많지만, 백성이 드물어 열 번 만나기도 힘들다. 서남쪽 땅의 대부분이 오곡의 경작에 맞지 않지만, 이곳 사람들은 매사에 부지런하여 자급자족하고 있다. 차와 밤을 심고 모시를 재배하며, 나무, 대나무, 죽순 등이 풍부한데, 그 땅이 비옥해서이다."

현의 역사서인 현지(縣志) 서문의 일부였던 이 글에서도 **차가 정화현의 중요한 자원**이었음을 알 수 있다. 이 찻잎들의 대부분이 석수에서 수로로 운반되었다. **무역으로 번성한 고대의 부두와 마찬가지로 당시 석수 곳곳에는 차상들이 많았다.** **해마다 봄차 시즌이 되면 차장(茶莊), 차관(茶館), 그리고 부두에는 차상과 차농, 그리고 화물을 운반하는 뱃사공들로 붐볐다.**

이곳에서 차를 담은 바구니와 상자들은 배에 실려 복주로 운반된 뒤 홍콩, 동남아시아, 유럽 전역으로 향하였다. 현지인의 설명에 따르면, 당시 이곳에서 운송된 정화차는 주로 백자(白子)(소백차), 차침(茶針)(백호은침), 홍차(정화공부)였고, 포장된 찻잎들은 대나무 바구니에 담아 배에 실었다고 한다. 만약 목재를 운반하는 경우 뗏목으로 묶어서 복주까지 방류하였는데, 지역에서는 이를 가리켜 '방금통(放金筒)'이라고 한다.

당시 석수 부두에 조(趙), 윤(尹), 범(範), 양(楊)의 네 성씨 가문이 4곳의 곡물 창고를 운영하였는데, 한때는 10만 근 이상의 곡물(소금)을 저장하기도 하였다. 지역의 부자들과 외지의 사람들이 이곳에 한데 모여 다양한 장사를 벌였고, 주변 마을 사람들도 물건을 구매하면서 외지의 소식을 들으려고 석수에 모였다. **석수촌 사람들은 대부분 부두에 의존하여 생계를 꾸려 나갔다.**

청나라 말에서 민국 초기에 마을에는 50여 가구가 있었고, 그중 30가구는 강가에서 운송일에 종사하였는데 70~80척의 배와 수많은 일꾼을 거느리고 있었다고 한다. 마을 입구에 있는 수령 500~600년 된 녹나무와 은행나무에 배의 정박용 밧줄을 묶었는데 그 흔적들이 아직도 남아 있다.

마을의 면포 상점, 귀금속 매장의 옛터, 석수 곡물 창고의 옛터, 배 밧줄을 매던 마을 입구의 녹나무

사람들이 많이 모이다 보면 온갖 인간군상과 다양한 삶의 풍경들이 펼쳐지기 마련이다. 날이 가고 해가 지나면서 누군가는 늙어가고, 또 누군가는 이 세상을 떠났지만 외로운 나그네의 마음만은 늘 이곳을 떠돌고 있다. 호형호제하는 일꾼들은 길가의 선술집에 모여 막 손에 넣은 임금을 세어 보면서 생계비를 계산하기도 한다.

천후궁(天后宮)

이곳에는 비극적인 역사도 있었다. 청나라 때 정화의 선비인 송사침(宋士琛)은 저서인 『건군송정피비극복기략(建郡松政被匪復記略)』에서 청나라 문종(文宗, 1831~1861) 함풍(咸豐) 8년(1858년) 3월 초에 태평천국의 농민군이 복건에 두 번째로 진입할 때 상황을 자세히 기록하였다.

이에 따르면, 양국종(楊國宗) 등의 지도하에 농민군은 정화, 관호(官湖), 동령 일대를 점령하고, 관호의 백정촌(白亭村), 동령, 석수 지역에서 청나라 관군과 수차례에 걸쳐 전투를 벌였다. 관호의 길가에 주검이 쌓이고 피가 강이 되어 흘렀던 치열한 전투 과정에서 관군의 게릴라전을 이끌었던 동련휘(董聯輝), 현승(縣丞)(현의 부지사직)이었던 진(陳) 씨, 전사(典史)(현의 관리)였던 유기종(劉其宗) 등은 모두 포로로 잡혀 죽었고 태평천국의 농민군도 큰 대가를 치렀다. 이 전쟁으로 석수의 많은 가옥이 파괴되고 장사꾼들은 피난을 떠나게 되었다.

오늘날 이 지역에 남아 있는 가장 유명한 건물로는 '임착대원(林厝大院)' 집터와 '조착노옥(趙厝老屋)'이 있다. 임착대원은 명나라 말기에서 청나라 초기에 약국, 주점, 차관, 포목전을 운영하여 막대한 부를 축적한 임씨 가문에서 지은 세 채의 가옥이다. 네모반듯한 조착노옥은 조씨 집안의 시누이와 올케가 근면하게 살림을 꾸리면서 지은 고급 저택이며, 유일하게 여성이 집주인인 저택이다. 지금은 많이 낡았지만, 대청인 삼청당(三廳堂), 'ㅁ자' 뜨락인 삼천정(三天井), 살림채인 삼후각(三後閣)의 규모로 보면 과거의 화려함과 정교함을 짐작할 수 있다.

석수촌을 걷다 보면 곳곳에 세월의 흔적이 남아 있다. 문과 벽만 남은 어느 건물 뒤편은 채소밭이나 풀밭이 풍경을 연출하고, 무너진 담벼락과 드문드문 보이는 차나무를 보면서 지나다 보면 그 과거가 궁금해진다.

강에 의존하여 생계를 유지하는 사람들은 평화와 행복에 대한 강한 열망이 있는데, 석수촌 뒤 끝자락에 자리한 사찰인 복흥사(福興寺)가 이를 잘 보여 주고 있다. 명나라 만력(萬曆) 3년(1575년)에 세워지고, 청나라 광서(光緖) 17년(1891년)에 복원한 복흥사는 두 개의 사찰을 하나로 통합하였다.

왼쪽의 큰 법당은 복흥사로서 '삼보(三寶)'를 모시고, 양쪽 전각에는 십팔나한(十八羅漢)과 이십사천존(二十四天尊)을 모신다. 오른쪽 법당은 임수궁(臨水宮)인데, 세 명의 도교 여신을 모신 곳이다. 두 법당 사이에 벽이 있고, 좌우 벽면에는 『서유기(西遊記)』의 벽화 20여 점이 남아 있다. 대웅전 앞에는 두 법당에서 함께 사용하던 무대가 보이는데, 사찰에서 임시로 여는 시장인 '묘회(廟會)'가

열릴 때 연극을 올리던 곳이다.

복건, 절강, 강서와 대만, 홍콩, 마카오, 동남아시아의 화교가 거주하는 지역마다 진경고(陳靖姑), 임구낭(臨九娘), 이삼낭(李三娘)의 세 여신은 민간 신앙에서 큰 영향력을 발휘한다.

정화 시골에서는 아이가 태어나면 그로부터 3일~7일간 세 여신에게 제를 올리는 '생탄(生誕)' 의식을 거행한다. 권선징악과 나라와 백성을 수호하는 '땅의 여신'으로 여겨지며, 바다의 여신인 '마조(媽祖)'에 버금갈 만큼 유명하다.

전원에 핀 꽃

과거에는 세 여신의 축복을 믿었기 때문에 배에 한가득 화물을 싣고 먼 길을 떠날 수 있었다. 음력 대보름은 여신인 진경고의 생신일이라고 한다. 해마다 이때가 되면 온 마을에서 여신을 맞이하는 축제를 대규모로 진행하여 신의 축복이 끊이지 않기를 염원하였는데 오늘날까지도 명절 풍속으로 남아 있다.

세월이 흐를수록 석수촌을 감싸고 휘돌아 흐르는 강도 수심이 얕아지면서 부두도 더 이상 제 역할을 할 수 없게 되었다. 시대도 바뀌어서 정화의 차는 사방으로 뻗어나가는 고속도로를 통해 각 지역으로 운송되고 있다. **1980년대 이후 강 위로 구름다리가 건설되면서 석수 나룻배의 역사는 막을 내렸고 다시는 그 자취를 볼 수 없었다.**

부두의 폐쇄로 석수촌의 운명도 완전히 달라졌다. 도시 산업화와 더불어 사람들이 도시로 이동하면서 마을에는 노인과 여성들만 남겨졌고, 번화하였던 마을에는 쓰레기가 쌓이기 시작하였다. 약 30년 동안 치워지지 않은 산더미 같은 쓰레기는 마을의 개천과 배수구를 메웠고, 사람들은 그 위에 시멘트를 부어 도로를 깔고 주택을 건설하였다.

그러나 석수촌 여성들의 노력으로 마을 주변 1000km의 개천과 운하가 재건되고, 옛 우물터 세 곳이 복원되었으며, 1000m 길이의 하수구가 정리되었다. 그리고 **개울가에 자갈을 깔고 물을 끌어들이면서 석수촌은 다시 강물로 둘러싸인 옛 모습을 회복하였다.**

석수촌 차관의 입구 모습

석수에는 백차와 관련된 유적과 아름다운 전원 풍경으로 이제는 '백차 마을'로 널리 알려지면서 정화의 역사에 관심을 가진 사람들이 많이 방문하고 있다. 정화백차가 새롭게 발전하는 기회를 통하여 현재 석수촌은 **'차 문화의 체험 단지'**로 전향하고 있다. 정화에서 유명한 몇몇 차 업체들도 이곳에서 차관과 관광 센터를 운영하고 있다.

오늘날 석수촌에 들어서면 옛 우물, 물레방아, 돌절구, 송풍기 등이 길 양옆에서 조용히 손님을 맞이하고 있다. 멀리에 물결이 출렁이는 칠성계가 보이고, 마을 뒤편에는 과일과 채소를 재배하는 하우스들이 나란히 펼쳐진다. 그리고 **약 100묘의 대지에 조성된 재스민 정원도 있다. 석둔은 재스민의 고향이고, 정화의 유기농 찻잎을 음화(窨花)하여 고급 재스민 차를 만든다.** 석수촌의 차관에서는 재스민 차를 만들어 보는 체험도 즐길 수 있다.

석수에서도 가장 매력적인 곳은 차관들이다. 모든 차관에서는 정화현의 전통 백차를 마시면서 편안한 휴식을 즐길 수 있다. 번화하였던 과거의 옛 모습은 찾아볼 수 없지만, **정화현의 많은 향진에서는 아직도 전통적인 가공 방법으로 백차를 만든다.** 다음은 백차의 가공 방식에 대하여 자세히 살펴본다.

06

집집마다 찻잎을 말리는 동평(東平) 마을

동평(東平)은 고량주(高粱酒)와 같은 술로 유명한 고장이다. 복건과 절강 일대에서 정화현의 동평은 유독 아름다운 산과 물이 흐르는 지역으로 품질이 훌륭한 술과 차를 생산하는 곳으로 유명하다. 예로부터 '차향주진(茶鄉酒鎮)'으로 명성이 자자하다. 즉 '**차의 고향이고 술의 도시**'라는 뜻이다.

정화현 동평진(東平鎮)은 1800년의 역사를 자랑하는 옛 도시이다. 일찍이 삼국시대 오나라의 제3대 황제, 오경제(吴景帝, 235~264)의 영안(永安) 3년(260년)에 동평현(東平縣)이 세워졌다.

정화현 서북부에 있는 **동평진**은 현에서 35km 정도 떨어져 있다. 동부로는 송계현(松溪縣)과 서부와 북부로는 건양현(建陽縣), 남쪽은 건구현(建甌縣), 동남쪽으로 석둔진(石屯鎮)과 인접하고 있으며, 총면적은 216.59제곱킬로미터이다.

동평진은 크게 산지와 계곡 분지로 나누어진다. 북부의 금봉산(金峰山), 용정면(龍井面), 화상정(和尚頂)과 서부의 백석람(白石嵐), 남부의 향포정(香包頂)이 하나로 이어져 원호를 그리며 산지를 이룬다. 동부는 계곡 분지로서 평균 해발고도가 210m로 지세가 낮고 토양이 비옥하여 마을의 주요 농경 지대이다.

정화현은 지세의 높낮이 차이가 큰 탓에 화동(華東) 지방에서도 고산과 평원의 이원성 기후가 나타나는 독특한 지역으로 유명하다. **정화현 절반 이상이 해발고도 800m 이상의 고산 지대이다.**

사면이 산으로 둘러싸인 **동평진**은 정화현에서 유일한 분지 지대로서 **분지성 기후**를 나타낸다. 최고기온은 40.2도까지 올라가고, 최저기온은 영하 8.5도까지 떨어지는데, 연평균 기온이 18.3도, 연평균 강수량이 1636.5mm로서 비교적 온난하고 습윤하다. 서리가 없는 기간은 약 260일로서 농작물의 성장에도 유리하다.

북송 시대에 정화현의 동평(東平), 고택(高宅), 장성(長城), 동구(東衢), 감화(感化)의 다섯 곳의 리(里)는 '**북원공차**'의 중요한 산지였다. 덩어리 형태의 **단차**(團茶)를 폐하고 낱 잎 형태의 **산차**(散茶)가 흥행하면서 **청나라 건륭(乾隆) 시대부터 도광(道光) 시대에 걸쳐 동평의 차 산업도 크게 번성하였다.**

특히 이 시기에 **청나라 조정에서 복건의 차 산업에 규제를 완화하고, 항구와 운송 노선을 정하는 정책을 실행하면서 민북(閩北) 지방은 차 산업의 전성기를 누렸다.** 송씨 사당에 걸린 '진사(進士)' 간판의 주인공이자, 청나라 말기에 정화의 유능한 인재였던 **송자란**(宋滋蘭, 1854~1896)은 저서 『잡흥십수(雜興十首)』에서 다음과 같은 구절을 기록으로 남겼다.

"찻잎 하나가 천금과도 같아서 과거에는 큰 이익을 얻었다. 밭에 벼의 이삭이 알알이 열려도 산에서 자란 찻잎만 못하다."

『종다곡(種茶曲)』에서도 "꽃 없는 집에는 차의 향이 가득하고, 밭 없는 가정에는 천만 금이 넘친다"고 묘사하여 청나라 시대 민북의 농부들이 황무지를 개간하고 차나무를 재배하여 윤택한 삶을 사는 모습과 차 생산의 번성함을 알려준다.

송자란은 정화현에서 정화대백의 품종을 발견하고 백호은침을 개발하였던 시대에 살았다. 이때부터 정화백차는 고도성장기로 들어섰다. **1912년부터 1916년 사이에 정화현에서 생산된 1000단(担) 이상의 백차는 모두 수출하였고, 지역의 거의 모든 차행에서는 많은 이윤을 남겼다.**

1920년부터는 정화현의 동평, 서진(西津), 장성(長城) 일대에서 **백모단**을 생산하기 시작하였다. 이때에도 **정화대백 품종**으로 가공한 **고급 백모단**은 찻잎이 짙은 회녹색을 띠고 뒷면은 은백색의 **백호**로 뒤덮여 있었다. **새싹은 튼실하고 찻잎이 커서 향이 신선하고 부드러웠고, 찻빛은 맑고 깨끗하였다. 맛은 신선하고 달콤하며 내포성이 좋아 수출 상품으로도 인기가 높았다.**

현재 시장에서 유명한 브랜드로 자리 잡은 **동평 백모단**의 100년 역사는 시대의 변화와 밀접하게 연결되어 있다. 중화인민공화국 건국 이전에는 정화현의 차 생산에서부터 구매, 가공, 운영에까지 모두 개인적인 상업 행위였고, 국가도 관리 기관을 설립하지 않았다. **항일전쟁의 촉발이 백차의 운송과 판매를 차단하였고, 농민들은 피난을 떠나다 보니 백차의 생산이 하락하고 차밭도 황폐해졌으며, 개인의 가공 공장도 잇달아 파산하였다.**

1952년이 되면 **정화현 지방 정부**에서 **차 산업 지도소**인 '**차엽지도참**(茶葉指導站)'을 설립하여 **차 생산과 기술을 지도하고, 정화차창**(政和茶廠)**에서 찻잎 매입의 업무를 담당하였다.** 1956년 매입 업무가 농산물의 구매 부서인 '농산품채구국(農產品採購局)'에 귀속되어 그 산하에는 성관(城關), 동평, 외둔(外屯), 징원에 차엽을 구매하는 '**차엽수구참**(茶葉收購站)'이 설치되었다.

그 뒤 **1958년에는 현에 차 전문 담당 부서가 설립되었다.** 1960년 2월 송계(松溪)와 정화가 합병되고, 송정현(松政縣) 차엽국(茶葉局)을 설치하였다. 1962년 8월에는 송정현이 다시 분리되면서 정화현에 외무국(外貿局)을 설립하여 현 전체의 차 생산과 기술 지도, 그리고 매입을 담당하였고, 그 산하에 성관, 동평, 외둔, 진전, 징원에 찻잎의 매입소를 설치하였다. **여러 차례의 합병과 분리 중에서도 동평은 여전히 중요한 찻잎의 매입 중심지였다.**

백차의 생산을 회복하고 확대하는 과정에서 전문가들의 역할도 매우 컸다. 1949년 복건협화대학(福建協和大學) 원예학과를 졸업하고 복건성 복안고급농업학교(福安高級農業學校)의 총장을 지냈던 **이윤매**(李潤梅) 여사가 그중의 한 사람이다.

복건성차엽총공사(福建省茶葉總公司)에서는 그녀를 정화현에 파견하여 **정화차창의 설립을 위한 초석 마련 사업을 진행**하고 차창 설립 뒤에는 기술원을 담당하게 하였다. 초기에는 생산 여건이 어려운 상황에서 민가를 빌려 조사와 연구를 병행하면서 차를 만들었다.

1951년 봄이 되어서야 정화백차의 생산을 재개하여 백호은침과 녹차 등을 생산하기 시작하였다. 1952년에 국영 정화차창(政和茶廠) 건설의 준비 작업에 들어갔다. 1953년 봄차 생산이 한창이던 시기에 중국 차학자이며, 당시 복건성차엽진출구공사(福建省茶葉進出口公司) 부국장이던 장천복 선생이 당시 농업청장이었던 사필진(謝畢真)과 동행하여 차 생산의 현황을 살피려고 정화현을 방문하였다.

두 사람은 교통이 불편하였던 당시 송계에서 배를 타고 서진에 먼저 도착하였다. 한밤중에 도착한 탓에 가까운 사찰에서 하룻밤을 지낼 수밖에 없었다. 다음 날 아침 일찍 두 사람은 다시 20km를 걸어서 정화현에 도착할 수 있었다.

동평에서 집집마다 전통 방식으로 찻잎을 말리는 모습

이러한 노력으로 1954년 정화차창의 건물이 드디어 건설되어 가동에 들어갔다. 차창은 당시 정화현에서 가장 아름다운 건물이었고, 정화현 내에서 백차를 생산하던 유일한 공장이었다. 건립 당시에는 복건성차엽총공사 소속이었지만, 그 뒤에 국영 기업으로 전환되면서 지역 정부에서 관리하였다. 1958년 정화현에는 또 다른 국영 정화도향차장(政和稻香茶場)을 설립하여 정화에서의 차나무 재배와 생산 작업을 본격화하였다.

정화백차는 계획적으로 일괄 구입해 일괄 판매하는 정책을 통해 생산하였다. 1980년대 중반까지 차는 주관 부서가 구매와 판매의 분배를 맡아 통제하는 중요한 이류물자였기 때문에 **전국의 차 기업은 모두 국가에서 운영하였다.**

해마다 봄이 되면, 정화현차업국(政和縣茶業局)에 소속된 동평차업참(東平茶業站)은 가장 바쁜 시기였다. **이곳의 일꾼들은 백차의 모차를 매입하여 정화차창에서 가공한 뒤 포장한 완제품을 중국토산축산(中國土産畜産) 복건성차엽진출구공사에 전매하여 외국으로 수출하였다.** 1950년대부터 1980년대 말까지 두 차창의 생산량은 연간 100단(担) 미만이었던 것이 1000단(担) 가까이 증가하였다.

그런데 **국가 시장 체제의 개혁으로 두 차창 모두 난관에 부딪혀 구조 조정을 진행하였고, 결국 문을 닫고야 말았다. 동평백차의 발전을 위한 과업도 훗날 등장하는 민영 기업들이 도맡게 되었다.**

동평의 전통 차창 모습

오늘날 동평진의 2만 묘나 되는 차산에서는 연간 10만 단(担)의 차가 생산된다. 최근 몇 년 동안 정부는 여덟 곳의 주요 차 생산 마을에 1000ha의 고품질 무공해 생태 차원을 설립하였다. 그중에서 200ha의 차밭은 무공해 인증을, 40ha는 유기농 인증을 받았다. 전체 마을에 차의 가공 업체가 50여 개나 있고, 연간 생산량은 5000톤, 생산액은 1억 2000만 위안에 달한다. **그중 백차의 생산은 1000톤에 육박해 전국 백차 생산량의 절반 이상을 차지하여 백차의 최대 생산 기지가 되었다.**

집집마다 백차를 직접 가공하여 마시는 전통이 있어 가공 방식도 전통 그대로이다. 몇몇 집을 돌아보면 오래된 체를 사용하여 집 뜰이나 지붕 위에서 백차를 말리고 있는 모습을 접할 수 있다.

이렇게 반쯤 말린 찻잎을 만져 보면 적당한 탄성을 느낄 수 있다. 마을 여염집의 40대 여인은 백차의 전통 가공 방식에 대하여 다음과 설명한다.

"차를 전통 기법으로 만드는 일은 흔히 말하는 '하늘에 의지하는 것'이며, 백차의 품질도 날씨가 좌우해요. 백차의 가공은 다른 차와 비교할 때 살청이나 유념을 하지 않아 상대적으로 단순해요. 그렇지만 일광위조와 실내위조를 거쳐 잘 말려야 하기에 위조가 가장 중요한 과정이에요."

중국 차 전문가이며 중국공정원(中國工程院)의 원사(院士)인 **진종무**(陳宗懋)가 편찬한 『중국차엽대사전(中國茶葉大辭典)』에는 위조와 관련된 내용들이 서술되어 있다.

"홍차, 우롱차, 백차의 가공 첫 단계로서 신선한 찻잎을 설비와 일정한 환경 속에 펼쳐놓고 수분이 증발하도록 한다. 부피가 줄어들고, 엽질이 부드러워지며, 효소가 활성화되어 내용물의 변화가 일어나 찻잎에 품질 변화를 유발한다. 온도, 습도, 환기량, 시간 등의 가공 요소들을 살펴야 하며, 수분의 변화와 화학적 변화의 정도를 파악하는 것이 중요하다."

이 내용에 따르면, 모든 차류 중에서도 위조 시간이 가장 긴 백차는 가공 및 관리의 난도가 높고 제다사들의 기술력도 뛰어나야 한다는 사실을 알 수 있다. 정화현 민봉차업유한공사(閩峰茶業有限公司)의 대표이자, **동평진 봉두촌**(鳳斗村)의 주민인 **장보서**(張步瑞)는 1980년대를 이렇게 회상하였다.

"1980년 고등학교를 졸업한 저는 마을 초등학교에서 대체 강사로 근무하는 한편, 농사를 지었습니다. 봉두촌에는 차밭이 많았기에 1987년 황무지를 개간하여 거기에 차나무를 재배하기 시작했답니다."

당시 차 시장의 유통이 자유롭지 않았던 탓에 장보서는 남몰래 차 장사를 시작하였다. 그는 매입한 찻잎을 복안이나 인근의 건양으로 운송하여 판매하기도 하였다. 차를 팔면서 지역 차창의 제다사들로부터 가공 기술을 배웠다. 그가 기술을 배웠던 이유는 **"하늘에 의지하여 만들어야 했던 백차 가공의 단점을 극복하려고 하였던 것"**이라고 설명한다.

1991년 그는 봉두촌에 백차 가공 공장을 차렸다. 설립 첫해에 수십 톤의 차가 판매되어 공장 투자 비용을 모두 회수할 수 있었을 뿐만 아니라 마을 사람들의 열의도 불러일으켰다.

이에 자극을 받아 마을에서는 대규모로 차나무를 재배하기 시작하여 불과 몇 년 만에 2500 묘의 차밭이 새로 생겨났으며, 그 뒤로 주변 마을에서도 차를 생산하기 시작하였다. 1990년대 중반에 이르러 '**동평백모단**(東平白牧丹)'의 명성은 동남아시아와 중국의 홍콩, 마카오 시장에 널리 알려지게 되었다.

장보서에 따르면, 해마다 성수기 때 동평 시장의 하루 평균 차청(茶靑) 거래액은 500만 위안 이상이며, 최대 거래액은 하루에 수천만 위안까지 이른다고 한다. 동평진 농민들 수입의 절반은 차에서 창출된다. 그런데 장보서는 이곳 차의 생산 수준에 대하여 간략히 설명해 주었다.

"오래된 전통 생산지로서 동평에서는 가는 곳마다 차를 볼 수 있습니다. 그러나 지금으로서는 현 상태에서 생산성을 한 단계 더 높이기에는 어려움이 많습니다."

장보서의 말처럼, 실제로 동평진은 기계화 생산보다는 여전히 가정식 공방에서 차를 생산하고 있어 생산 기술력이 높지 못하다. 아름다운 풍경과 산들이 이어져 옛 마을을 둘러싼 한 폭의 산수화같이 차밭으로 가득하다. 그러나 **생산과 조직 관리의 형태는 느슨하고** 일부 소형 차 가공 공장들은 여전히 과거 계획 경제 시절의 공장을 사용하고 있다.

차 덕분에 수백 년 동안 동평 사람들은 차와 관련된 다양한 축제를 열어 왔다. 강서(江西) 지방에서 정화로 전해진 뒤 동평, 소지(蘇地) 등의 마을에서 유행하고 있는 '차등극(茶燈戲)'이 그중 하나이다. 초롱불, 차 바구니, 부채, 손수건, 색 우산 등 소품을 사용하여 시골 생활을 보여주는 연극이다. 주로 남녀의 사랑과 삶의 애환을 주제로 하거나 윤리도덕과 인과응보 등을 주제로 하는 경우가 많으며, 가사가 통속적이고 알기 쉬워 중년, 노년의 관객에게 인기가 높다.

또한 이곳에는 민북 지방의 특색이 짙은 동평 장터가 있다. 400년 역사를 이어 온 이 장터는 오늘날 민북에서도 가장 유명하다. 매월 음력 2일과 7일에 동평에 장이 열리는 행사로서 건구, 건양, 송계, 정화 주변 100여 곳의 마을에서 1만 명 가까이 되는 농민들이 장터에 모여 지역의 토산품들을 거래한다. 그중에서 차의 거래가 대부분이며, 나머지는 전통 먹거리로 각광을 받는다.

지역 주민들에 따르면, 장날에는 몇 킬로미터나 이어지는 '**차향주진**(茶鄕酒鎭)'의 인파 속에서 바구니에 담긴 백차가 손에 손을 거쳐 거래되는 모습을 볼 수 있다고 한다. 차와 술의 향기가 넘치는 시장 장터의 번영은 청나라 말기 이곳의 유명 인사였던 송자란이 살아 있다면 지금도 감탄하지 않을까 싶다.

동평에는 400여 년의 역사를 자랑하는 **봉두촌**(鳳斗村)이 **금봉산**(金峰山) 자락에 있다. 그곳에는 면적이 100묘 가까이 되는 '화동(華東) 최고'의 **녹나무 숲**이 있다. 이 숲은 전체 화동 지역에서 면적이 가장 넓고, 환경보호도 가장 잘 되어 있는 원시림이다.

녹나무의 평균 수령은 300년 이상이고, 가장 오래된 것은 1000년을 넘으며, 숲에는 아직도 백로(白鷺)**가 서식하고 있다. 물론 숲을 지나면 뜻밖에도 차밭이 보인다.**

현차업관리센터(縣茶葉管理中心)의 관계자에 따르면, 현대인들이 가장 좋아하는 말이 무공해이듯이 자연생태학적인 시각에서 본다면 이 차밭의 차 가격은 만만치 않을 것이라고 한다.

2004년 차학자 장천복 선생은 90세의 고령임에도 정화를 찾았다. 정화차창이 설립되고 반세기가 지나서 공장을 다시 찾은 그는 당시 **"정화백모단은 형태, 색상, 향기, 맛이 유독 진귀하다"**는 말을 남겼다.

이것은 시대의 메아리이고, **동평**이 나아가야 할 **'차의 길'**이다. 사람과 차의 인연들은 세월을 따라 흘러서 지나갔지만, 그 과정에서 겪었던 사람들의 애환들은 오늘날 백차 한 잔의 맛에 담겨 있다. 차의 흥망성쇠는 결국 지역의 풍토와 사람들을 떠날 수 없다. 다음은 또 다른 차의 고향인 **금병촌**(錦屏村)으로 떠나 보기로 한다.

봉두촌(鳳斗村)에 있는 중국 최대의 녹나무 숲(왼쪽)과 푸른 이끼로 뒤덮인 오래된 녹나무(오른쪽)

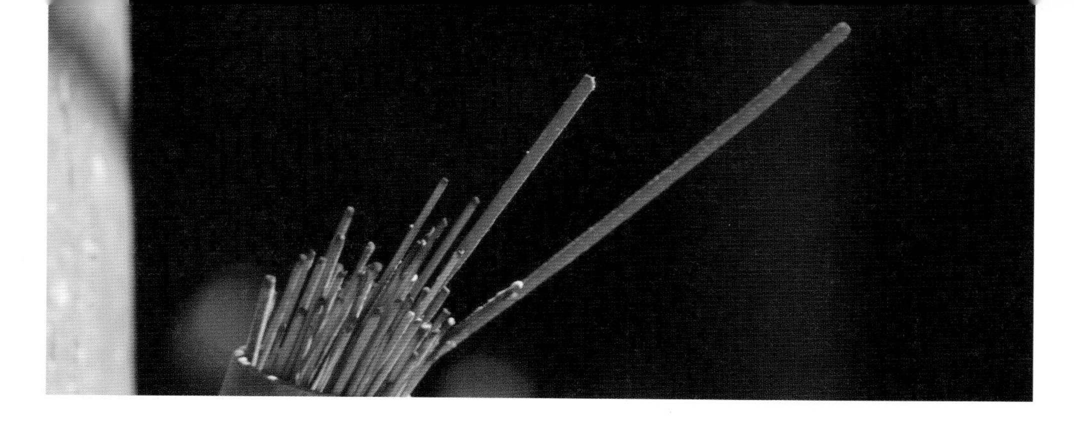

07

옛 차루(茶樓)를 바라보고 있는 금병촌(錦屛村)의 사람들

금병촌(錦屛村)의 지명은 마치 한 폭의 산수화를 떠올리게 하는 이름이다. 그렇듯이 이 지역에도 매우 신비한 역사가 있다.

정화현에서 출발하여 동쪽으로 고속도로 204선을 따라 절강성(浙江省) 경원현(慶元縣) 방면으로 정화현 영요향(嶺腰鄉)의 소재지에 이르러 다시 국도를 따라 20km를 더 가면 **금병촌**에 도착한다. **총인구 약 2000명에 불과한 아주 작은 마을이지만 매우 오랜 역사와 문화로 유명하다.**

금병촌은 복건성 100대 여행지 중 하나로 **정화현의 최고봉인 높이 1598m의 향로첨**(香爐尖) 기슭에 있다. 현 소재지에서 40km 떨어져 있고, 산 하나를 넘으면 절강성의 경원현(慶元縣)과 맞닿아 있다. 원래는 '하늘이 사람의 소원을 이루어 준다'는 뜻에서 '수응장(遂應場)'으로 불렸지만 청나라 때에 '금병(錦屛)'으로 이름이 바뀌었다.

금병촌의 토착민으로서 촌장이면서 협동조합인 수응차엽전업공작사(遂應茶葉專業合作社)의 책임자인 엽공원(葉功園)은 금병촌에 대하여 간략히 설명해 주었다.

금병촌(錦屛村)

"이 마을 맞은편의 남병산(南屛山)은 창가에서 바라보아도 병풍 속에 앉아 있는 모습마냥 사계절의 풍경이 아름답기로 유명하여 조상님들이 이 이름으로 정하였지요. **금병은 차로 유명하지만, 처음으로 유명세를 탄 것은 은광 때문이었답니다.**"

금병촌은 남송(南宋) 효종(孝宗, 1127~1194)의 융흥(隆興) 2년(1164년)부터 조정에서 관리하는 은광이 열려 300년 동안 채굴하였고, 수많은 광산 굴을 남겼다. 지금은 버려진 광산이지만, 검게 그을린 흔적들이 동굴 벽에 그대로 남아 있다.

그 옛날 금병은 8만 명의 광부와 3000명의 상인들이 드나들었던 지역으로 알려져 있다. 송나라, 원나라, 명나라 시대에 걸쳐 관의 허가를 받은 은의 채굴지로서 번성하여 수많은 광부와 상인들을 위한 매장과 가게들이 생겨났고, 외지인들이 잠시 쉬며 머물고 갈 수 있는 자리였다.

명나라 중기 이후가 되면서 상품 경제의 발달로 은의 수요가 점차 늘고, 은광에 대한 정부의 통제가 갈수록 심해졌다. 은의 채굴로 생계를 이어가던 광부들의 삶이 점점 더 팍팍해져, 결국 명나라 영종(英宗, 1427~1464)의 정통(正統) 7년(1442년)에 절강의 경원향 사람인 엽종류(葉宗留)가 광부들을 이끌고 봉기를 일으켰다.

봉기는 몇 년 만에 실패로 돌아갔고, 은광도 역사의 한 페이지로 남았다. **반대로 차 산업이 활**

발해지기 시작하였는데, 당시 이곳을 찾았던 상인 중에서 차를 만드는 방법을 아는 사람들이 산과 들에 차나무가 무성한 것을 보고도 알지 못하였던 금병 사람들에게 제다 기술을 전수하였다는 전설이 있다. 엽공원에 따르면, **'신선이 차를 만들라고 알려 주었다'**는 전설도 있다고 한다.

사실 청나라 시대에 중국의 대외 무역에서 주력 상품이었던 차의 수요가 세계적으로 높아지면서 중국 내에서도 제다 기술의 보급이 확대되었다. 유럽의 인기 상품으로 수출된 홍차의 제다 기술도 18세기 중후반 무렵에 정화현으로 전해졌다.

1826년 수응장(遂應場)에 사는 엽씨(葉氏) 가문에서 기존의 홍차 훈제법을 개선하여 이곳 선암산(仙岩山) 소엽차(小葉茶) 품종의 찻잎을 위조, 산화, 덖음하여 홍차를 만들었는데, 그 맛이 신선하고 달콤하였다. 이 **홍차**는 **무이산**(또는 정산) 근처에서 판매되었기에 '**무이홍차**(武夷紅茶)' 또는 '**정산소종**(正山小種)'이라 불렸다. 1874년이 되어 강서 출신의 상인이 훈제 향이 없는 이 공부홍차의 특별함에 매료되어(당시 정산소종은 훈제 가공을 함) 생산 규모를 확장하는 한편, 차를 복주(福州)로 운송하여 판매하였는데, 큰 인기를 얻은 것이다.

이 홍차는 **민홍**(閩紅) **3대 공부홍차**로서, 정화공부(政和工夫)의 전신인 현지의 소채차 품종으로 만든 '**선암공부차**(仙岩工夫茶)'이다. 1879년 정화현 철산(鐵山)의 위씨(魏氏) 가문에서 야생종인 정화대백(政和大白) 품종을 발견하고 압조번식(壓條繁殖)(휘묻이 번식)에 성공하였다.

곧이어 수응장의 엽자상(葉滋翔)이 **정화대백 품종**으로 공부홍차를 가공하여 '**정화공부**(政和工夫)'로 명명하였다. 이 작은 금병촌이 바로 '정화공부홍차'의 발상지이다. **오늘날 시장에서 판매되는 정화공부**는 채차로 가공된 '**소종홍차**(小種紅茶)'와 정화대백으로 가공한 '**공부홍차**(工夫紅茶)'를 **모두 포함해 부르는 말이다.**

금병촌의 **선암산** 기슭에는 오래된 차나무가 자생하고 있는데, 현지의 사람들은 '**차고**(茶栲)'라고 부른다. **이 차나무는 400여 년의 역사를 지닌 정화에서 현존하는 가장 오래된 차나무**로서 명나라 신종(神宗)의 만력연간(萬曆年間, 1573~1619)에 심겼다. **차나무의 높이는 3m, 줄기 지름은 12cm로 찻잎이 무성하다.** 차나무의 상태를 원상으로 회복시키기 위하여 최근 몇 년 동안 채엽을 중단하고 보호에 집중하고 있다. 엽공원은 금병 지역의 차밭 상황에 대하여 자세히 설명해 주었다.

"금병에는 100년이 넘는 차나무들이 많고, 가장 어린 차나무도 건국 이전에 심어진 것이에요. 이곳에는 600묘가 넘는 차밭에 소종차(小種茶)가, 칠팔백 묘 가까이 되는 차밭에 대백차(大白茶)가 있어요. 이곳의 차원은 3만 8000묘나 되고, 기본적으로 계곡에 집중되어 있어요. 모든 길을 걸어 들어가면 차원에 도착할 수 있어요. **금병촌 전체에는 450세대, 2000명이 넘는 주민들이 살며, 모든 가정에는 차밭이 있어요. 저도 10묘가 넘는 차밭이 있는데, 마을에서 가장 많이 소유하고 있지만 다른 사람들도 보통 대여섯 묘를 소유하고 있어요."**

선암공부차 원료였던 토종 차나무(왼쪽)와 금병의 촌장인 엽공원(葉功園)(오른쪽)

이곳 차의 맛은 금병촌의 독특한 환경과 기후가 좌우한다. 금병촌은 해발고도 700m~800m로 아열대 고산 지대의 계절성 습윤 기후를 보인다. 연간 강우량은 1926mm로 풍부하며, 평균 기온은 14.7도이다. 서리가 내리지 않는 무상(無霜) 기간은 212일, 평균 일조 시간은 약 1907시간으로서 차나무의 성장에 적합하다.

금병촌 사람으로서 긍지를 지닌 엽공원은 과거 번창하였던 금병에 관한 이야기를 들려주었다.

"금병 홍차는 품질이 뛰어나 복주의 찻집에 출하될 때 인기가 높았고 가격도 비쌌어요. 복주의 찻집들은 해마다 이곳의 홍차가 출시될 때까지 기다려야 차의 가격을 공개할 수 있었어요."

또한 기록에 따르면, 마을 인구가 약 1000명밖에 안 되었던 시절에도 금병에는 '만신풍(萬新豐)',

'서선춘(瑞先春)', '만복풍(萬福豐)' 등의 유명한 **차행들이 20여 곳**이 있었고, 가정식 찻집인 **'차방**(茶坊)'도 수십 곳이 운영되었다. 연간 홍차 생산량이 1만여 상자(1상자는 25kg)였고, 약 2000상자가 **유럽, 홍콩, 마카오 지역에 판매**되었다.

수응장의 차장(차 도매상)에서 수출하는 차는 수로를 통해 복주로 운송되어 외국인들이 설치한 사무소 또는 국내 판매점에서 매입하여 수출하였다. 다른 한편으로는 육로를 통해 복안 새기진(賽岐鎮)의 항구에 운송하여 배로 다시 해외에 수출하였다. 금병 홍차는 가격이 높아서 대부분 수출하였던 탓에 오히려 내수 판매가 적었다.

19세기 중반에 금병의 연간 최고 찻잎 생산량은 1만 단(担) 이상이었다. **심지어 모조품이 생길 정도로 인기가 있었고, 영문으로 된 '정화공부 모조품 거래 방지 성명서'가 발표되기도 하였다.** 이 성명서는 만선춘(萬先春)에서 금병 차의 모조품이 판매된다는 소식을 듣고 공장 이름과 제품 로고 등록에 착수하여 외국 판매 업체들에게 배포된 것으로서 **'정화공부 상표 등록 증명서'**이다.

이 증명서는 1926년에 인쇄되었는데 금병촌의 주민이 개인적으로 소장하고 있다고 한다. 엽공원은 "정화 차 산업의 양대 산맥인 정화백차와 정화공부홍차는 중국 차의 세계적인 인기를 실감하게 하는 증거"라고 말한다.

한편, **질박하고 고풍스러운 금병촌을 깊이 들어가면 4층으로 된 목조 가옥 한 채가 보인다.** 마을에서 가장 잘 보존된 청나라 시대의 '차루(茶樓)'이다. 과거에 차루는 단순히 차를 마시는 장소가 아니라 실제로 차의 매입, 가공, 판매가 통합되어 이루어지던 차 전문점이었다.

이 차루는 전체가 널빤지로 네 개의 층을 이루고 있는데, 각각 차를 분류하고, 말리고, 가공하고, 홍배(烘焙)하는 작업실이었다. 계단으로 올라가다 보면, 나무에 스며든 삐걱거리는 세월의 소리를 들을 수 있다. 고개를 들어 보면 **100년의 시간**은 희미한 빛과 함께 일렁이고, **먼지로 뒤덮인 상자며, 광주리며, 바구니, 현판들이 과거 이곳의 현장 속으로 끌어들여 시간 여행을 하게 한다.** 분주한 저울질, 재빠른 분류 작업, 오고가는 대화 속에서 한줄기 짙은 차향이 연상된다. 엽공원은 금병의 차 산업에 대하여 이렇게 설명한다.

"금병 사람들은 오랜 세월 동안 집집마다 차를 만들었지만, 지금은 해마다 상황과 수요에 따라 양을 결정해요. **차의 가격은 가공 방법과 품종에 영향을 아주 많이 받는데,** 이곳에서는 현재

복안대백, 정화대백, 매점(梅占), **금관음**(金觀音) **등 다양한 품종을 재배하고, 또 전부 손으로 채엽하기 때문에 규모가 크지 않아요.** 찻잎은 마을에서 중요한 경제 산업 중 하나로 1인당 연간 수입은 약 5000~6000위안 정도예요. 부유한 편은 아니지만 금병 사람들은 늘 편안한 마음으로 생활하면서 만족하고 있어요."

청나라 시대의 차루(茶樓)

정화에는 **낭교**(廊橋)가 많기로 유명하다. 『정화현지(政和縣志)』에는 **"정화에는 옛 다리가 253개나 있다"**고 기록되어 있다. 그중 대부분이 낭교이며, 다양한 유형으로 100여 개가 현존하고 있다.

금병촌에도 **'회룡교**(回龍橋)'가 있다. 송나라 원년에 건축된 팔(八)자 받침으로 목조의 아치형 다리였는데, 청나라 건륭 27년(1762년)에 다시 지어졌고, 1982년에 보수되었다. 전체 길이는 24m, 폭은 5m, 복도 높이는 4.2m이다. 그리고 교각과 교각 사이의 거리인 순경간Clear Span은 14.5m이다. 내부에는 불상을 모시는 감실(龕室)이 있고, "보도자항(普渡慈航)"의 글귀가 새겨져 있다. **사람들은 이곳에 향불을 피우고 제를 올린다.**

차로 생계를 꾸리는 정화 사람들에게 이러한 낭교는 남다른 의미를 지닌다. 낭교의 대부분은 **가장 좋은 자리에 감실을 두어** 불교의 '관음보살(觀音菩薩)', 도교의 여신인 '임구낭(臨九娘)', '진무대제(真武大帝)', '문신(門神)', '재신(財神)' 또는 **'차신**(茶神)**'을 모신다.**

금병촌의 또 다른 낭교인 **수미교**(水尾橋)에서는 사람들이 **백성과 차의 수호신으로 여기는 진무대제를 모신다.** 금병선암차(錦屏仙岩茶)는 해마다 청명(清明)에서 백로(白露)까지 세 차례(현재는 연중 1회) 찻잎을 채취하여 만들었다. 이 차를 팔면 은을 갖고 집으로 돌아온다고 하여 옛날부터 '오환백(烏換白)'이라고 하였다.

이로 인해 청나라 말기에서 민국 초기에는 차 시장이 열리거나 음력 3월 3일, 5월 5일이 되면, 일찍부터 **차농들이 금병의 수미교에 모여 제를 올렸다.** 아침에 조차신(早茶神)께, 점심은 일차신

(日茶神)께, 저녁은 만차신(晚茶神)께 세 차례의 제를 지냈는데, 주로 차와 찹쌀떡이나 종이돈을 상에 올렸다.

이때 제를 이끄는 사람이 "차나무여 빨리 자라 푸르고 빛나는 찻잎을 자라게 하소서. 진무대제가 복을 주나니, 금병에 천만 단의 차가 나게 하소서"라는 기도문을 외우면, 모든 사람이 광주리를 내려놓고 경건한 마음으로 향을 피우고 술을 올리면서 한 해의 풍년을 기원한다.

금병은 옛날부터 차의 생산이 주요 생업이고 거래도 많은 지역이지만, 교육도 뒤처지지 않았다. 일찍이 송나라 때 설립된 '남병산서원(南屛山書院)'으로 명성이 높았으며, **주자학**의 창시자인 **주희**(朱熹, 1130~1200)가 이곳에서 남긴 많은 시편들도 대대로 전해져 오고 있다.

주희의 시호인 문공(文公)이 이름으로 붙은 개울인 '**문공담**(文公潭)'은 주희가 이곳에서 붓을 자주 씻은 데서 유래되었다. 인구가 적은 금병촌이지만 자체적으로 운영하는 초등학교가 있을 정도로 자녀의 학업을 중요시한다.

마을 입구의 낭교 바로 옆에는 **높이 49m의 삼나무**가 자라는데, 복건성에서 가장 높은 '**삼목왕**(杉木王)'이다. 그러나 마을에서는 '**장원수**(狀元樹)'로 즐겨 부른다. 그동안 이 마을에 100명이 넘는 대학생이 나왔고, 그들 중 일부는 북경대학(北京大學)에 입학까지 하였기 때문에 마을 사람들은 이 모든 것을 '삼목왕의 축복'이라고 여긴다.

복건성의 유명한 역사 문화 마을로서 금병은 현재 관광산업의 발전에 중점을 두고 있다. 촌장인 엽공원에 따르면, 앞으로 **차 문화와 관련한 체험 프로그램을 진행**할 것이라고 한다.

한편, 금병촌의 입구에는 고차도(古茶道)가 나 있다. 이 길은 고대로부터 복건성 북부에서 동부를 잇는 유일한 길이었다. **과거 복건 북부, 즉 민북은 경제가 발달하지 못하였고 교통도 불편하였지만, 금병촌만큼은 복건 북부와 동부, 절강성 남부의 경계에 있었고, 다른 지역으로 통하는 고차도가 있어 고대에는 중요한 교통 중심지였다.**

외지로 수출하는 정화의 차나 경성으로 보내지는 은, 그리고 동부에서 수입하는 소금까지도 모두 이 고차도를 거쳤다.

"깊은 산에 물이 흘러 이곳에서 수려하게 자란 차나무에는 우주의 정기가 어린다. 차의 선한 아름다움은 숨기기 어렵고, 절세의 향기는 세상을 뒤덮는다."

이는 1926년에 판매한 정화백차의 영문판 포장지에 인쇄된 한 편의 시이다. 먼 산으로 이어지는 이끼가 가득한 험한 고차도를 바라보면 무심코 이 시가 떠오를 것이다. 아마도 이곳의 돌 하나하나에, 차나무의 그루마다 북원공차로부터 이어진 정화의 1000년 역사가 담겨 있을 것이다.

회룡교(回龍橋)(왼쪽)과 고차도(古茶道)의 비석

정화에서 태어난 **주희**도 『서암암중(瑞岩岩中)』이라는 시를 통해 이곳에 대한 애정을 담았다. 차의 이야기에는 이같이 한 사람의 운명과 나라의 과거와 현재가 담겨 있다.

숲속을 한참 걸었더니 황엽(黃葉)이 쌓여 있고,
나무에 둘러싸여 전각이 높이 솟았네.
초가을 골짜기 샘물 울려 퍼지는데,
푸른 산에 가랑비 내려 날이 흐릿하네.
골짜기는 지금 빼어난 모습 감추었고,
세 서생은 예전에 왔던 길을 기억하네.
벗었던 옷 다시 입고 예 묵으려 하노니,
산신령은 편히 돌아감을 허락지 않네.

08

고대 도시 건양(建陽)의 건차(建茶)에서 건수(建水), 건잔(建盞)까지

대나무 숲 밖 복사꽃 두세 가지 꽃을 피우고,

봄날 강이 따뜻하여 오리들이 노닐고 있네.

강여울에 쑥이 가득 차고, 갈대도 어린싹을 틔우고 있으니,

복어가 바다에서 강을 거슬러 올 때로다.

송나라 신종(神宗) 원풍(元豐) 8년(1085년)에 시인 소식(蘇軾, 1037~1101)이 북송의 승려 혜숭(惠崇, 965~1017)의 「압희도(鴨戲圖)」 그림에 쓴 시문 「춘강만경(春江晩景)」이다. 복건 건양(建陽) 사람인 혜숭은 중국의 유명한 화가이면서 시인이다. 그가 일생에서 가장 많이 그렸던 것은 당시 '건주(建州)'라고 불렸던 민북 건양의 풍경이었다. 이곳은 아름다운 경치와 더불어 역사가 유구한 '**건차**(建茶)'의 전통이 남아 있다.

건양을 언급할 때는 중국 차 발전사에서 결코 빼놓을 수 없는 '**북원공차**(北苑貢茶)'의 역사를 이야기해야 한다. 기록에 따르면, 북송 시대에 **북원공차**를 가공하였던 산지가 1336곳이며, 그중 32곳은 황실에서 운영하였는데, 각각 건구, 건양, 정화, 남평 등의 지역에 분포되었고, 특히 건구시 봉황산(鳳凰山), 동봉진(東峰鎮) 일대의 동산(東山) 등 14곳이 '북원용배(北苑龍焙)'의 핵심이었다.

북송 역대 황제들의 '**북원공차**'에 대한 열정은 한 시대의 **제다**(製茶), **음차**(飮茶), **투차**(鬪茶)의 풍조를 형성하였다.

중국인들은 오래전부터 차를 마셨고, 중국 황실 통치자들도 예로부터 차를 건강 음료로 마셨지만, **송나라 이전**에는 **공차**를 생산하는 '**공배**(貢焙)' 지역이 **건주(현 건양)가 아닌** 지금의 **절강성 장흥**(長興) 지역인 '**고저**(顧渚)'에 있었다.

당나라 육우(陸羽, 733~804)의 『**다경**(茶經)』에서도 **중국 남쪽의 차 산지는 귀주성**(貴州省) **무천**(務川) **지역인 '사**(思)**', 준의**(遵義) **지역인 '파**(播)**', 덕강**(德江) **지역인 '비**(費)**', 석천**(石阡) **지역인 '이**(夷)**', 호북성**(湖北省) **무창**(武昌) **지역인 '악**(鄂)**', '원**(袁)**', 강서성**(江西省) **길안**(吉安) **지역인 '길**(吉)**'과 '복**(福)**', '건**(建)**', '상**(象)**' 등 10개 주(州)라고 기록되어 있다.**

또한 『**다경**(茶經)』에는 "복주(福州), 건주(建州) 등 11개 주는 잘 알려지지 않았지만, 종종 차가 생산되고 그 맛은 일품이다"고 덧붙여 기록되어 있다. **이 시대에는 건차가 많이 생산되지 않아 아주 가끔 맛을 볼 수 있었다는 사실을 유추할 수 있다.**

이런 상황은 오대남당(五代南唐) 시대에 건안(建安) 지역의 건구(建甌) 동부인 봉황산(鳳凰山)에 '용배(龍焙)'를 설립하면서부터 바뀌기 시작하였고, 송나라 시대 들어와서는 근본적으로 역전되었다.

북송이 개국할 때 역사적인 한랭기에 접어들었다. 태호(太湖) 유역에 있는 고저(顧渚) 지방은 송나라 도읍지인 변경(汴京)/**지금의 하남성**(河南省) **개봉**(開封)/과 더 가깝지만, 겨울의 한기가 산과 숲을 얼음으로 뒤덮어 버려 **명전춘차**(明前春茶)의 공급에 차질을 빚었다. **청명**(淸明) **전에 왕실에 바칠 차가 부족하고, 고저 지방에서 공차 생산이 어려웠던 상황에서 따로 방법을 찾아야만 하였다.**

때마침 태평흥국(太平興國) **2년(977년), 송나라 태종**(太宗) **조광의**(趙光義, 939~997)**는 "용과 봉황의 본을 박아 만들어 백성이 마시는 차와 구별하라"는 조서를 내렸다.**

이때 **건주 사람들은 증기로 찐 찻잎에서 고**(膏)**(차 기름)를 빼고 연**(硏)**(맷돌)에 갈아서 만든 고운 차를 틀에 넣어 압축**하여 **용봉**(龍鳳)**의 무늬를 새긴 단차**(團茶)를 만들었는데, **우리면서 거품을 내면 밀랍처럼 부드러워 황제에게 높이 평가되었다.**

이에 **공차**를 만드는 곳인 **공배**(貢焙)는 공식적으로 **북원으로 이전**되었고, **"건차가 황실에 바쳐지면서 양이현**(陽羨縣)**에서 더는 '연고**(研膏)**'(단차를 의미)를 만들지 않았다"**는 기록도 있어 **민북의 건차가 유일하게 발전하기 시작하였다는 증거이다.**

오늘날 흔히 말하는 **건차**는 민북의 강인 건계(建溪)의 양쪽 기슭인 **건구**, 연평(延平), 그 상류에 있는 **무이산**(武夷山), **건양**, 포성(浦城), 송계, **정화** 등의 **지역에서 만들었던 차를 포괄적으로 가리킨다.** 그중 건구와 건양이 대표적인 중심지였다.

1980년대 문화재를 조사하던 사람들이 건구시(建甌市) 동봉진(東峰鎮) 배교촌(裴橋村)의 배전자연촌(焙前自然村) 서쪽으로 약 2km 떨어진 임롱산(林巃山)에서 마애석각(摩崖石刻)을 발견하였다. 바위에는 "동으로 동궁(東宮), 서로 유호(幽湖), 남으로 신회(新會), 북계(北溪)는 32곳의 관배(官焙)에 속한다"는 송나라 차에 관한 기록이 새겨져 있었는데, 이는 북송 시대 운송을 관리 및 담당하는 관직인 조신(漕臣)에 있던 가적(柯適)이라는 사람이 남긴 비문이다.

이 기록에서 '동, 서, 남, 북'은 북원 관배 32곳의 방위이고, 이중 '동궁', '유호', '신회'는 관배의 명칭이다. 동궁은 오늘날 정화현 서쪽에 있고, 유호는 건양시의 소호(小湖) 방향에 있으며, 남쪽의 신회는 오늘날 건구시의 소교진(小橋鎮) 일대에 있다.

북원 관배의 건차는 등급이 있다. 현대 차 전문가인 진종무(陳宗懋) 선생의 **『중국차엽대사전**(中國茶葉大辭典)**』**에는 **"북원 봉황산 일대의 관배는 '용배**(龍焙)**', '정배**(正焙)**', '내배**(內焙)**', '외배**(外焙)**', '천배**(淺焙)**'로 구분된다"**고 기록되었다. **용배에서는 황제만 마시는 차를 만들고, 내배의 차는 귀족과 대신들에게 하사하는 것이며, 외배와 천배에서는 공신들과 학자들에게 상을 내리는 차를 만들었다. 등급 기준이 까다로워 누구나 부담 없이 마실 수 있는 것이 아니었다.**

웅번(熊蕃)은 『선화북원공차록(宣和北苑貢茶錄)』에서 진상품으로 만든 건차의 종류에 관하여 기록하였다. 송나라 태종(太宗)이 즉위하였던 태평흥국 초기에 북원 공배의 차는 용봉단차(龍鳳團茶) 한 종류뿐이었고, 그 뒤로 다양해져 '석유(石乳)', '적유(的乳)', '백유(白乳)' 등의 종류도 만들어졌다.

송나라 인종(仁宗, 1010~1063)에서 철종(哲宗, 1076~1100) 시대에 이르기까지 **공차에 대한 관심은 날이 갈수록 커졌고, 북송의 휘종**(徽宗, 1082~1135)**이 황제로 등극하면서 절정에 이르렀다. 휘종은 흰색을 좋아하고 백차를 숭상하여 백차를 모든 차 중에서 으뜸의 자리에 두었다.**

사실 건차의 번영은 한편으로 단차의 산지를 강남(江南) 지역에서 민북의 건주로 확장하고, 또 한편으로는 민북의 차 무역을 촉진하여 훗날 생산의 개혁과 기술의 고도화 시대에 민북 차의 선도적 힘이 되어 시대의 선두주자가 되었다.

또한 북송 휘종인 조길(趙佶)의 개인적인 취향으로 인해 '투차(鬪茶)'가 성행하면서 전문 다기를 굽는 '건요(建窯)'가 등장하고, 건요에서 나는 찻잔은 '건잔(建盞)'으로 유명해졌다.

송나라 휘종 때부터 찻물의 순백함을 추구하여 '사설(似雪)', '승설(胜雪)'이 최고라고 믿었기에 사람들 대부분은 점차(点茶) 방식으로 우렸을 때 생기는 거품이 하얗고 오랫동안 유지되어야 좋은 차라고 생각하였다. 건안(建安)에서 생산된 '흑유차잔(黑釉茶盞)'은 거품을 관찰하는 데 유리하고, 찻물의 흰색을 돋보이게 하였기에 당시 상류층에서 가장 선호하는 다기였다.

송나라 휘종 조길(趙佶), 「문회도(文會圖)」의 일부
출처 : 대북고궁박물원(臺北故宮博物院) 소장

건양은 정화에서 멀지 않아 차편으로 2시간도 채 안 걸리는 곳이다. 건잔의 발원지인 건양 수길진(水吉鎮) 후정촌(後井村) 인근의 언덕에는 옛 가마터가 있다. 여기저기 부서진 도자기와 그릇 조각들이 널린 모습을 보면, 수백 년 전 이곳에서 백 개의 가마가 이어지고 도공이 수천 명이며, 가마는 밤낮으로 불이 꺼지지 않는 모습을 쉽게 상상할 수 있다.

1990년대 수길에는 논과 산에서 찻잔을 주워 고물상에 파는 '잔 줍는 사람'들이 생겨났다. 그러나 당시 건잔의 역사에 관심을 기울이지 않았기에 매우 낮은 가격으로 거래되었다.

건잔(建盞) 파편(왼쪽)과 남송 시대 건요(建窯)의 흑유토호차잔(黑釉兔毫茶盞)(오른쪽)

휘종은 『**대관차론**(大觀茶論)』에서 건잔에 대해 "**잔색귀청흑, 옥호조달자위상**(盞色貴青黑, 玉毫條達者為上)"이라고 기록하였는데, 그 이유는 청흑(青黑) 색상의 찻잔을 가장 귀한 것으로 여겼고, 달빛 아래에서 토끼털 같은 빛이 반짝이면 더욱더 이상적이라고 믿었기 때문이다. 이것이 오늘날 잘 알려진 '토호잔(兔毫盞)'이다.

건잔 가마터에서 출토된 송나라 찻잔 대부분은 토호잔이고 **기름방울같이 보이는 금속 광택의 반점들로 덮여 있는** 일부 유적잔(油滴盞)도 있는데, **송나라 시대에는** '자고반(鷓鴣斑)'**이라 불렸다.** 그중 진품은 국보급의 유물로서 소장되고 있다.

2016년 9월 뉴욕 크리스티 Christie **경매에 건요의 유물 찻잔이 올랐다.** 일본의 **다성**(茶聖)으로 추앙을 받는 **센노리큐**(千利休, 1522~1591)가 한때 소유하였고, 지금은 일본 구로다(黑田) 가문의 후손인 아타카 에이치(安宅英一)가 소장한 것이다. 참고로 말하면, 구로다 가문의 찻잔 원 소유주였던 조상은 일본 전국시대 장군으로서 도요토미 히데요시(豊臣秀吉, 1536~1598)의 부하였고, 센노리큐의 친구였다.

이 유물 찻잔은 예상가인 150만~250만 달러를 훨씬 넘은 1030만 달러로 수수료를 합산하여 총 1170만 3000달러에 낙찰되었다. 이날 환율을 적용한 인민 화폐로는 약 7807만 위안(元)에 해당하며, 역대 건잔 경매 사상 최고의 기록을 경신하였다.

건잔은 오래전부터 서양과도 매우 특별한 만남이 있었다. 송나라의 휘황찬란한 문화를 상징하

던 건잔은 나라가 망한 뒤에도 한때 유럽으로 건너가 상류층에서 큰 인기를 끌면서 그 가치가 황금과도 같았다.

1935년 고고학 애호가이면서 중국 복주(福州)에 주재한 해군 장교이자, 미국 세관공무원이었던 제임스 마셜 플러머J. M. Plumer는 노화평(蘆花坪) 지역의 **건요 유적지를 답사하던 중** 후정촌(後井村)의 한 농부가 **건잔에 건차를 우려내 손님에게 대접하는 모습을 보고 놀라움을 금치 못하였다.** 그래서 그는 유적지 주변의 언덕을 다니면서 그릇 조각, '**갑발**(匣鉢)'(내열성 도자기 사발), 도자기를 굽는 데 사용되는 받침 도구인 '**점병**(墊餠)', 다양한 문양의 **도자기 파편들을 조심스럽게 발굴**하였다. **나중에 몇 명의 농부들을 고용하여 발굴 작업을 함께 진행하고 결국 도자기 여덟 바구니를 미국으로 가져갔다.**

이 경험은 해군 장교였던 플러머를 도자기 예술가로 변모시켰다. 그는 귀국한 뒤 저서인 『**건잔연구**(建盞硏究)』를 저술하여 영국의 뉴스 주간지인 『일러스트레이티드 런던 뉴스The Illustrated London News』에 게재하였는데 큰 화제를 모았다. 1972년 그의 또 다른 저서인 『**건요연구**(建窯硏究)』가 일본에서 출간되었다.

오늘날 **수길진 노화평**의 벌거벗은 산비탈에는 길이 **약 130m**로 **중국에서 가장 긴** '건요용요요지(建窯龍窯窯址)'가 국가 보호 문화재로서 보호되고 있다. **산을 등지고 쌓은** 용요(龍窯)는 **벽돌담과 나무 문으로 가려서 보호 및 관리되고 있다.**

건양의 지역 TV에서 특집 촬영을 하면서 건잔의 역사를 연구한 현지 기자에 따르면, 현재 발굴된 용요 유적은 옛 당시 규모의 일부에 불과하다고 한다. **송나라 때 많은 상인이 이곳을 찾았는데, 대량 공급을 위해 한 가마에서 적어도 10만 점 가까이 굽기도 하였으며, 일 년 내내 가마에서 불이 꺼지지 않았다고 한다.**

지금의 **용요**는 **과거의 번영은 온데간데없이 사라지고 적막한 산비탈을 따라 비스듬히 서 있다.** 두꺼운 황토와 벽돌 사이에 섞여 있는 부서진 건잔 조각들은 단절된 800년의 역사가 무색할 만큼 여전히 햇빛을 받으며 밝게 빛나고 있다. **북송이 멸망하고 휘종과 왕실이 몰락하면서 건요의 위상도 함께 흔들린 것**이다. 훗날 **명나라를 세운 황제 주원장**(朱元璋, 1328~1398)이 인력과 재력이 많이 소모되는 '**용봉단차**'를 **폐지**하고 '**산차**(散茶)'로 **대체**하면서 **투차, 점차의 문화가 쇠퇴**하고 **건잔의 생산량도 급감**하면서 **역사에서도 그 자취를 완전히 감춘 것이다.**

오늘날 건양을 방문하면 도심에서 건잔을 전문적으로 판매하는 문화의 거리에 자리한 많은 상가들이 자신들의 가마를 소유하고 있다는 사실을 알 수 있다. 물론 현대의 건잔들은 대중적으로 소비되는 공예품들이다.

1980년대 개혁, 개방 이후 건양에서는 골동품 건잔의 복원 기술 개발에 성공하면서 공예 건잔의 생산이 이제 수길진의 새로운 문화 산업으로 발돋움하였다. 2011년 5월 건요 건잔 소성 기술은 국무원의 승인을 통해 제3차 국가무형문화유산의 목록에 등재되었다.

건양 차의 역사를 연구해 온 건양시의 차업국장 임금단은 건차가 번성하게 된 이유에 관하여 다음과 설명한다.

"건차는 건잔을 떠날 수 없듯이, 건차를 전국에 알린 것은 예로부터 민북을 흐르는 건수(建水)였습니다. 건양은 건계의 상류, 무이산 남부 기슭에 있어요. 한나라 시대 건안(建安) 8년(203년)에 세워진 복건성에서도 가장 오래된 다섯 현 중 하나이지요. 현재 건양 도심을 수서(水西), 수남(水南), 수북(水北)의 세 구역으로 나눈 것은 두 개의 강이 도시를 흘러 지나기 때문이지요. 하나는 마사황갱(麻沙黄坑)에서 내려오는 마사강(麻沙江)이고, 또 하나는 무이산에서 내려오는 차마계(茶馬溪)예요."

임금단이 언급한 **차마계**(茶馬溪)는 건양 거구진(莒口鎮)의 차부촌(茶埠村)에서 그 모습을 엿볼 수 있다. **그 옛날 차를 운반하였던 부두로 가면 안타깝게도 부두의 흔적이 남겨진 청석판(青石板)이 수위 상승으로 인해 강에 잠긴 상태이다.** 마을 책임자는 이런 옛 부두의 역사에 간략히 소개해 주었다.

"여기가 바로 과거 차마고도(茶馬古道)의 부두였는데, 지금은 **차마계**에 잠겨 거의 볼 수 없네요. **차부촌에는 부두가 여러 곳이 있었는데 여기가 비교적 규모가 컸지요.** 주변을 둘러보면 모두 100년 이상 자란 소엽 채차 품종이에요."

'**차마계**(茶馬溪)'라는 이름은 어디에서 유래한 것일까? 마을 책임자의 설명에 따르면, 역사상 건양에서 차가 번성하였기에 곳곳에 차밭이 있었고, 외지에서 온 상인들은 늘 투차를 통하여 찻빛이 더 하얀 것을 구매하였다고 한다.

당시 민북에는 육로가 없고 수로만 열려 있었는데, 건양(建陽)의 '마부(馬埠)' 지역으로 직결되어 있다고 하여 '**차마계**'라고 불렀고, 이 강은 다시 '마양계(麻陽溪)'와 합류한다.

"과거에 찻잎을 마부(馬埠) 지역까지 운반하면 육로로 이어갈 수 있었고, 다시 복주항(福州港)에 운반하여 수출하였지요. 청나라 때는 교역량이 특히 많았습니다. 이 산을 넘으면 서방촌(書坊村)입니다. 두 마을은 과거에도 도로로 연결되었기에 서방촌 물품 특히 찻잎은 차부촌(茶埠村)의 수로를 통해 운반되었지요. 서방촌의 차 상인들은 애벌 가공을 거친 찻잎을 차부촌으로 옮긴 뒤 재가공을 하였습니다. 한마디로 차부촌은 찻잎 중계 거래의 집산지였습니다."

송나라 시대 당시 교육자로서 명성이 자자하였던 **주희**는 **건양**의 **거구**(莒口)와 **무이산**의 **오부**(五夫) 지역을 오가며 장구진(將口鎮) 동전촌(東田村)을 지날 때마다 이곳에 은거하며 근계(芹溪) 처사로 불렸던 **구자야**(邱子野)와 함께 이 고장의 **명차**를 마시며 **시**와 **부**(賦)를 읊었다.

구자야는 저서 『운암기(雲岩記)』에서 **"운암산(雲岩山)의 드넓은 언덕과 비탈에는 모두 차나무가 재배되었다"고 기록**하였다. 이 차나무들은 구자야 이전부터 이곳에 은거하였던 늙은 도사와 그 제자들이 재배한 것이다. 훗날 북원과 운암의 명차가 이름을 날리면서 차부촌 등의 지역에서는 북원의 '특세(特細)'(매우 미세)와 견주는 '특조(特粗)'(매우 굵은)의 공차를 만들기도 하였다.

옛 역사를 안고 유유히 흐르는 차마계(茶馬溪)

과거 상권이 번성하였던 옛 마을의 모습

청나라 때 차를 비롯한 특산품을 유통하던 **차부촌**의 거리 상가에는 현재 사람이 거의 살지 않고 허름한 집들이 대부분 줄지어 있다. 잘 보존된 듯한 2층 목조형 건물을 지날 때 내부를 살펴보면 과거 카운터의 위치는 어렴풋이 알아볼 수 있을 정도이다.

또 이곳의 우물은 마을 촌장의 설명에 따르면, 과거부터 이 마을의 풍수지리로서 역사에서 '투차'할 때 사용하였던 우물이라고 한다. 지금도 활수(活水)로서 깨끗한 물이 차오르고 물고기들이 물속을 누비고 있다. 우물가에 무작위로 놓여 있는 것처럼 보이는 두 개의 주춧돌은 실제로는 명나라 세종의 가정(嘉靖, 1522～1566)과 희종(憙宗)의 천계(天启, 1620~1627) 시대의 고분 비석이다.

지금까지 고풍스러운 **건양**에서 **백모단**과 **공미** 백차의 **원산지 변화**와 **자취**를 알아보았다. 수많은 역사적인 단서 속에서 **수길의 건요 유적**, **청나라 차 무역의 중심이었던 수길의 옛 거리**, **수선백의 발원지인 수길 대호촌**(大湖村), 그리고 서방촌에 있는 가장 오래된 수선 차나무를 살펴보았다.

다음으로는 **'만단차향**(萬担茶鄉)'으로 알려지고, 공미 백차의 발원지로 알려진 **장돈진**(漳墩鎮) **남갱촌**(南坑村)으로 발길을 옮겨 그 옛이야기를 소개한다. 백차에 대하여 알려지지 않은 역사적인 사실이 얼마나 있는지에 대한 궁금증을 해소할 수 있을 것이다.

09

장돈진(漳墩鎮)의 '만단차향(萬担茶鄉)'과 백차 남갱백(南坑白)

장돈진(漳墩鎮)에 도착하면 가장 많이 들을 수 있는 말이 **차**로써 유명하였던 과거의 영광을 담은 '**만단차향**(萬担茶鄉)'이다. 또한 **장돈진**은 중국 '**공미**(貢眉)' 백차의 고향이다.

민국 18년(1929년) 『건구현지(建甌縣志)』에서는 "**백호차**(白毫茶)는 서향(西鄉), **자계**(紫溪)의 두 곳에서 생산된다…"고 기록하고 있다.

이때 **자계**(紫溪)는 오늘날의 **건양현** 소호(小湖), **장돈진**(漳墩鎮), 수길진 일부 지역, 건구현 용촌(龍村)의 일부 지역을 가리킨다.

기록에 따르면, **백호차**(白毫茶)는 **장돈진 남갱촌**의 소씨(蕭氏) 성을 가진 사람이 **채차 품종**으로 만든 **백차**로서 지역의 이름을 따서 '**남갱백**(南坑白)'이라 불렀다고 한다. 그리고 지역 사람들은 그 백호차를 '**소백**(小白)' 또는 '**백자**(白子)'라고 부른다. 또한 『수길지(水吉志)』에서는 "백차는 수길의 **자계리**에서 생산하였는데, 건륭(乾隆) 37년(1772년)에서 47년(1782년) 사이에 만들어졌다"고 기록하고 있다. 이때 **자계리**(紫溪里)가 오늘날 **건양시 장돈진의 남갱**(南坑)이다.

사실 **남갱**(南坑) **지역은 송나라 시대에 이미 북원공차의 산지로 포함되었던 지역이다.** 원나라 대덕(大德)(1297년) 이후 북원이 쇠퇴하고 **무이**(武夷) **지역이 번성**하면서 **남갱은 무이차 산지로 변경**되었고, 이때부터 생산된 차들은 모두 '**무이차**(武夷茶)'로 분류되었다.

청나라 가경연간(嘉慶年間, 1795~1820)에 중국 차의 연평균 수출량은 5000만 냥(兩)(1냥은 무게 단위로서 10냥이 500g) 이상이었다. 그중 무이차는 7분의 1을 차지하였고, 전성기에는 총수출량의 4분의 3까지 차지하였다. **무이차 산지 중 한 곳이었던 남갱에서 생산된 '남갱차**(南坑茶)' **도 이 시기에 급속도로 발전하였다.**

그러나 1773년 '**보스턴 티 파티**The Boston Tea Party'의 영향으로 **남갱차의 수출량**은 **무이차**와 함께 **급감**하였다. 원가와 인건비의 절감을 위해 상인들은 '반쇄청, 반건조'를 뜻하는 '반쇄반량(半曬半晾)'의 방법으로 덖음과 유념이 없는 독특한 품질의 '**남갱백**(南坑白)'을 만들기 시작하였다.

청나라 시대에 오랫동안 장돈진의 백차인 남갱백은 하천을 통해 수길진의 부두에 운반되어 유통되었다. 동치(同治) 13년(1874년) 좌종당(左宗棠)이 목종(穆宗, 1856~ 1875) 황제에게 올린 상소문에서 언급한 그 '**백호**(白毫)'가 바로 **남갱백**이다.

현재 **장돈진**의 차원은 3만 묘(畝) 가까이 되며, 주로 **채차**, **복안대백**, **복운 6호**, **수선** 등의 품종을 재배하고, **백차**의 연간 생산량은 **600톤 이상**이다. 계획 경제의 시대에 **장돈진의 백차 수출량은 도시 전체 차 수출량의 70%를 차지**하였고, **생산량도 성**(省) **전체 백차의 60% 이상을 차지**하였다.

1985년까지 전국 찻잎 수출의 **85%가 복건 백차**였고, 그중 **절반 이상은 건양에서 생산한 것인데**, **건양차창**(建陽茶廠)의 모차 원료 중 **90%는 장돈진에서 공급**받았다. **해마다 백차를 대량으로 생산하여 외화를 벌어들였기에 장돈진의 경제는 더없이 풍족하였다.**

장백차업유한공사(漳白茶業有限公司) 건양흥업차창(建陽興業茶廠)의 총책임자인 엽찬희(葉贊喜)는 당시의 상황을 들려주었다.

"**장돈진**은 오래전부터 '**만단차향**(萬担茶鄉)'이라고 불렸는데, 성 내에서도 최초였지요. 한때는 홍콩, 마카오, 동남아시아 시장의 백차가 모두 우리 지역 산물이었습니다. 1980년대에는 보이는 산마다 모두 차원이었지만, 지금은 많이 황폐해졌어요. 과거 **건양차창**에서는 장돈진에서 공급받은 원료로 백차를 가공하여 **성진출구공사**(省進出口公司)에 공급하고, 그곳에서 다시 **홍콩**으로 수출하였답니다."

장돈진 토박이로서 28년의 제다 경력을 보유한 엽찬희는 봄차 생산이 막바지에 이르렀을 때 공장을 견학시켜 준 적이 있는데, 당시 십여 명의 여공들이 선별 작업을 하는 모습을 볼 수 있었다. 엽찬희는 젊은 시절을 회고하면서 자신의 경력에 관하여 잠시 소개하였다.

"차농이었던 저는 1987년부터 **국영 건양차창**에 모차를 공급하였지요. 나중에 정책이 자유화되면서 건양차창이 해체되었습니다. 그 뒤 개인 사업이 활성화되면서 저는 1997년 향진 기업을 설립하였고, 가공한 백차를 **복건차엽진출구공사**(福建茶葉進出口公司)에 공급하기 시작해 지금까지 이어 오고 있어요."

흥업차창(興業茶廠)에서는 **엽찬희의 스승이자 건양 백차 기술 전문가이고, 건양차창의 공장장**이었던 **오린**(吳麟) 선생을 만날 수 있었다. 그는 당시 수선백차의 연구 개발과 생산을 엽찬희와 논의하고 있었다. 은퇴한 지 얼마 되지 않은 오린은 전체적으로 젊어 보였다. 그는 복주(福州) 사람으로 건구(建甌) 지방에서 자랐으며, 건양백차가 발전하는 무렵에 건양차창으로 입사하였다. 오린은 건양차창의 초창기에 대하여 잠시 설명해 주었다.

"건양차창은 1972년에 설립되었지만, 부지의 선정과 기반 시설의 건설은 1974년에 시작되었고 1976년부터 인원을 모집할 수 있었어요. 조합인 남평지구공소사(南平地區供銷社) 명의로 지역 전역에서 인원을 모집하였는데, 저도 그때 채용되었답니다. **건양차창의 가공, 생산, 조달이 모두 국가 계획에 따라 진행**되었고, **백차**와 **민북 우롱차**, **홍청녹차**(烘青綠茶)의 생산이 저의 주요 업무였습니다. 입사 뒤 복건성차검센터(福建省茶檢中心)의 전문가이자 건구차창(建甌茶廠)의 공장장인 진국희(陳國禧) 선생으로부터 백차의 심사 및 평가와 병배 및 가공을 2년간 배웠습니다."

오린은 차를 배우는 과정에서 복건차엽진출구공사에서 67년 동안 근무하고 복건성차엽학회(福建省茶葉學會) 초대 사무총장을 역임한 오영개(吳永凱) 선생의 도움을 받았다고 한다.

건양차창 설립 초기에 오영개 선생은 백차 수출 및 가공 기술 분야의 고문으로 일하면서 당시 공장의 신입사원들에게 기술을 전수하고 백차의 생산 기술과 효율성 문제를 연구하였다. 오린은 스승인 오영개 선생에 대하여 잠시 이야기를 들려주었다.

"성외무공사(省外貿公司)에서 백차 생산의 전문 담당이었던 오영개 스승님은 건양차창에 주재하면서 사람들에게 기술을 전수하여 건양백차의 발전에 큰 공로가 있습니다. 저와 같은 50~60대 제다 기술자들은 모두 오영개 선생님과 같은 기성세대의 전문가들이 양성하였지요."

'만단차향(萬担茶鄉)'으로 불리었던 장돈진(漳墩鎮) 차밭의 전경

건양백차의 황금 시대를 회상하면서 오린은 감격하면서도 한편으로는 안타까워하였다. 그는 계획 경제 초기에 민북 지역의 차 생산은 '건구차창'에 집중되었는데, 무이암차, 백차, 정산소종(正山小種)과 민북우롱(閩北烏龍)이 포함되었다고 한다.

그 뒤 각각의 품종에서 생산량이 급속히 발전하면서 가공도 제한되어 점차 다른 지역의 차창으로 분할되었다. 이때 **'건양차창'**이 설립되면서 **중국 백차의 가공을 담당**하게 된 것이다.

문화혁명 시대에 건구차창에서 생산하였던 모든 백차는 일률적으로 '중국백차(中國白茶)'라고 하였다. 그리고 민북의 모든 지역에 생산되는 백차는 국가 계획에 의해 '건구차창(建甌茶廠)'에서 가공되었다.

초기 건양차창의 공장장 오린(吳麟)

다양한 특징을 지닌 원료로 단일화된 제품을 만들기 위해 성외무차엽진출구공사(省外貿茶葉進出口公司)와 건구차창이 협력하여 대백(大白)과 소백(小白)을 병배(拼配)한(레시피에 따라 혼합한) 수출용 제품을 만들었는데, '중국백차'로 불렀다. 1979년 건양차창의 생산이 가동되면서 오영개 선생이 전통 백차 가공법을 복원하여 소차(小茶)와 대차(大茶)를 분리하고, 공미, 수미, 백모단을 구분해 생산하였다.

오늘날 이 역사를 기억하는 사람은 거의 없지만 오린에게는 잊을 수 없는 경험이었다고 한다. 오린은 현재 논란이 많은 백차 생산지와 관련하여 다음과 같이 설명해 주었다.

"1979년 이전에는 **민북**의 모든 **백차**를 **건구차창**에서 **생산**하였지요. 1979년 **건양차창**이 완공되어 가동에 들어가면서 비로소 **백차**는 **품종**을 **분류**하여 **생산**하였는데, **정화차창**(政和茶廠)에서는 **백모단**을, **건양차창**에서는 **공미**, **수미**, **수선백**을 담당하였습니다."

건양은 **복건백차**의 중요한 생산지로서 백차 최초로 **복건성** 지역의 **산지 기준**을 **건양**에서 세웠다.

장돈진의 '**만단차향**'의 지위는 1980년까지 유지되었다. 1981년부터 건양백차의 생산량은 4000단(担)으로 떨어져 최고였던 1만 3000단(担)보다 3분의 2가량이나 줄었다. **당시 경제 전반이 성장하면서 수출 시장에서 백차의 품질에 대한 요구가 높아졌다.**

건양 지역 최초의 민간 차 사업자인 엽찬희(葉贊喜)

반면 중저급 백차를 대량으로 생산하던 건양은 시장의 소비 수요와 엇갈렸던 탓에 적체 현상이 나타났었다. 판매 부진과 수출 제한으로 **정부는 차농들에게 백차보다 녹차를 더 많이 재배하도록 일련의 정책을 실행하였다.** 국가에서도 녹차의 생산을 지원하기 위하여 보조금을 지급하고, **민북의 '숭안**(崇安)', '**순창**(順昌)', '**건구' 등 지역의 녹차를 건양에서 생산하도록 하였다.**

건양차창에서는 '**무이홍청**(武夷烘青)'으로 부르던 '**홍청녹차배**(烘青綠茶坯)'에 재스민 꽃으로 **음화**(窨花)/**천연의 꽃으로 찻잎에 향을 입히는 방식**/하여 재스민 차를 만들었는데, 재스민 **꽃의 향이 짙고 싱싱하여 한때 북경 시장에서 큰 인기를 누렸다.**

1987년부터 1991년까지 **건양차창**의 공장장으로 지내던 **오린**은 1991년 이후 인사이동으로 차창을 떠났다. 그가 떠나고 불과 몇 년이 지나지 않아 240묘가 넘는 부지를 보유하고 500명 이상의 직원이 근무하던 건양차창이 폐업하였다. 이때 **건양차창에 원료를 공급하던 엽찬희 등은 개인 차창을 세워 건양 지역 최초의 민간 차 사업자가 되었다.**

백차의 판매가 부진하면서 건양 지역 차농가의 의욕도 좌절되었다. 차나무를 베고 대나무를 심기도 하였지만 소용이 없었다. 이 당시에 대해 엽찬희는 "가공기술이 시장의 수요를 따라가지 못하는 근본적인 문제가 있었어요. 우리는 제품에서 방법을 찾아야만 했어요"라고 기억을 떠올렸다.

흥업차창(興業茶廠)에서 엽찬희가 새로 출시한 몇 종류의 백차들

흥업차창은 줄곧 **백모단**, **수선백**, **공미**의 생산을 위주로 하고 있다. 엽찬희에 따르면 장돈진은 공미의 원산지이지만, 공미를 만드는 차청(茶青)의 수급이 걱정거리라고 한다.

"공미 '소백'은 지역 품종인 채차로 만들어요. 처음에는 모두가 차나무의 재배를 포기하였고, 백차의 판매가 향상되니 장돈진의 차원들은 복안대백 품종을 더 많이 재배하기 시작했어요. 복안대백 품종은 1묘의 차밭에서 수백 근의 차를 생산할 수 있지만, 소채차(小菜茶) 품종은 1묘의 차밭에서 차의 생산이 50~60근에 불과하니 수익에서 큰 차이가 날 수밖에 없어요. 게다가 복안대백과 같은 대백차 품종으로 만든 제품은 외형이 좋아 수출 시장에서도 인기가 더 높아요. 몇 년 전부터 집집마다 잇따라 채차 품종을 베어 내고 대백차 품종을 심기 시작해 현재 장돈진의 복안대백 품종은 7000~8000묘 가까이 재배되는데, 소채차는 1000묘 안팎으로 재배됩니다. 더 안타까운 일은 공미 백차의 원산지인 남갱(南坑)에서는 이제 차밭을 찾아보기가 힘들 정도입니다."

복정백차의 새로운 성장은 최근 몇 년 동안 중국 전체 백차의 판로가 수출에서 국내 시장으로 발전하도록 촉진하였다. 이는 정화백차와 건양백차의 재기로 다시 이어졌다. **건양백차**의 전통 제품인 **공미**와 **수선백**은 원래 모습으로 복원되면서 큰 발전을 기하고 있다. **엽찬희**는 자신의 차창에서 몇 종류의 백차를 생산하였는데, 오린이 찻잎을 손에 놓고 외관을 살피고 나서 찻물을 우려 심사 및 평가하면서 **건양공미**와 **수선백**을 가공하는 기술적인 요건을 설명해 주었다.

"건양 지역의 대백차는 수선백이 주를 이루지만 환경 조건과 생산 기법, 그리고 설비의 제약을 받기 때문에 대부분 자연환경에 의존하고 있어요. 봄철 날씨가 좋으면 차의 외형도 예쁘지요. 만약 날씨가 나쁘면 백차는 검붉게 됩니다. 공미는 찻잎이 얇은 편이라 조절하기 쉽지만, 수선차 같은 경우는 찻잎과 싹의 수분 함유량이 일반 찻잎보다 높아 가공이 더 어려워요."

과거 **수선백**을 가공할 때 가장 큰 문제는 너무 쉽게 찻잎이 누렇게 변하는 것이었다. 예전에는 이상적인 가공 기술이 없었기 때문에 수선백도 종종 **황록색**을 띠는 경향이 있었다. 오린은 웃으면서 이 현상에 대해서도 쉽게 설명해 주었다.

"현재 수선백의 색상은 예전보다 훨씬 더 좋아졌어요. 제습과 난방 위조 등의 현대적인 기술로 일정한 시간 내에 수분을 빨리 증발시킬 수 있기 때문이죠. 과거에는 이런 기술과 설비가 없었기 때문에 가공된 백차가 누르스름할 수밖에 없었지요."

2014년부터 건양시 정부는 백차 가공 기술의 복원을 위하여 지원금을 편성하였는데, 당시 오린은 백차 전문가로서 수선백의 전통 가공 기술을 복원하고 시험 생산을 책임져 성공하였다. 그에 따르면, 현재 건양 수선백은 발전 전망이 좋으며, 엽찬희의 차창처럼 연간 생산량이 수천 단에 이를 수 있다고 한다. 한편으로는 설비의 개선으로 차의 품질이 향상되었고, 또 한편으로는 최근 국내외의 판매 상황이 지속적으로 증가하는 데 따른 시장 효과가 있기 때문이다. **오린은 수선 품종으로 만든 백모단의 향미적 특징에 대하여 간략히 설명해 주었다.**

"수선 품종으로 만든 백모단은 다른 품종의 백모단과 외형이 비슷해 보이지만, 구감(口感)과 회감(回甘)은 다른 품종보다 훨씬 더 뛰어나지요. 상쾌하고 시원한 단맛이 나는데, 시간이 지나면서 그 맛이 더욱더 좋아집니다. 이런 맛은 수선차 품종의 특성에 따라 결정되는 것입니다."

엽찬희 씨에 따르면, 2016년 봄에는 비가 유난이 많이 내려 당황하였다고 한다. 비록 봄, 여름, 가을 모두 차를 만들지만 수익의 대부분이 봄차에서 나는데, 흐리고 비가 오는 날에는 전통 방식으로 공미를 말리는 데는 보통 7일이나 걸리고, 수선백은 찻잎이 붉게 변색할 수 있기 때문이다.

봄철은 차 업계에서 일 년 중 가장 바쁜 시기이다. 엽찬희와 같은 차 업계에 종사하는 사람들은 매일 아침 5시 30분이면 기상하고, 밤 10시 30분이 넘어서 휴식을 취할 수 있는 경우가 많다.

엽찬희에 따르면, 다른 사업보다 찻잎 장사가 수익은 적지만 대대로 차를 만들어 왔기에 매일 찻잎만 만지면 마음이 편하다고 한다. 그의 사위도 제자로서 20여 년간 그의 곁을 지키면서 호흡을 맞추고 있다. 엽찬희는 생산을 책임지고, 사위는 모차 구매와 비즈니스 연락 및 상품 배송을 담당하였다. 중국의 수천만 농민들처럼 그들의 삶도 반복되는 일상 속에서 하루하루 지나간다.

한때 수출 시장에서 큰 인기를 끌었던 건양백차는 최근 중국 백차 주요 산지 중에서 시장의 점유율이 가장 낮은 것으로 통계로 집계되었다. '북원공차'부터 큰 명성을 날렸던 오랜 차 산지 앞에 놓인 당면의 과제이기도 하다. 흥업차창의 앞을 흐르는 강물처럼 1000년의 건차 역사가 우리 앞을 지나고 있다. 바람 소리와 나무의 그림자 속에서 그 옛날 웅번(熊蕃) 부자가 『선화북원공차록(宣和北苑貢茶錄)』을 집필할 때의 영화는 이제 온데간데없다.

중국 백차는 시작부터 고귀하였고, 시대의 비바람에서도 흥성하였으며, 파란만장한 혁명의 세월 속에서도 변화하여 현재 전 세계의 수많은 국가와 지역으로 전파되었다. 특히 해외 중국인들의 기억 속에는 독특한 기능이 있는 백차가 바다 건너 타향살이에서 큰 위안으로 남아 있다

2012년 3월 '**건양백차**'의 상표는 건양시에서 최초로 **국가공상총국**(國家工商總局)에 의해 **지리적 표시제** 마크로 인정되어 **건양 사람들에게 건차에 대한 자신감을 회복**시켜 주었다. 송나라 시대의 대학자 주희가 다시 살아 돌아온다면 다음과 같은 시 한 수를 읊지 않을까?

작은 정원에 차나무 수천 그루 자라고,
새싹이 돋아나 그 맛을 볼 수 있다네.
산에서 자란 것마냥 윤택하지 않아도, 향기는 더없이 맑다네.

10

백림차창(白琳茶廠), 신공예백차(新工藝白茶)의 탄생기

이 책의 첫 장에서 전통적인 **중국 백차**는 **백호은침**, **백모단**, **공미**, **수미**, **수선백**이라고 소개하였다. 그러나 1960년대 후반에 외화 수입을 높이기 위해 국가에서는 연구 개발 자금을 투자하고, 기술 인력을 조직하여 홍콩, 마카오 시장의 수요를 만족시킬 새로운 백차를 개발하였다. **신공예백차**(新工藝白茶)에 대해 알려진 것이 많지 않고, 그 출현 뒤에는 다시 되풀이되지 않을 특별한 시대가 있었다. 복주 출신으로 올해 86세인 왕혁삼(王奕森) 선생은 당시의 상황을 떠올리면서 설명해 주었다.

"1952년 22살이 되던 해에 변두리 산간 지역의 경제 건설을 지원하기 위해 자원봉사에 나서라는 나라의 부름을 받았습니다. 복주시 노동청에서 성무역공사를 소개받은 뒤 **복정차창**(福鼎茶廠)에 배치되었습니다. 1953년 복정차창에서 백림차엽초제창(白淋茶葉初製廠)으로 파견되어 찻잎의 초제(初製) 기술 연구에 종사하였지요. 당시 성에서는 제다사 양성 센터인 '차사배훈반(茶師培訓班)'을 운영하고 있었고, 국내에서도 잘 알려진 **장천복**, **장임**(莊任) 등 차 전문가들이 모두 센터에서 강의하였던 것으로 기억합니다."

2016년 4월 중순, 복정 시골의 어느 공장에서 초기 복정백림차창(福鼎白淋茶廠) 부국장을 역임한 **왕혁삼 선생**을 만난 적이 있다. 그는 중국 **신공예백차**의 창시자이면서 당시 신공예백차를 연구한 전문가들 중에서도 유일하게 지금까지도 건재한 사람이다. 왕혁삼 선생은 당시 80대 노인답지 않게 건강하고 생각도 명료하였는데, 백차에 대해서는 잠시 흥분된 어조로 설명을 곁들여 주었다.

"중국의 백차는 그 체계가 방대합니다. 오늘날 젊은 세대는 백차에 대하여 통일되고 전체적인 이해도를 가져야 합니다. 전쟁과 기근, 그리고 오래된 계획 통제의 시대를 겪었던 우리로서는 오늘날과 같은 자유로운 세상을 감히 상상도 할 수 없었답니다."

그는 혁명 시대의 기억부터 되살려 이야기해 주었다. 그가 복정에 처음 왔을 때는 차에 대한 이해도, 만드는 방법도 몰랐다고 한다. 그러나 1950년대에 애국 청년이었던 그는 나라에서 맡긴 일이라면 최선을 다해야 한다는 일념으로 **백림차창**에서 수십 년간 일하였다.

당시 그가 몸담았던 백림차창은 그 전신이 중국차업총공사(中國茶業總公司) 복건성 지사가 1950년 4월 지금의 백림강산광태차행(白淋康山廣泰茶行) 자리에 설립한 **복정현차창**(福鼎縣茶廠)이었다. 1950년 10월에 공장을 복정 남교장(南校場) 관음각(觀音閣)으로 이전하고 남겨진 차창의 부지는 **복정백림차엽초제창**(福鼎白淋茶葉初製廠)으로 변경해 운영하였다.

백림차창은 당시 지소인 복안분창(福安分廠), 정화제다소(政和製茶所), 성촌제다소(星村製茶所), 무이직속제다소(武夷直屬製茶所) 등과 함께 중화인민공화국 건국 이전부터 설립된 복건시범차창(福建示範茶廠) 중 하나였다. 유명한 **장천복** 선생이 바로 **복건시범차창**의 **초대 공장장**이었다.

"**건국 이후 차 산업은 국가의 통일 관리 대상이었습니다.** 1952년 공고문이 아직도 기억나는데, 모든 차창에서는 녹차, 백차를 만들 수 없고 홍차만 만들어야 하며, 생산된 모든 홍차는 개인적으로 매매할 수 없으며, 전부 국가에 판매를 맡겨야 한다는 내용이었어요. 그때 곡식은 일류물자(一類物資)였고, 차는 이류물자(二類物資)여서 아무도 함부로 건드릴 수 없었지요. 공장 직원들이 가족들이 마실 차를 두 근 사려면 모두 상급 관리부의 승인을 받아야만 가능했지요."

당시 10년 동안 중국 홍차의 생산과 판매가 국가 전략 수준으로 높아졌기 때문에 정부는 차 산업을 엄격히 통제하고, 품목도 단일화하였다. 왕혁삼 선생과 그의 동료들은 상급 부서의 요구 사항에 따라 생산 작업을 배정하였다고 한다.

1950년 4월, 중국차업총공사(中國茶業總公司) 복건성 지사가 현 백림강산광태차행(白淋康山廣泰茶行)에 설립한 복정현차창(福鼎縣茶廠)의 본래 장소 **제공 : 복정차판(福鼎茶辦)**

1962년은 **백림차창**이 역사적인 전환을 맞은 해였다. 1960년대 초 소련과의 외교적인 관계가 단절되면서 **홍차의 수출 시장도 사라졌다.** 따라서 홍차 판매 부진의 현실에 직면하여 전체 차 생산의 구조에 대한 조정도 피할 수 없었다. 중국에서도 가장 많은 품종의 차나무를 보유하고 차 산업으로 오랫동안 발전한 복건성으로서는 생산의 조정 논의와 배치는 특히 중요하였다. 왕혁삼 선생은 당시의 상황을 떠올리며 설명하였다.

"백림차창은 생산의 전환을 위하여 어떤 차를 만들어야 할지 결정하는 일이 큰 관건이었어요. 복정녹차의 품질이 줄곧 좋았기에 우리로서는 녹차를 선택하는 것이 승산이 크다고 보았어요. 그러나 성외무국(省外貿局)의 전문가들은 수출용 백차 생산량이 부족하기에 수출 기지를 구축하고 백차의 생산을 제안하였지요. 온전히 날씨에 의존하여 생산하는 백차였기에 생산량이 부족할 수밖에 없었고, 다른 한편으로 주요 수출 시장이었던 홍콩과 동남아시아의 주문량도 불안정하여 백차를 생산하기에는 고려해야 할 문제점들이 많았어요. 날씨가 좋지 않은 때에 주문량이 많으면 납품에 차질이 생길 것이고, 날씨가 좋은 때에 생산을 많이 하였는데 주문이 적어 재고가 많이 생겨도 문제였지요. 결국 날씨에 의존하지 않는 백차를 만들어야만 문제가 해결되는 것이지요. 그러려면 생산 시설에 기계를 도입해 제어 기술을 높여야 하는데, 이 작업이 백림차창에 처음으로 도입되었던 것이지요."

왕혁삼 선생은 1962년 최초로 날씨에 의존하지 않는 백차의 생산을 시도하였다. 연구와 실험, 생산을 수차례나 거듭하였지만 실패하여 골머리를 앓았다. 나중에 여직원 2명에게 기계의 벨트를 조절하게 지시하여 찻잎을 넣고 7분 만에 끝나는 작업을 천천히 진행해 보았다. 그리고 20분간 벨트를 돌리고 불을 완전히 꺼버렸다. 바닥의 잔열로 인한 온도를 60도로 조절하여 찻잎을 얇게 펴서 돌리면서 말렸다. 완성된 차의 색상이 아주 이상적이고 맛도 향긋하여 즉시 작업을 본격적으로 시작하였다. 그는 이때 만든 백차의 견본을 두 캔이나 포장한 뒤 직접 이틀간 걸어서 복주에 전달하였다.

1962년 4월, 왕혁삼 선생은 청명 전에 백차의 견본을 만든 뒤 정식으로 생산하려고 준비하였다. 당시 백림차창에는 3대의 건조기가 있었는데, 1대를 별도로 백차의 가공에만 사용하였다. 이렇게 하여 봄차 가공이 끝날 때까지 총 10단 이상(약 1500근)의 백차가 생산되었다. 포장된 백차와 그 견본은 즉시 대외무역국의 전용차로 운송되었다.

왕혁삼 선생의 설명에 따르면, 성차엽공사(省茶葉公司)와 수출입을 담당하는 성진출구공사(省進出口公司), 품질 관리국인 성상품검험국(省商品檢驗局), 성농업청(省農業廳)에 샘플을 각각 2개씩, 무역 담당인 외무국(外貿局)과 외무공사(外貿公司)에 각 1개씩 보냈다고 한다. 성농업청 특산물 부서 책임자였던 장천복 선생을 비롯해 연구 개발에 참여한 모든 담당자와 전문가들의 검수를 받았는데, 결과가 매우 긍정적이었다.

백차는 정상적으로 홍콩에 보내져 판매되었고, 관례에 따라 단오절부터 시장에 출시되었다. 그런데 예상과 달리 그해 음력 4월 말쯤 홍콩에서 포장을 뜯었을 때 백차가 누렇게 변하여 전부 반품되었다. 이로 인한 외화 손실도 심각하였다. 왕혁삼 선생은 당시 상황을 회고한 뒤 잠시 침묵하였다.

"그 실패는 모두에게 적잖은 충격을 주었지요. 성의 각 관련 부서들은 실패의 원인을 분석하고, 참여한 모든 전문가도 자세한 검토를 진행하였고, 저는 총괄보고서도 1부 제출해야 했지요. 심리적 압박감이 너무 컸던 나머지 성에서 전화가 올까 두려웠어요."

당시 전문가들은 실패하였어도 국가적인 임무를 완수하는 것이 가장 중요한 일이라고 생각하였다. **그때부터 복건성의 차엽 전문가들이 백림차창에서 시도하는 새로운 백차의 연구 개발에 더 적극적으로 지도하기 시작하였다.**

당시 **복건성차엽진출구공사** 기술 전문가였던 **장임**(莊任) 선생은 백림차창의 기술자들과 함께 연구에 참여하였다. 동시에 **장천복 선생**은 **『복건 백차의 조사 및 연구』**라는 책을 저술하여 차 산지와 백차의 생산 현장에 중요한 지침을 제공하였다.

왕혁삼은 이 책 중에서 기술 생산 부분을 반복해서 읽었다.

장임 선생도 또한 진연 교수가 쓴 『차엽제조학(茶葉製造學)』을 건네주었는데, 왕혁삼 선생은 그때부터 요점을 자세히 연구하기 시작하였다. 그해 왕혁삼 선생은 복정백림차엽초제창 생산 기술부 부공장장으로 공식 임명되었다.

시간은 1968년 여름으로 접어들었다. 복건성 전체가 군사적인 통제 아래에 있었던 특별한 시대에 복정현도 혁명위원회(革命委員會)를 만들어 각 기관, 단위, 조직 모두가 정치학습을 하는 풍조가 일어 공장의 생산은 거의 마비되었다. 이때 복건성 차 무역을 담당하였던 차심평원(茶審評員) 유전추(劉典秋)가 홍콩에서 돌아와 왕혁삼 선생을 찾았다.

"복건성의 저가 백차를 소비하던 홍콩의 식당과 찻집들에 대만의 백차가 유입되면서 저희 제품을 주문하려고도 하지 않아요. 복건백차의 홍콩, 마카오의 시장 판매가 어려워지고 있는데, 어떻게 생각하시나요?"

그는 갖고 있던 대만백차의 샘플을 보여 주면서 의견과 계획을 제시하고, 샘플을 시험적으로 제작해 달라고 요청하였다. 이에 왕혁삼 선생은 즉시 수행하겠다고 약속하였다. 유전추는 복주로 돌아가면서 당부의 말을 남겼다고 한다.

"빠를수록 좋아요. 상대방보다 더 좋은 품질의 제품을 만들 수 있다면 더 좋아요. 우리는 품질이 좋고 가격도 싼 백차를 만들어야 해요. 그래야만 대만의 차 상인들에게 빼앗긴 시장을 되찾을 수 있어요."

과거 열정으로 넘쳤던 차산의 조용한 모습

문화 대혁명의 영향으로 생산이 잠시 중단되었던 백림차창에서 왕혁삼 선생은 직원들과 다시 일을 시작하였다. 보름도 안 되는 기간에 그들은 수차례에 걸친 실험을 통해 **백차를 생산**하였고, 그중에서 좋은 것만 골라서 7상자로 포장하여 성외무차엽공사를 통해 홍콩에 있는 유전추에게 견본을 전달하였다. 견본 포장에는 '**방대백차**(仿台白茶)'로 표기하였다. 같은 해 8월 말쯤 설립된 복정현 혁명위원회의 생산팀에서 다음의 공문이 내려왔다고 한다.

"차 채엽기가 다가와 차원의 폐쇄를 끝내고 인력을 조직해 '**방대백차**' 300단을 서둘러 생산하기를 희망한다. 또한 표기 중의 '방대(仿台)'를 '**방백**(仿白)'으로 변경하고 지체하지 말고 서둘러 국경일 전에 완성하라."

공문을 받은 왕혁삼 선생은 즉시 백림 주변의 점두(点头), 반계(磻溪), 손성(巽城) 등 각 지점에 연락하여 공문 내용을 전달하였고, 동시에 차농들을 대상으로 야생 차를 채취하면 차창에서 현금으로 구매할 예정이라는 내용의 공고문을 게시하였다.

이 소식을 접한 농가들은 채엽에 모든 열의를 다하였다. 이로 인해 차창에서 가장 많이 수매할 때는 하루에 200단 이상에 달하였다. 차창의 직원들은 밤낮으로 서둘러 차를 생산하여 9월 27일에 임무를 완성하였다. 이렇게 가공된 백차는 복건성외무차엽공사에 운송되어 다시 홍콩에 판매하였다. 1969년 설날 직후 유전추는 편지로 왕혁삼 선생에게 평생 잊을 수 없는 좋은 소식을 전하였다.

"1968년에 시범 생산하고 판매되었던 '**방백백차**'는 그해 판매량이 300단에 달하였으며, 현재는 품절된 상태입니다. 홍콩, 마카오의 찻집에서 가장 선호하는 제품으로서 소비자들에게 호평을 받고 있어요. 대만백차는 이미 홍콩 식당과 찻집에서 철수하였습니다. 이에 축하와 감사의 뜻을 표합니다!"

이에 대하여 왕혁삼 선생은 흥분된 어조로 약간의 아쉬움도 섞인 소감을 밝혔다.

"여러 해의 노력으로 마침내 성공하였지요. 안타깝게도 장임과 같이 기술을 전수하였던 전문가를 포함하여 함께 일했던 사람들 대부분이 세상을 떠났어요. 저는 아직 건강한 편이고, 차도 만들 수 있기에 젊은이들과 함께 차를 만들기도 하지요."

복건성에서 우여곡절 끝에 자체 개발에 성공한 새로운 백차는 1969년 **'방백'** 표식을 변경하여 **'경유념백차**(輕揉捻白茶)'로 명명한 뒤 '전성차엽회의(全省茶葉會議)'에서 발표하였다. 또한 **무역 수출차 제품으로 분류되어 생산하였는데, 연간 생산량이 1000단에 달하고, 홍콩의 합기공사**(合記公司)**와 함께 공급 판매의 계약을 체결하였다.**

백림차창에서 생산한 **'경유념백차'**의 견본과 가격은 모두 **복정차창**에서 결정하여 집행하였다. **이때부터 백림차창은 복건성차엽진출구공사의 전속 차창이 되어 '경유념백차'를 생산하였다.** 나중에 일반 소비자들이 '경유념'의 뜻을 이해하지 못하여 판매에 어려움이 생기자 **'신공예백차'**로 이름을 변경하였고, 이것이 오늘날까지 이어지고 있다.

신공예백차의 원료에 대한 요구는 **수미**와 유사하고, 찻잎의 부드러움에 대한 요구는 상대적으로 낮다. **가공 과정은 '위조', 약한 유념인 '경유념', '건조', 분류 과정인 '연체**(揀剔)**', 체 거르기인 '과사**(過篩)**', 더미로 쌓는 '타퇴**(打堆)**', 열로 건조하는 '홍배', 그리고 포장하는 것이다.**

초제할 때 신선한 원료가 위조되면 빠르고 약하게 유념 과정을 거친다. 다시 건조를 진행하면 찻잎이 약간 수축되어 반쯤 말린 선형 모양으로 짙은 녹색에 약간의 갈색을 띤다.

향긋한 향과 농후한 맛이 특징이고, 찻빛은 붉은 오렌지빛을 띠며, 우려내 펼쳐진 엽저(葉底)는 청회색에 노란빛이 돌고 근맥은 붉은색을 띤다. **맛은 녹차와 비슷하지만 신선한 향이 없고, 홍차 같기도 하지만 산화의 느낌이 없다.** 또한 **민북우롱의 짙은 향기와 유사한 농후한 단맛이 있지만, 맛은 더 짙고 찻빛도 한층 더 진하다.**

신공예백차가 홍콩, 마카오 시장에 진출한 1960년대는 홍콩 경제가 아직 성장하지 않은 시기였기에 백차의 주 판매 시장은 대중적인 음식 상가와 찻집으로 대표되는 저가 시장이었다. 그러나 1970년대에 접어들어 '아시아의 네 마리 용'으로 급부상하면서 차 소비에 대한 요구도 높아졌다.

백림차창은 1980년 검수에 필요한 표준 견본을 새롭게 만들고, 1968년 생산 기준 견본보다 한 단계 더 업그레이드한 향과 맛으로 조달 가격을 조정하였다. 그 뒤로 **찻집과 음식점에만 판매되던 신공예백차는 이제 대중들이 소비하는 상품 차로 변신하여 판매량이 엄청나게 늘어났다.**

백림차창을 다음 세대에 맡기고 1980년대에 정년 퇴임한 왕혁삼 선생은 현재 세 아들과 함께 **민영 차창**을 운영하고 있다. **젊은 차인들이 배우러 찾아오면 아낌없이 기술을 전수하기도 한다.** 그의 말에 따르면, 평생 차를 위해 살다 보니 언제나 더 좋은 차를 만들 수 있기를 바랄 뿐이라고 한다.

아쉬운 점은 연간 4000단 이상의 판매량을 올리며 25년의 생산 역사를 지닌 **신공예백차는 1993년 국영인 백림차창이 파산하면서 대량 생산도 중단되었다.** 다만 **복정, 정화, 송계의 일부 지역에서는 지금도 개인적으로 생산되고 있다.**

차청의 위조 상태를 살피는 86세의 왕혁삼 선생

백림차창은 **신공예백차**를 전문적으로 경영한 유일한 공장이었다. 신공예백차도 『**중국다경**(中國茶經)』의 백차류에 편입되어 국가 고등교육의 교재에 실렸다. **이는 중국 백차 산업에서 역사적인 걸작이기도 하다.**

세월은 앞으로 흘러가지만, 그 세월 속의 역사는 결단코 사라지지 않을 것이다. 전통 백차와 신공예백차 모두 중국 백차의 일부이며, 그것의 출현, 성장, 발전, 성숙, 심지어 정체에도 나름의 시대적인 배경이 담겨 있다. 차 중에서도 가장 자연적인 중국 백차가 역사 속에 더 많은 흔적을 남기려면 오늘날 차인들의 노력이 앞으로 더 필요하지 않을까 싶다.

Part 3.

현장 탐방 –
신세대가 일군 백차의 신세기

01

하산장원 (河山莊園), 한 남자와 그의 '백금몽 (白金夢)'

시간은 돈, 효율은 생명!

1980년 심천(深圳) '사구공업구(蛇口工業區)'의 창업자인 **원경**(袁庚)이 내세웠던 **"시간은 돈이고, 효율은 생명이며, 고객은 왕이고, 안전은 법이다!"**는 구호가 화제를 일으켰다.

원경은 초상국그룹(招商局集團)의 전 상무부회장, 초상국그룹의 사구공업구, 초상은행(招商銀行), 평안보험(平安保險) 등 기업의 창업자이기도 하다. 다른 한편 홍콩의 초상국(招商局)은 사구항(蛇口港)의 건설을 가속하기 위하여 인센티브 제도를 도입하였는데, 이 또한 사회적인 논란이 되었다.

중앙정부가 1978년 이후 **경제의 성장을 정책 목표**로 삼았지만, '돈'을 공론화한다는 것은 당시 사회적으로 큰 논쟁거리였다. 1984년 1월 26일 67세의 **원경**은 심천 시찰을 나선 국가 혁명 지도자인 **등소평**(鄧小平, 1904~1997), **양상곤**(楊尚昆, 1907~1998)을 사구 지역에서 영접하였다. 사구 공업단지 입구의 현수막에 새겨진 구호에 다행히도 등소평이 긍정적인 반응을 보였다.

이때부터 비로소 **중국은 계획경제에서 벗어나 시장경제 성장의 필요성이 사회적으로 인식되었다.** 이념적인 금기에서 벗어난 전국 각 분야의 개혁 실천자들은 적극적으로 자신의 삶을 개척하기 시작하였다. 복정백차 제작 기예 무형문화유산의 전승자인 **임진전**(林振傳) 선생이 당시를 떠올리며 환하게 웃으면서 이야기해 주었다.

“저는 차나무를 재배하는 농가에서 자랐습니다. 제가 학교에 다니는 비용을 비롯해 가족의 생계는 모두 찻잎을 수확해 얻은 수입으로 해결하였지요. 6살의 초등학교 입학하기 전부터 저는 부모님과 찻잎 따는 일을 시작하였어요. 그때는 찻잎 한 근을 채취해야 노동점수인 공분(工分)* 1점을 받을 수 있었어요. 생산대(生產隊)에서는 노동점수로 식량을 배급하였던 기억이 납니다. 1987년 대학에 진학하지 못하였던 저는 고등학교를 졸업하고 곧바로 생계를 위해 1990년대부터 자질구레한 장사들을 시작하였어요. 1991년에 복정향의 차창에서 1년 근무하다가 1992년 개인적으로 차 사업을 시작하였는데, 벌써 20년이 되었네요.”

현재 복건품품향차업유한공사(福建品品香茶業有限公司)의 회장인 임진전은 세상에는 ‘임건(林健)’이란 이름으로 더 잘 알려져 있다. 임건은 임진전 회장이 창업할 때 자신에게 스스로 붙인 이름으로 ‘우주의 운행이 굳세고 튼튼하니 군자는 우주의 정신으로 자신이 스스로 강해지도록 만드는데 쉬지 않는다’는 뜻이 담겨 있다고 한다. 가정환경도 학력도 지극히 평범한 시골 청년이 변화무쌍한 시대에서 성공하려면 든든한 체력과 민첩한 사고력이 필요하였기 때문이다.

차창을 떠날 때 임진전 회장은 겨우 24세였다. 1993년 7월 그는 무일푼으로 북경으로 향하는 기차에 몸을 실었다. 북경에서 처음 판매를 시도하였던 것은 직접 만든 재스민 차였는데 유쾌한 경험이 아니었다고 한다.

“지금 사업이 잘 안 된다고 말하는 사람들이 많은데, 제 경험으로는 시장을 개척해야만 했던 과거가 훨씬 더 힘들었던 것 같아요. 제가 천진(天津), 하북(河北)에 갔을 때도 여전히 국가에서 운영하는 공급 판매 조합인 ‘공소사(供銷社)’에서 차를 판매하였어요. 저와 같은 사람들은 매장의 문턱을 넘기도 힘들고, 심지어 쫓겨났던 기억도 있어요.”

그들이 거절을 당한 이유는 간단하였다. 1990년대 북방의 시장 개혁은 남부보다 더디었기 때문에 일부 국영 상가는 운영이 잘되는 편이었고, 직원들도 평균 분배 체계에 따라 똑같은 대우를 받고 있었다. 남방의 젊은이들이 차를 팔기 위해 직접 매장을 찾아가는 일은 그들에게 있을 수도, 믿기지도 않는 일이었다.

* 공분(工分) : 중국에서 1980년대 초까지 집단 경제 조직에서 노동량과 임금을 계산하는 단위.

거기에 남방 사람들이 표준어에 서툴러서 의사소통도 어려워 그냥 모두 거절한 것이다. 임진전 회장은 당시의 상황을 회고하면서 설명해 주었다.

"하지만 먹고살기 위해 그곳까지 갔기 때문에 저에게는 고객이 우선이었습니다. 화를 내기보다 사람들이 왜 거절하는지 생각해 보았지요. 저는 길가에 서서 그 가게를 드나드는 사람들을 지켜보았어요. 가게의 규모도 커 보였고, 차 판매도 잘되는 것 같았어요. 어떻게 해서든 그들과 친분을 쌓고 우리의 차를 팔게 해야겠다고 다짐하였죠. 제가 만든 차가 가격도, 품질도 좋다고 믿었기에 시장이 있을 거라고 확신하였어요."

창업의 어려움은 그 힘든 고난을 겪은 사람만이 알 수 있다. 임진전 회장의 첫 북방행은 경제적으로 이익이 크지 않았지만, 북경을 중심으로 한 북방의 차 시장을 자세히 살펴보는 계기가 되었다. 개혁개방이 진행되었지만, **당시 북방에서 주요 차 판매상들은 여전히 국영 상가였다.** 따라서 북경에는 전문적인 차 시장이 없었지만, 거래량은 갈수록 많아지고 있었다. 차의 유일한 거래 업체였던 국영 북경차엽총공사(北京茶葉總公司)가 운영하던 당시의 거래량은 화북(華北) 전역을 아우르고 있을 정도였다.

현재는 **'중국 차엽 제1가'**로 유명한 **북경 마연도**(馬連道) 구역으로 **차 시장이 변경**되었다. 마연도에 있던 개인 가게는 당시 10곳도 채 안 되었으며, 거리 주변에 있거나 노점 찻집을 운영하는 정도였다. 이에 대하여 임진전 회장은 과거의 기억을 떠올리면서 당시 상권을 설명해 주었다.

"복건 민북의 차창들이 문을 닫기 시작하면서 공장의 직원들도 잇따라 실업 상태가 되었지요. 건양차창의 직원 중에서 북방에 가게를 차린 사람이 있었고, 복주 재스민 차의 차창을 다녔던 직원들도 북경에서 차를 팔고 있었어요. 길거리 상가들을 유심히 살펴보면 대부분 남방 사람들이었고, 그중에서도 특히 복건 사람들이 많았어요. 마연도뿐만 아니라 우가(牛街), 자기구(磁器口), 주시구(珠市口) 등 사람이 많이 모이는 곳곳에는 복건 사람들이 운영하는 찻집이 있었어요."

이러한 상황 속에서 임진전 회장은 창업 초기부터 차를 직접 가공하여 국영 쇼핑몰과 카운터로 가서 사람들에게 견본을 보여 주고 제품을 도매하는 경영 방식을 취하였다. 북경에서 일 년을 보낸 청년기의 임진전 회장은 이 거대한 시장을 놓치지 않으려고 투자를 더 늘리기로 결정하였다.

복건품품향차업유한공사(福建品品香茶業有限公司)의 정문 입구 모습

일 년 동안의 경험을 통해 임진전 회장은 판매가 잘되면서 재고가 쌓이지 않도록 하는 관건은 제품의 품질에 있다는 사실을 깊이 깨달았다. '처음부터 배워 보자'는 마음으로 고향에 돌아간 그는 스승을 모시고 기술을 배워 자신의 경쟁력을 높이기로 결심하였다.

1994년 친척의 소개로 당시 정년퇴직한 **왕혁삼**(王奕森) 선생을 만났다. 그는 앞서 소개하였지만, **복정백림차창**의 부공장장이었고, 중국 **신공예백차**의 창시자 중 한 사람이었다.

임진전 회장은 스승을 따라 차를 만드는 기술과 그 원리를 진지하게 배우기 시작하였다.

포기를 모르는 청년기의 임진전 회장은 1995년에 북경으로 다시 돌아와 주로 **재스민 차**를 판매하였다. **재스민 차는 당시 북방 시장에서 가장 인기가 많았지만, 원료와 가공 면에서는 남방이 우세한 제품이었다.**

"북방의 겨울은 너무 추워요. 영하 10도가 어떤 의미인지 전혀 모르던 남방 출신의 제가 그때는 낡은 솜옷을 껴입고 동북, 화북의 곳곳을 다녔었어요. 북경에만 있던 게 아니라 2년 동안 중국 북방의 전역을 누볐어요."

임진전 회장은 북경에서 이렇게 사업을 어렵게 시작하였지만, 그 과정에서 시장 경제의 장점도 잘 알게 되었다. 원래의 계획 공급 및 판매 시스템에서는 남방의 국영 차창에서 차를 생산하여 북경차엽총공사에 공급하고, 북경차엽총공사에서 다시 자체 하위 매장에 차를 할당 및 도매하였다. 그러나 인건비를 비롯한 모든 비용을 제도 안에서 부담하기 때문에 영업 수익은 자영업자와 비교할 수 없을 정도로 적었다. 이 또한 임진전 회장이 새롭게 발견한 틈새시장이기도 하였다. 당시의 수익에 대하여 임진전 회장은 다음과 같이 회고한다.

"창업한 지 얼마 되지 않았을 때는 제가 만든 차를 누가 현금으로 구매하겠다고 말하면 저는 판매하였답니다. 가격은 시장에 따라 조절할 수도 있어 이익이 많이 남지 않아도 괜찮다고 생각하였지요. **그 시절 고급 재스민 차의 경우, 한 근에 80~150위안으로 팔았을 때 30~40위안을 벌 수 있었는데, 약 20%의 수익이 남는 거죠. 저에게는 아주 괜찮은 수익이었어요.**"

시장에는 기회가 많다고는 하지만 성공에는 늘 대가가 따르는 법이다. 북경에서 생활하던 몇 년 동안 임진전 회장은 하루도 빠짐없이 아침 5시에 일어나 동직문(東直門)에 나갔다. 거기서 낡은 자동차로 6시간 이동하여 점심 12시쯤 하북(河北) 승덕(承德) 지역에 도착해 샘플 등 상품을 모두 배달하였고, 저녁 기차로 집에 돌아오면 한밤중인 12시였다고 한다. 임진전 회장은 당시 삶의 고달픔에 관해 자신의 이야기를 들려주었다.

"그때 북경의 모습은 지금과는 많이 달랐습니다. 음식점들이 많지 않았고, 남방 사람인 저는 찐빵을 잘 먹지 못하였던 탓에 끼니를 때우려고 매일 라면을 먹었지요. 그 시절 라면을 너무 많이 먹었던 기억에 지금은 라면을 가까이하는 것이 두렵고, 먹으면 곧바로 배탈이 난답니다. 힘든 시절이 남긴 후유증은 있지만, 그때 장사는 꽤 잘 되었어요. 1994년 승덕에서 차 60근으로 3600위안을 벌었던 기억이 나요. 직장 다닐 때 제 월급이 100위안 정도였는데, 그에 비하면 하루에 3000~4000위안을 벌 수 있는 것에 만족하였어요."

복건품품향차업유한공사(福建品品香茶業有限公司)의 관양(管陽) 생산 기지

언제부터인가 청년기의 임진전 회장은 몸에 수천 위안의 현찰을 지니고 조심스럽게 밤길을 다니기 시작하였다. 힘들게 번 돈을 잘 챙겨서 집에 가야만 했기 때문이다.

1995년에 개인 차창을 개업한 임진전 회장은 **품품향**(品品香) **브랜드를 만들었다.** 북경에서도 입지를 단단히 다진 그는 1997년 마연도에서 브랜드 매장을 열었다. 그 뒤 1998년 고향 **복정에서 유기농차의 생산 기지를 운영하기 시작하였다.** 이 생산 기지의 원료 중 일부는 순수 **녹차**를 만들고, 또 일부는 **재스민 차**를 가공하며, 또 나머지 일부로는 **백차**를 만들고 있다.

2006년도 전까지 백차의 판매는 수출 중심으로 이루어져 내수 시장이 작았고, 국민의 백차에 대한 소비 관념도 거의 없었다. 남방에서는 백차를 직접 만들어 보관하는 관습만 있을 뿐이었다. 백차가 열을 내리고 홍역을 치료하는 효능이 있어 아이들에게 사용할 비상약으로 갖춰 둔 것이다. 북방의 소비자들은 백차의 존재를 거의 알지 못하였고, 오히려 녹차인 안길백차(安吉白茶)**를 백차로 아는 경우가 더 많았다.**

그런데 이때 **복정백차**가 시장에 등장하였다. **2006년부터 복정시 정부에서 복정백차의 시장 점유율과 지역의 인지도를 높이기 위하여 지역 공공 차 브랜드를 만들기로 결정한 것이다.** 당시 차 품종 중에서 다양한 선택지가 있었다.

재스민 차에서 재스민 꽃의 향을 입히는 **음화**(窨花) 과정으로 가공할 때 원료로도 사용하던 **홍청녹차**(烘青綠茶)는 복정에서 줄곧 생산하던 제품이었고, 전통 홍차 브랜드였던 **백림공부**(白琳工夫)도 있었으며, 마지막으로는 **백차**가 있었다.

종합적인 분석 결과, 중국에서 차나무를 재배하는 모든 지역에서 홍차와 녹차를 만드는 현실에서 브랜드의 차별화가 어렵다는 공감대가 형성되었다. **복정은 몇 안 되는 백차의 원산지이며, 복정백차는 생산량이 많지 않아도 특징이 뚜렷한 품종이었다.**

복정시 차업발전영도소조(茶業發展領導小組)의 팀장이었던 진흥화(陳興華)가 **복정에서 중국 백차의 생산을 시작하여 내수 시장을 공략하려는 결정을 내렸다.** 그렇지만 백차가 아무리 좋더라도 당시 중국에서는 인기가 전혀 없었고, 2006년 복정백차의 생산량도 수백 톤에 불과하였으며, 제조 회사도 10개 정도였는데 모두 수출용으로 무역 회사에 공급하고 있었다.

이러한 현실에서 신선한 향과 고소한 맛에 익숙한 국내 소비자들이 자연의 맑고 산뜻한 맛이 특징인 백차를 받아들일 수 있을지 아무도 장담할 수 없었다. 바로 이때 임진전 회장이 품품향차업유한공사의 생산 방향을 백차로 전면적으로 전환하기로 결정한 동시에 '백차 1위 브랜드'가 되는 목표를 설정하였다. 이 선택은 매우 위험천만하였지만 돌이켜 보면 올바른 길이었다.

"사업 전체가 방향이 전환되고 백차를 주력 상품으로 내세웠지만, 시장의 인지도를 높이는 일은 굉장히 어려운 과정이었어요. **당시 복건성에서도 최고 히트 상품은 금준미(金駿眉)였고, 다음으로는 철관음(鐵觀音), 대홍포(大紅袍)였지요.** 포지셔닝을 마친 뒤 브랜드 방향을 구상하고, 제품의 포장과 디자인을 진행하였지요. 백차의 장점이 알려지지 않은 초창기에는 제품을 공짜로 선물해도 원하는 사람이 없었어요."

이렇게 당시를 회상하던 임진전 회장은 "이미 쏘아 놓은 화살이요, 엎질러 놓은 물인 격"이라서 그때부터 차를 삶이요, 생계요, 낙으로 삼고, 백차 사업에 평생을 바치고자 다짐하였다고 한다.

그는 사업 스트레스가 심할 때면 종종 고향 백림의 작은 시골 마을인 '차양리(茶洋里)'로 돌아가 멀리 보이는 취교촌의 오씨(吳氏) 고택을 바라보곤 하였다고 한다. 그는 20년 전 고택을 지나 초등학교에 등교하던 시절을 떠올려 보기도 하였고, 5, 6학년 때 도시락을 들고 고택으로 달려가 먹고 나서 친구들과 함께 청석판에 누워 더위를 식혔던 기억도 있다고 한다.

그는 어려서부터 자신의 조상들이 오씨 고택에서 차를 만들었다는 사실을 알고 있었다. 당시 오씨 가문의 백차 사업도 또한 크게 번성하였기에 어린 마음속에도 차를 만들어 성공한 사람이 되고 싶었던 것이다. 그 성공은 부를 얻는 것뿐만 아니라 자신의 사회적인 가치도 함께 인정을 받는 것이다.

2006년부터 2016년까지 그와 동시대에 활동한 백차 개척자들은 잊지 못할 10년을 보냈다. 모두가 경험이 없었고, 배울 곳도 없었기에 각자 어려움을 안고 살았는데, 다들 돌을 만지며 강을 건너는 식으로 한 걸음씩 걸어가는 격이었다고 한다.

복정백차의 공공 브랜드를 출범시킨 복정시 차업발전팀의 **진흥화** 팀장도 복정백차의 홍보에 심혈을 기울였다. 그는 지난 10년간의 성과를 이렇게 요약하였다.

"10년 전에 복정은 녹차를 주로 생산해 원료를 제공하는 데 불과하여 그에 따른 부가가치 효과가 없었어요. 복정백차가 인기를 얻기 전까지는 연간 생산액이 1000만~2000만 위안에 달하는 기업이 적었고 그 규모도 훨씬 더 작았어요. 2015년 말이 되어 공식적으로 복정백차를 경영하는 기업이 545곳이나 되었고, 그중 200여 곳은 QS 인증을 통과했어요. 복정백차 전체 생산액은 29억 위안에 달하고, 내수와 수출 시장의 비율도 완전히 역전되었지요. 현재 국내 시장은 전체 백차 매출의 90%를 차지하고 있어요. 복정백차는 여전히 꾸준히 성장하는 단계에 있으며, 생산량과 산출 가치 모두 연평균 30%의 성장률을 기록하고 있답니다."

복정백차를 이야기하는 복정시 차업발전팀의 진흥화(陳興華) 팀장

복정백차는 어떻게 '소비자의 습관'이라는 장벽을 돌파하였을까? 이번 프로젝트에 참여한 모든 사람은 건강관리라는 비장의 카드를 합리적이면서도 시기적절하게 꺼냈기 때문이라고 입을 모았다. 덖음(초청)과 유념 과정을 거치지 않고 가공 절차가 가장 단순한 백차는 예로부터 약용으로 사용되었으며, 민간에서는 잔병을 치료하는 의약 목적으로 백차를 저장해 숙성시키는 습관도 있었다. 따라서 복정시는 복정백차의 공공 브랜드의 홍보를 시작할 때부터 백차의 장단점을 상세히 분석하였다. 실제로 백차는 보이차와 비슷하게 저장하면 숙성되는 속성을 가지고 있어 시음 가치와 소장 가치도 있다고 임진전 회장은 설명한다.

"많은 사람들이 백차를 마시면 맛이 없다고 합니다. 그러나 백차는 열을 내리고 해독과 염증 제거에 독특한 효능이 있습니다. 이를 위해 호남농대(湖南農大)와 국가식물공능성분이용공정기술연구센터(國家植物功能成分利用工程技術研究中心)에 위탁하여 숙성 연식별 백차의 성분 효능을 규명하였지요. 이는 최근 '**노백차**(老白茶)'의 발전에 큰 역할을 하였습니다. 개인적인 경험으로는, **복건성 동부의 복정에서는 과거 의약품이 부족하였던 시절에 백차를 민간약으로 저장하는 습관이 있었어요. 이에 근거해서 보면 백차는 오래 저장될수록 그 약리 효과가 두드러지는 것이죠. 제가 2008년에 노백차의 개념을 제안한 이유이기도 합니다."**

2016년 4월, 안휘성 성도(省都)인 합비(合肥)에서 열린 국가표준화회의에서 그가 오랫동안 거듭 강조하였던 **"노백차는 장기간 보관할 수 있다"**는 문구가 **'백차국가표준'**에 공식 기재되어 차업계와 시장이 공감대를 형성하였다.

품품향백차장원(品品香白茶莊園)

백차는 자연적인 가공으로 인해 찻잎 속 활성 효소가 최대한 유지될 수 있고, 폴리페놀 산화물, 다당류 산화물과 같은 우리 몸에 유익한 성분들도 함유되어 있어 약용으로서 가치가 있다. **이로 인해 최근 몇 년 동안 대중 소비의 물결 속에서 백차는 눈부신 발전의 큰 성과를 거두었다.**

2015년까지 20년 넘게 사업을 이어온 **임진전** 회장은 그의 **품품향**(品品香) 브랜드로 연간 2억 위안의 매출을 달성하여 **복건백차 기업 중에서도 매출 1위를 차지**하였다. 그는 현지의 생산 기지 4곳에서 3만 묘 이상의 차밭을 개간하고, 11곳의 초제 가공 공장(협동조합)을 이끌어 회사 전체의 공급망을 구축하였다.

관양현(灌陽縣) 하산(河山)에 있는 **품품향백차장원**(品品香白茶莊園)에서 **임진전** 회장은 해마다 봄이 오면 **봄차의 가공, 생산에 시간을 바쁘게 보낸다.** 그는 일기예보를 보면서 다음날 차청(茶青)을 어떻게 가공할지 항상 고민한다. **그는 찻잎 가공의 관건은 날씨에 달려 있다고 보고, 브랜드화를 실현하려면 생산의 표준화 문제를 해결해야 하는데, 이와 관련하여 그는 그동안 여러 시도와 개혁도 진행하였다고 한다.**

복건품품향차업유한공사(福建品品香茶業有限公司) 회장이자,
중국 국가비물질문화유산인 복정백차 제작 기예의
대표 전승자인 임진전(林振傳) 회장

"백차의 일부 가공 과정은 기업의 현대적인 생산 요구 조건을 따라가지 못한다는 사실을 발견하였어요. 전통적인 가열 방식과 제습 방법은 에너지를 낭비할 뿐만 아니라 위생적이지도 않아요. 생산 효율을 높이는 데에도 과학적이지 못하여 인력 낭비도 있어요. **특히 남풍이 불거나 비가 오는 날이면 백차를 생산할 수 없다는 문제를 해결하기 위하여 지난해에 '유사 일광 에너지 절감형 연속 생산 라인'을 자체적으로 구축하였습니다.** 노동력과 에너지를 절약하고, 봄철에 비가 많은 복건성에서는 좋은 차를 만들기 어려운 문제점도 해결하였어요. 이것이야말로 바로 혁신이 아니겠어요? 복정백차는 전통의 계승과 함께 과학적으로도 혁신해야 한다고 생각해요."

지난 10년 동안 **복정백차**의 성장으로 정화백차, 건양백차 등 주요 산지의 백차들도 덩달아 인기 반열에 올랐다. 중국 백차는 현대 상업의 전형적인 역할 모델이 되었고, 그 앞자리에는 항상 품품향 브랜드가 있다. 창립자인 임진전 회장은 20년 전과 같이 여전히 하루 24시간이 부족하다고 느낀다고 한다.

품품향백차장원의 가장 높은 곳에 서 있는 임진전 회장은 시장에 대하여 자신의 소견을 다음과 같이 밝혔다.

"시장의 보이지 않는 채찍이 채찍질하고 있다고 느끼기에 저는 달려야 한다고 생각해요. 제가 걸어 온 지난 10여 년은 '백금십년(白金十年)'이라 부르고 싶어요. 그 과정에서 겪은 실패들이 저를 오로지 백차에 전념하게 만들어 오늘날과 같은 모습으로 만들게 하였지요. 아이디어를 더 많이 실행하기 위하여 '**쇄백금**(曬白金)'으로 명명된 압축 차를 개발하였는데, 오랫동안 보관, 숙성된 백차를 원료로 만들었어요. 국내의 소비 구조가 다양해지면서 소비자들의 취향과 요구도 더 다양해질 것으로 생각해요."

품품향차업유한공사(品品香茶業有限公司)의
유사 일광 에너지 절감형 연속 생산 라인의 모습

02

태모산(太姥山)에서 세월을 보낸 '녹설아(綠雪芽)'

실천은 진리를 검증하는 유일한 기준!

1978년 5월 11일 《광명일보(光明日報)》에 발표된 특별 논설위원의 기사는 전국적으로 큰 반향을 일으켰고, 사회 전반에 진리의 기준에 대한 논쟁을 촉발하였다. 1978년 12월 22일, 당 중앙위원회는 제11기 3차 전원회의 공보에 "실천이 진리를 검증하는 유일한 기준이라는 문제에 대한 논의를 높이 평가하였다"는 내용을 발표하였다. 개혁개방으로 전례 없는 기회와 도전에 직면한 중국의 경제 사회는 정치사상의 안정성을 보장받게 되고, 산업 발전을 위한 지평선이 열리기 시작하였다.

복건성천호차업유한공사(福建省天湖茶業有限公司) 임유희(林有希) 회장

1979년 겨울 어느 화창한 오후, 키가 크고 마른 청년이 **복정시차엽국**(福鼎市茶葉局) 앞에서 건물을 바라보더니 빠른 걸음으로 들어갔다. 그는 복정시차엽국의 채용에 합격한 17세의 청년

임유희(林有希)였다. 현재는 **복건성천호차업유한공사**(福建省天湖茶業有限公司) 회장이다. **복정시 태모산**(太姥山)에 있는 **녹설아백차장원**(綠雪芽白茶莊園)은 4월이면 가랑비에 젖은 모습을 자주 볼 수 있다. 임유희 회장은 올해 새로 만든 백호은침을 직접 우리면서 자신의 이야기를 들려주었다.

"저는 졸업하자마자 차엽국에 입사하였어요. 일을 처음 시작했을 때만 해도 사회적으로 안정된 직장이었기에 많은 사람의 부러움을 샀지요. 불과 몇 년 지나지 않아 1985년에는 국가 이류물자였던 차가 삼류물자로 변경되면서 우리 차엽국은 차엽지도소와 차엽공사를 설립하여 당시 복정차창(福鼎茶廠)과 3년 만에 합병하였지요. 1988년에 공장이 다시 분할되면서 차엽공사만 남게 되었어요. 차엽공사는 공장을 소유하고 있었는데, 당시 공장 직원이 100명 이상이나 되었고 수익성도 해마다 악화되었어요. 그때부터 시대가 급변하고 있어 모든 공기업이 시장에서의 선택과 도태에 직면할 것이라는 사실을 깨달았지요. 저도 인생의 새로운 비전을 세우고 싶었습니다."

1990년, 아직 20대였던 임유희 회장은 당시 심각한 손실을 겪고 있던 복정현 손성차창(巽城茶廠)을 떠맡아 운영하기 위해 상급 부서에 요청하였고, 그해 공장은 흑자로 전환되었다. 임유희 회장은 당시를 떠올리면서 이야기하였다.

"그때는 몇 사람과 함께 공장을 계약하여 **복건성**의 대외 무역에 공급할 **백차**를 만들었어요. **국내 시장이 없었고 현지에서 백차를 가공하는 사람도 거의 없었기에 우리가 만든 백차는 전부 수출용이었답니다.** 이뿐 아니라 우리 공장은 복정 차 산업의 개편 이후 최초로 **복정백차**를 가공하는 민간 기업이 되었어요. 1992년에 만든 일부 백차들은 지금도 공장에 보관되어 있습니다."

사업을 시작한 처음 몇 년 동안 임유희 회장은 북경, 광주, 상해 등 전국 차 시장을 돌아다녔다. **계획경제에서 시장경제로 전환되고, 국가의 독점 판매가 중단되면서 다양한 성격의 생산 기업들은 직접 유통 시장에서 판로를 찾아야만 했다.** 이와 관련하여 공기업은 유연성과 비용 측면에서 민간 기업보다 크게 떨어졌기 때문에 국영기업의 경쟁력은 해마다 약해졌다.

그러자 임유희 회장은 1996년 복정시에 석연차창(惜緣茶廠)을 설립하였다. 바로 그 해에 그는 **'중국 차엽 제1가'**로 유명한 **북경 마연도**(馬連道)에도 방문하게 되었다. 임유희 회장은 당시의 상황을 설명해 주었다.

"제가 1996년 북경에 갔을 때 마연도는 이미 황폐해지고 외진 곳이어서 택시 기사도 가기를 꺼렸답니다. 그러나 **북경차엽총공사**가 그곳에 있었기에 많은 고향 사람들이 그곳에 자리를 잡았고, 대부분의 사람들은 총공사에 차엽을 팔려고 직접 멜대에 짊어지고 찾아가곤 했지요."

1997년 국영기업이었던 복정차창이 결국 문을 닫았다. 이는 국영 경제가 공식적으로 복정 차 산업의 역사에서 뒤안길로 사라진 것이다. 임유희 회장의 아내인 시려군(施麗君) 여사도 이때 남편의 사업에 합류하였다. 시려군은 복건성 농업대학 출신으로 차를 심평(審價)하는 전문가였고, 1984년 졸업 당시 복정차창에 배속되어 13년간이나 차 심평원(審價員)으로 근무하였다. 그녀의 합류는 임유희 회장에게 큰 도움이 되었다고 한다. 1997년 당시 마연도의 거리는 여기저기 공사가 한창이었다. 젊은 나이에 시려군은 어린 아들과 함께 그런 어수선한 분위기인 마연도의 금마차성(金馬茶城)에서 부스를 임대한 뒤 장사를 시작하였다. 임유희 회장은 당시 그녀의 역할을 설명해 주었다.

"1997년 하반기에 우리는 분업을 하였지요. 저는 뒤에서 생산을 책임지고, 아내는 북경으로 가서 시장을 개척하기로 합의하였어요. 우리는 그렇게 '장거리 부부'가 되었답니다."

녹설아백차장원(綠雪芽白茶莊園)의 시음실(試飮室)

원료 자원의 품질 우위를 확고히 하기 위해 임유희 회장은 1999년에 250만 위안을 투자하여 **태모산**에 1500묘의 유기농 차원을 계약하였다. 또한 같은 해에 한때 등록되었던 「**녹설아**(綠雪芽)」 상표를 보존하기 위하여 30만 위안을 주고 상표권을 사들였다. 임유희 회장은 그 배경에 대하여 자세히 설명해 주었다.

"**복정** 사람들에게 '**녹설아**'는 아주 중요한 자원입니다. 한편으로는 복건성 역사에서도 길이 남은 명차였고, 청나라 때부터 문인들이 '태모산에는 예로부터 녹설아가 있었는데 그것이 오늘날의 백호(白毫)이며 색과 향이 모두 훌륭하다'고 기록하였지요. 다른 한편으로는 복정 태모산국가지리공원에 복정대백차의 기원 모수(母樹)인 야생 녹설아 고차수 한 그루가 자라고 있어요. 또한 민간에서는 태모 할머니가 '녹설아' 차로 아이들의 홍역을 치료하였다는 이야기도 전해지고 있어요. 이러한 '녹설아'의 상표를 되찾는 일은 우리 자신에 대한 기대이면서 채찍질이기도 합니다."

2000년에 당시 37세의 임유희 회장은 그의 인생에서 가장 기억에 남는 극적인 순간을 맞이하였다. 그는 '**녹설아**'를 기업 브랜드로 한 **복건성천호차업유한공사**(福建省天湖茶業有限公司)를 정식으로 창립하였다. 개업을 알리는 폭죽 소리에 그는 20년 전 청년 시절에 차엽국의 문에 발을 들이는 자신을 보는 듯하였다고 한다. '녹설아'로 인해 임유희 회장은 대부분의 시간을 산속의 생산 기지에서 농부로 지낸다. 그는 흙 한 움큼을 쥐어 보여 주면서 유기농법에 관한 자신의 의견을 들려주었다.

"토양의 **문제를 잘 해결해야** 더 좋은 차를 **얻을 수 있어요.** 유기농 차의 관리와 통제는 물리적인 방제가 가장 좋답니다. **이 지역은 봄차 시즌에 해충이 거의 없고, 여름에 더워지면 저지대에 녹색매미가 일부 찻잎을 갉아 먹습니다. 하지만 이 단계가 지나고 가을이 와서 날이 시원해질 때쯤이면 다시 정상으로 돌아오지요.** **대규모의 병충해가 없다면 차나무는 자연에 맡기는 것이 가장 좋다고 생각해요. 사람들은 가능하면 생태 본연의 모습을 바꾸지 말아야 합니다."**

임유희 회장은 차산을 임대하였을 초창기에 동업으로 사업을 시작하였다. 나중에 유기농 차원에 자원이 투입되는 시간이 길고, 투자에 대한 보상도 느린 탓에 주주들은 인내심을 잃고 지분을 회수하면서, 마침내는 임유희 회장만 남게 되었다. **그럼에도 복건성 농업대학 전문가들을 초대하여 차밭의 토양을 개선하는 데 많은 자금을 쏟아부었다.** 일부 사람들은 그런 임유희 회장을 가리켜 **"돈도 되지 않는 일을 너무 오랫동안 진행하는 어리석은 사람"**이라고 수군거렸다고 한다. 그런 뒷담화를 들었으면서도 그는 그냥 싱긋이 웃으면서 말한다.

"경쟁은 갈수록 치열해질 게 분명하고, 품질이 보장되지 않으면 앞으로 경쟁에서 밀려나는 일은 시간문제예요. 각자의 선택이지요. **이 유기농차 기지에서 처음 생산한 것은 녹차였어요. 복정은 국가 우량종인 화차**(華茶) **1호(복정대백)**와 화차(華茶) 2호(복정대호)의 원산지이고, **이 품종들로 만든 녹차는 짙은 꽃 향이 특징이기에 시장에서 인기가 높았지요.** 10년 전만 해도 복정에서는 녹차와 재스민 차를 주로 생산하였던 터라 이 기지를 설립할 때 저도 꽃차와 녹차를 주력 제품으로 생산하려고 했어요."

그때는 모두가 녹차와 꽃차를 만들었고, 중국에는 유명한 녹차가 너무 많은 것이 당면한 현실이었다. 임유희 회장은 녹차와 꽃차로는 시장에서 두각을 나타내기 어렵다는 사실을 깨닫고 결국 **백차를 선택**하였다. 그 당시 선택에 대하여 임유희 회장은 그 배경을 이렇게 설명한다.

"사실 북경에서 사업 초창기부터 우리는 홍차, 꽃차, 녹차를 판매하면서 동시에 백차도 끊임없이 홍보하였답니다. 2001년에는 처음으로 백차병(白茶餠)을 만들어 보기 시작했어요. 처음에는 햇차로 압축하였지만, 만족스럽지 않아서 몇 년 보관해 두었지요. 2004년에 다시 시도하여 2007년에야 드디어 정형화된 백차병을 출시할 수 있었어요. 처음 출시할 때는 상품명을 「**복정대백차**(福鼎大白茶)」로 명명하였지만, 나중에 복정백차 공공 브랜드가 시장에 나오자 우리도 「**복정백차**(福鼎白茶)」로 변경하였답니다."

자미(滋味)가 오래 지속되는 숙성 백차

「녹설아(綠雪芽)」 제품을 판매하는 북경 마연도(馬連道) 매장의 모습

현대 차 시장에서 **복정백차**의 급속한 부상은 임유희 회장의 기억 속에도 생생히 담겨 있다. **복정시 정부, 차 산업 당국 및 복정백차 생산 기업 경영자의 노력으로 2006년부터 복정백차의 산업은 급속한 발전을 이루었다.** 임유희 회장이 수년에 걸쳐 마련한 생산 기반은 백차 시장의 발전 가능성을 바라본 그의 안목을 입증하였다. **백차 특유의 효능은 현대인들이 주목하는 건강, 보건, 힐링 등의 개념과 결합**하면서 도시인들이 **백차의 기원에 대해 관심을 가지는 문화도 활성화되고 있다.** 이에 대하여 임유희 회장은 다음과 같은 소감을 말한다.

"점점 더 많은 사람이 백차를 보러 복정으로 오고 있어요. 이는 전례가 없던 일입니다."

한편, 임유희 회장은 이런 상황에 대하여 감탄하면서 백차 산업의 새로운 비전을 찾게 되었고, 이후 백차 문화와 관련한 체험 휴양지를 조성하고 있다. 그 결과물이 오늘날의 '**녹설아백차장원**(綠雪芽白茶莊園)'이다. **야산의 작은 차밭 개간을 시작으로 현재는 태모산에서 차나무 재배와 가공 및 문화 전시관을 통합한 2000묘 면적의 기지를 조성하였다.** **해발고도 600m~800m, 일교차가 약 10도 정도인 이곳은 토양에 미네랄 성분이 풍부하여 차나무의 재배에도 유리하다. 복정백차의 문화체험센터도 2007년부터 약 10년에 걸쳐 건설하였고, 테마 내용도 해마다 정리, 보완되면서 계속 조정되고 있다.**

문화체험센터의 **양심관**(養心館)에서는 **백차인 백호은침을 마시면서 쉴 수 있다.** 5년 숙성된 백차는 맛이 조금 진하지만 여전히 상쾌하다. 임유희 회장에 따르면, **10년 숙성된 노백차**(老白茶)**를 맛보기 위해 이곳을 찾는 사람들이 많은데, 이 차 상품들도 점점 줄어들고 있다고 한다.** 또한 **녹설아백차장원은 복정에서도 차 문화 체험 여행 단지로서 가장 완전한 시설을 갖추었기 때문에 복정백차의 숨은 이야기를 들으려고 이곳을 찾는 방문객들이 전국에서 몰려온다고 한다.** 임유희 회장은 웃음을 지으면서 "그동안의 노력에 대한 일종의 수확일 것"이라고 말한다.

임유희 회장은 백차를 만드는 사람으로서 이 유행에 대하여 자신의 소견을 조심스레 이야기하였다.

"근본적인 이유는 백차가 이 시대에 적응하였고, 현대인의 건강에 대한 수요를 만족시킨 것은 아닐까요! 6대 차류에서 가공 과정으로만 놓고 보면 **백차가 가장 자연적이고 간단하기에 찻잎 그 자체에 대한 요구도도 제일 높습니다.** 또한 **백차를 마셔 본 적이 없는 소비자일수록 이 상쾌하고 깔끔한 맛을 쉽게 받아들일 수 있고, 녹차를 즐기던 사람들도 자연스럽게 받아들일 수 있어 오늘날의 큰 시장이 생겨난 겁니다.**"

2016년까지 **복정백차**는 1차, 2차, 3차 산업을 통틀어 전체 지역 경제망의 번영을 주도하였다. 복정의 도시와 농촌의 도로, 특히 고속도로 곳곳에서 기업과 지방정부에서 만든 백차 광고를 쉽게 볼 수 있었다. 거리에서도 백차 선물 상자를 들고 다니는 행인들을 쉽사리 볼 수 있었고, 찻집도 줄지어 들어서 있었다. 이 당시의 상황에 대하여 복정 차 산업 담당자인 진흥화 팀장은 친절히 설명해 주었다.

"당시 복정의 총인구수는 59만 명인데, 그중 40만 명가량이 차업에 종사하였습니다. 차업 종사자들이 지역 총인구수의 3분의 2 이상을 차지하기에 이들에게 복정백차는 없어서는 안 될 중요 필수품입니다."

"무(無)에서 유(有)를 창조한다"는 말도 있듯이, 잘 알지 못했던 것에서 출발하여 주류 상품으로 탄생한 복정백차는 오늘날 복정에 번창을 가져다주었고, 중국 백차 유형의 발전도 촉진하였다. 이 유행 뒤에는 임유희 회장과 같이 시장의 도전에 응전하고 노력을 기울인 수많은 현지 차인들이 숨어 있었다. 개혁개방 30년과 함께 지천명의 나이가 된 임유희 회장은 이제 웃으면서 말한다.

"경험과 안목에는 제한이 뒤따르지만, 능력과 가치관은 매우 다양하답니다. 시장의 흐름을 연구하고 판단해야만 자신의 방법이 올바른지 직접 검증할 수 있어요. **실천은 진리를 검증하는 유일한 기준이 아닌가요?** 어떤 과정이나 단계에도 참고가 될 만한 정답 모델은 없어요. 우리는 그저 큰 시대에 작은 사람들이었고, 큰 시대에 작은 일을 했다고 봅니다."

임유희 회장이 가꾼 태모산(太姥山)의 녹설아 생산 기지

03

삼대에 걸친 50년간의 백차(白茶) 사랑

젊은 친구여, 오늘 만나서 배를 띄워요, 따뜻한 봄바람이 부네요.

꽃은 향기롭고, 새는 노래하고, 봄빛은 취하게 하고, 노래와 웃음이 넘치네요.

아, 사랑하는 친구들이여, 이 아름다운 봄빛은 누구의 것일까?

나의 것이고, 당신의 것이며, 우리 80년대 신세대의 것이네요.

1980년대 중국 곳곳에서 이 신나는 노래가 울려 퍼질 때 민남 동부의 **복정**은 **맥주, 가죽 의류, 3차 부품, 제약** 등 **경공업**을 주요 산업으로 하는 작은 도시에 불과하였다. 북경영화제작소가 1980년에 제작한 영화 「수갑 찬 여객」에서 장면마다 등장한 맥주가 오랫동안 복정 사람들을 자랑스럽게 만들었는데, 그 맥주는 바로 복정 특산물인 **'민동맥주'**였다.

그때는 바야흐로 모든 것이 발전하고 있었다. 이른 아침 출근 벨이 울리면 작업복 차림의 명랑한 청년들이 삼삼오오 **복정백림차창**의 작업장으로 걸어가 일과를 시작하였다. **백차 전문가**이자 차 사업가인 **경종흠**(耿宗欽) 사장도 당시 그 사람들 틈바구니에서 옷차림을 정리한 뒤 제작 노트를 열었다. 경종흠 사장은 당시를 회고하였다.

"저는 어렸을 때부터 차를 무척 좋아해서 1977년 고등학교를 졸업하고, 백림차창 견습생으로 다녔어요. 1980년에 정식으로 백림차창에 입사하였는데 그때 나이 겨우 스무 살이었답니다.”

1960년 반계(磻溪) 지방의 한 제다 집안에서 태어난 경종흠 사장은 이 지역에서도 매우 잘 알려진 인물이다. 그의 조부는 중화인민공화국 건국 이전에 복정 현지에서도 이름난 **제다사**(製茶師)였고, 그의 부친은 토지 개혁 시대에 간부이자 **백림차창**의 공장장이었다. 가정 환경의 영향으로 어린 시절부터 차에 특히 관심이 많았던 그는 방과 후 늘 공장으로 달려가 스승들에게 다양한 질문을 던지고 궁금증을 해소하곤 했다.

생산 라인에서 일하고 있는 경종흠(耿宗欽) 사장의 모습

“질문도 많이 던지고 진지하게 물어보니 공장의 스승님들이 특별히 아껴 주셨어요. 제다에 관심이 무척이나 많았던 탓에 그때 누구나 선망했던 제약 공장의 일을 거절하고 아버지를 따라 차창에 들어갔지요.”

1980년대는 차의 생산 여건이 상대적으로 열악하여 농민들이 **날씨에 따라 차나무를 재배**하고 가공하였기에 **자연의 은혜**가 없이는 생계에 큰 어려움이 있었다. 그로 인해 국영공장에 다니는 경종흠과 같은 현지의 청년들은 평생직장을 얻은 덕분에 모두의 부러움을 샀고, 또 그 지역에서의 지위도 상당하였다고 한다.

“**복정차창**은 **1950년에 설립**되었어요. 다음 해에는 **백림차창**이 설립되었고요. 1953년에는 **호림차창**(湖林茶廠)도 설립되었어요. 백림과 호림은 찻잎 초제 공장으로서 복정차창의 소속이었습니다. **공장에 입사할 때 국영기업이 성장할 때라서 공장의 수익성도 좋았지요. 급여는 수십 위안에 불과했지만, 복지 혜택이 많아서 현**(縣) **간부들도 기꺼이 자녀들을 공장으로 보냈던 시절이었죠.**

그렇게 잘 나가던 공장이 나중에 사라질 줄은 그 누구도 몰랐습니다."

경종흠 사장이 지난 일들을 돌이켜 보면서 안타까움을 이야기한 것이다. 그 당시 복정 차 산업의 상황과 관련하여 복정차사무소 **양응걸**(楊應傑) 주임은 다음과 같이 기록하였다.

"복정은 건국 이후 상해의 대외무역을 통해 차를 수출하였는데, 특히 복정에서 생산한 '**백림공부**(白琳工夫)' **홍차**는 **소련에서 전량 수입**하였다. 이러한 관계로 복정은 홍차를 주로 생산하였다. 1950년대 말 중·소 관계의 긴장과 국제 상황의 영향으로 복정의 차 산업도 재조정되었다. **1960년대부터 1980년대까지 현의 차 생산은 홍차에서 녹차로 바뀌었고, 상당 기간 현의 주요 제품**은 **녹차**와 **재스민 차**가 차지하였다. 복정차창에서도 녹차와 재스민 차를 주로 생산하였고, **백림차창은 대외 무역에 공급하는 백차를 생산하였다."**

경종흠 사장은 청년 시절 백림차창에 입사한 뒤 품질검사부에 배치되어 심평과 찻잎 가공을 공부하였다. 그가 가장 좋아하는 일은 작업장에 들어가 생산 단계와 생산 과정에서 다양한 문제점들을 관찰하고 숙고하는 것이었다. 이해가 안 되는 부분이 생길 때마다 실력이 있는 선임들에게 물어보고 설명을 듣곤 하였다. 경종흠 사장이 당시를 떠올리면서 이야기한다.

"이 점에서 저는 운이 아주 좋다고 생각해요. 많은 선배들의 기술을 배울 수 있었고, 또 나중에 차 가공과 기술 조정에도 매우 유용하였어요. 이제는 작업장에서 나타나는 문제점들을 기본적으로 해결할 수 있게 되었고, 또 심평 과정에서 문제점이 포착되면 어느 단계에서 발생하였는지도 알 수 있어요. 그러한 판단은 거의 틀리지 않았어요."

약 30년이 지난 현재, 당시의 선배들은 나이가 들어 세상을 떠났지만 그들의 기술을 물려받은 경종흠 사장은 풍부한 경험과 더불어 그만의 비장의 솜씨를 익히게 되어, 전문가 영역에서도 평이 아주 좋다.

평범한 노동자에서 작업장 주임으로, 품질관리팀 과장에서 백림차창 공장장으로 승진한 그는 기술과 생산 및 판매를 담당하였다. 30세도 채 되지 않았던 경종흠 사장은 인생의 전성기에 의지로 가득하였고, 공장이 새로운 단계로 도약할 수 있다고 굳게 믿고 있었다. 판매에 주력하는 과정에서 그는 광동무역회사로 공급하였던 백차 수미 상품의 샘플을 제공하는 일을 담당하였다. 그는 광동성의 많은 차 기업 담당자들을 만나기 위해 해마다 광동성을 방문하였다. 개혁개방의 최전방인 광동성에서 그는 시장의 큰 변화를 느꼈다.

이러한 변화는 실제로 1984년에 시작되었다. 국무원은 상업부(商業部)의 「**차 구매 및 판매 정책 조정 및 유통 시스템 개혁에 관한 의견 보고서**(關於調整茶葉購銷政策與改革流通體制意見的報告)」를 승인하고 발표하였다.

이 보고서에서 차는 이류 상품에서 삼류 상품으로 변경하고, 제품은 협상으로 구매 및 판매하되, 다양한 운영 방식으로 진행할 것을 제시하였다. 이는 중국 차 시장이 전면 개방되면서 과거 수년 동안 독점 운영, 통합 구매와 판매, 단계별 할당, 단일 유통으로 인한 폐쇄적인 시스템의 중단을 선언하는 의미이다. **국가에서 생산을 배정하고 판매를 마련하는 데 익숙한 국영차창들은 시장에서 우위를 선점해야 하는 기로에 선 것이다.**

"**1980년대 중반 이후 공장은 내리막길을 걷기 시작하였어요.** 백림차창은 계획경제의 막바지에 이르렀을 때 한편으로는 전면적인 시장화 경제에 직면해야 했고, 또 다른 한편으로는 기업 자체의 부담을 감당해야 했기 때문에 가중 압력이 높았어요."

경종흠 사장에 따르면, 당시 백림차창 연간 생산량이 약 수천 단(担)이었지만, 생산량이 적고 규모가 작은 탓에 부담이 클 수밖에 없었다고 한다. 공장의 정규직 인원이 100명 이상이나 되었고, 퇴직 근로자가 30명 가까이 있어 기업 연봉 지출만 수십만 위안이었는데, 기존 근로자의 의료비까지 더해져 기업 전반에 불균형을 초래하였다. 최적화할 수 없는 비용과 시장경제에 직면한 공장은 이미 경쟁력을 상실한 것이다.

현실에 직면한 경종흠 사장은 공장장으로서 한동안 공장의 기계들을 바라보면서 직원들의 거취와 공장의 미래에 대한 걱정스러운 마음으로 괴로운 시간을 보냈다.

"누구나 차 공장을 설립해 운영할 수 있는 시대가 되었기에 공장 기술직 직원들의 이직을 만류할 수가 없었어요. 공장이 서서히 내리막길을 걷던 몇 년 사이에 저희가 지급한 임금은 300~500위안이었지만 민간 기업에서는 이미 1000위안까지 지급하였지요. 이미 연봉에서 국영기업은 인재 유치에 실패한 상황이었어요. 젊고 기술력을 가진 사람들은 떠났고, 비생산 부서 직원들과 퇴직한 직원들만 오롯이 남게 되었어요. 공장이 더는 버틸 수가 없었습니다."

약 40년간 차를 생산하고 운영해 온 복정의 백림차창이 1993년에 마침내 문을 닫았다. 그 뒤 몇 년 동안 공장의 건물은 철거되고 기계들도 팔렸으며, 한때 홍보성 문구가 새겨져 있던 담장도 무너져 내렸다. 공장의 직원들은 제각기 뿔뿔이 흩어져 각자도생의 길을 걸어갔고 계획 경제의 시대도 마침내 막을 내렸다. 경종흠 사장도 이에 대하여 "마음이 많이 슬펐으며, 번창하던 국영차창이 우리 세대에서 문을 닫게 될 줄은 정말 상상도 하지 못했다"고 설명한다.

국영공장의 기술자에서 개인 사업자가 된 경종흠 사장은 시장경제의 풍랑을 이겨 내고 공장을 회사로 전환하였고, 작년에는 새로운 공장 건물도 완공하였다. **백림진 금산서로**(金山西路)에 있는 신축 공장에서 경종흠 사장은 마당에 놓인 건조대를 살핀 뒤 날씨에 대하여 설명해 주었다.

경종흠 사장의 신축 공장에서 위조(萎凋) 과정에 있는 백차

"초저녁부터 자정까지 북풍 날씨에 바람이 휘휘 불면 저는 밖에 있는 선반에 찻잎을 펼쳐 놓아요. 자정 이후 남풍 날씨로 바뀔 것을 대비하여 실내로 찻잎을 옮겨 놓지 않으면, 다음 날 이 찻잎들은 모두 검게 변해서 쓸 수가 없답니다."

지난 40년 동안 차를 만들고 백차의 가공에 대해 익히 알고 있는 그는 **위조**(萎凋) 작업에 대하여 상세히 설명해 주었다.

"백차는 위조가 가장 중요한데, 두 가지 문제를 주의해야 합니다. 하나는 햇볕에 말리는 것인데, 다 말려지면 실내로 옮겨 놓아야 합니다. 다른 하나는 온도 조절과 시간 조절입니다. 날씨, 온도, 풍량이 매일 달라 시간 조절도 달라야 합니다. 위조 과정에서 실외 자연풍이 관건인데, 만약 돌풍을 6급~7급이라고 한다면 미풍은 1급~2급, 때로는 중간인 3급~4급으로 바뀌기도 합니다. 햇볕에 말릴 때 미풍이 서서히 불어오면 찻잎 표면의 수분을 날리면서 과열되는 것을 방지할 수 있습니다. 그런 날씨는 좋지만, 무덥고 바람이 없다면 차청의 품질은 떨어지기 마련입니다. 만약 습한 냄새나 햇볕에 그을린 냄새가 난다면 위조에 실패한 것입니다."

해마다 4월 중하순이면 경종험 사장은 봄차 생산 시즌을 마치고 심평에 많은 시간을 보낸다. 테이블 위에 라벨이 붙은 샘플들을 마주한 그는 심사 및 평가할 때마다 곁에 있는 아들 경곤곤(耿錟錕) 씨에게 기록을 시킨다. 경곤곤 씨는 봄차 시즌의 백차에 대하여 간략히 설명해 주었다.

"올해 날씨에 따라 복정백차 찻잎으로 백호은침을 만들 수 있는 시기는 3월 15일부터 4월 2일까지여서 청명 전에 모두 작업이 끝났습니다. 백모단은 등급에 따라 다른데, 특급은 3월 15일에 시작하였고, 고급은 청명 뒤 며칠까지는 더 만들 수 있었습니다. 그 뒤에 다음 등급의 백모단을 생산합니다. 시간이 지나면 수미만 생산할 수 있어요. 백호은침이나 최상급 백모단은 수작업으로만 채엽할 수 있고, 숙련공은 찻잎을 하루에 8~10근 정도 딸 수 있어요. 수미를 만드는 과정에서는 기계로도 수확합니다. 연중의 봄차 시즌은 약 40일 정도로 보시면 됩니다."

또한 경곤곤 씨는 백차 차청에 대한 자신만의 견해를 덧붙여 이야기해 주었다.

"저는 보통 하루 중 두 시간대에 찻잎을 땁니다. 첫 채엽은 오전 9시에 시작해 10시쯤 마치고 공장에 들어가는데 이때의 찻잎이 품질이 가장 좋습니다. 두 번째는 오후 3~4시에 채엽합니다. 온도가 제일 높고 무더운 정오에는 절대 찻잎을 따지 말아야 합니다. 이때 딴 찻잎을 가공하면 텁텁한 냄새가 많이 납니다."

현지의 차창들은 대부분 중소기업 규모인데, 생산 및 가공 범위에서 경종흠 사장의 공장이 대표적이다. 이 유형의 기업은 평일에는 수십 명의 직원이 있고, 봄차 시즌에 임시 직원을 고용할 때는 100명 이상이 된다. 타 기업과 다른 점이라면 그의 최대 주문은 유럽, 미국의 수출 시장에서 들어오고, 백호은침과 백모단이 주요 품목이라는 점이다.

내수 시장의 성장은 경종흠 사장과 같은 전통 제다인들이 해결해야 할 새로운 과제가 되었다. **국내 소비자의 요구에 맞춰 2005년부터 백차 압병과 같은 새로운 형태의 상품을 출시하고 있다.** 이러한 새로운 상품 개발에 대해 경종흠 사장은 그 배경을 설명한다.

"없었던 내수 시장이 생겨나면서 저도 도전해 보고 있어요. 백차를 몇 년 동안 저장하고 병차로 압착하니 맛이 아주 괜찮았어요. 옛날 어르신들이 백차는 홍역을 치료한다고 믿었기에 집집마다 상비약으로 조금씩 저장하는 습관이 있었지만 그 양은 매우 적었어요."

한편 경종흠 사장은 1980년대 후반 출생의 청년 세대로서 약 10년 전부터 차를 배워 온 그의 아들 경곤곤 씨에게 항상 강조하는 말이 있다고 한다.

"차는 배운 이론대로 만드는 것이 아니라 반드시 찻잎을 먼저 보고 만들어야 한다. 다져진 기술과 경험에 의지하면서 눈앞에 있는 찻잎을 보고 어떻게 가공할지를 판단해야 한다."

한편 이러한 경종흠 사장도 시장을 대할 때 젊은 세대가 시장의 수요를 더 빨리 분석하고 소비자와 소통하는 능력도 자신보다 앞선다는 사실을 인정한다. 경종흠 사장의 세대는 청춘을 공장 기계 소리와 함께 보냈고, 그가 평생을 들여서 이해하고 잘 알고 있는 것도 오직 차의 생산뿐이었다.

경종흠 사장은 석양 아래의 작업장에서 옆에 놓인 큰 기계를 조심스럽게 닦다가 지난날을 돌이켜 보면서 이야기를 잠시 들려주었다.

"옛날 물건은 품질이 말할 것도 없습니다. 이 대형 유념기는 소련에서 처음 만들었고, 나중에 1960년대에 절강성에서 모방하여 생산하였지요. 이 기계로 홍차, 녹차뿐 아니라 신공예백차도 만들 수 있는데, 지금도 사용한답니다. 백림차창에 이런 기계가 3대나 있었지만, 공장이 해체된 뒤로 사라졌지요. 이 기계는 제가 복건의 복안시 사구진(社口鎮)에 있는 초제 공장에서 1만 위안에 구입한 거에요. 한 시대를 대표하는 물증으로 박물관에 들어가도 될 기계지요. 그 시대를 지나온 우리는 이 기계를 보면서 자신을 생각하다 보면 열정의 시대가 아직 끝나지 않았다는 생각이 듭니다."

세월 속에 산은 희미해지지만, 물은 여전히 흐르고, 먼 하늘 석양 아래 그 시절의 노래가 들려오는 것 같다.

20년 뒤, 우리 다시 만나면, 위대한 조국은 얼마나 아름다워질까.
하늘도 새롭고, 땅도 새롭고, 봄빛은 더욱 밝아지고,
도시와 시골 모든 곳이 빛날 것이요.
사랑하는 친구여, 이 기적을 이루는 사람은 누구일까?
나, 당신이고, 우리 80년대의 새 세대가 이루겠지요.

차창 내 고요한 작업장의 모습

04

차요(茶窯) 한 채, 불모의 정원, 20년의 비바람, 그리고 한 소년의 도전

중국의 1990년대는 옛날과는 전혀 다른 모습을 하고 있었다. 1992년 1월 17일, 국가 지도자인 **등소평**은 남방 순시를 시작하였다. 1월 18일부터 2월 21일까지 호북성의 무창(武昌), 광동성의 심천(深圳), 주해(珠海), 강소성의 상해(上海) 등을 시찰하고 중요한 연설을 하였다. 그는 "기회를 포착하고 개혁개방을 가속화해 국민 경제를 새로운 수준으로 끌어올리기 위해 노력해야 한다"는 시대적 과제를 제시해 중국 사회주의 시장경제 발전의 물꼬를 트는 데 사상적인 토대를 마련하였다.

1992년부터 1993년까지는 중국의 개혁개방이 깊게 진행되는 시기였다. 오늘날 중국의 거물급 인사들도 이 시기에 자신의 자리를 찾아다니고 있었다. 중국에서 인터넷 시대를 연 **'레노버** Lenovo' 창업자인 **유전지**(柳傳志)는 광동의 심천에서 기차를 타고 광주(廣州)로 출장을 오갔고, 중국 최대 전자상거래회사인 **알리바바** 그룹의 창시자인 **마운**(馬雲)은 항주전자공업학원의 영어 교사로 활동하면서 여가 시간에 자신의 번역 회사를 설립하였다. 세계적인 IT 기업 **'화웨이**(華為)'의 회장인 임정비(任正非)는 50세가 다 되었지만, 자본과 인맥뿐 아니라 자원, 기술, 시장의 경험이 전혀 없었기 때문에 'C&C08'의 연구개발에 전념하였다. 부동산 기업 **'헝다**(恒大)' 그룹의 회장인 **허가인**(許家印)은 30장이 넘는 이력서를 가지고 심천의 구직 시장에서 일자리를 애타게 찾고 있었다.

당시는 낙후된 생활 여건과 함께 희망으로 가득 찬 시대였다. 1993년 민동에서도 유명한 재스민 차의 산지인 복정에서는 **계획경제 시대가 막을 내렸고, 대대로 차를 생계로 했던 사람들은 미래의 활로를 찾으러 북방으로 향하는 기차에 몸을 실었다.** 재스민 차의 판매에 가장 큰 시장으로서 북경은 그들의 첫 번째 선택지가 되었다. 이때 민남 동부 곳곳에는 북경으로 차를 나르는 사람들의 행렬로 특별한 풍경이 펼쳐지기도 하였다. 이 중에 수수하고 앳된 외모에 깡마른 체격의 한 소년이 길을 걷고 있었다. 그의 이름은 **장장강**(莊長強)이고 그해 막 17세가 되었다. 이제는 **복정백차**의 **유통 사업가**로 성장한 그가 23년 전의 모습을 회상하면서 이야기하였다.

장장강(莊長強)의 고향인 복정(福鼎) 점두촌(點頭村)

"그때 저에게는 보통의 17세 소년으로는 이해할 수 없는 차에 대한 감정이 있었어요. 저는 중학교를 졸업하지 않은 채 부모님의 곁을 떠나 처음으로 혼자 북경에 갔습니다."

장장강 사장의 고향은 **복정의 점두**(點頭) 지역인데, 그곳은 **화차 1호**인 **복정대백** 품종의 발원지이자 **복건성 동부**에서도 **재스민 차**의 **생산지가 가장 집중된 지역**이었다. 전국에서도 유명한 복건 지방 재스민 차의 원료인 **차배**(茶坯), 특히 **고급 재스민 차**의 차배 원료는 주로 **복정**, **복안** 지역의 **대백**(大白), **대호**(大毫) 품종을 사용하였다.

특히 **점두에서 생산하는 재스민 차는 꽃 재료의 선택에 신경을 많이 쓴다.** 고급 재스민 차의 경우 까다롭게 선별한 원료만을 사용하고, 꽃을 뒤섞어 향이 배도록 하는 '**음화**(窨花)' 과정을 **5회 이상 반복해 생산**하기에 **맛**과 **향**이 **특히 좋다.** 따라서 꽃차 판매 지역에서 시장의 점유율도 매우 높다. 어릴 때부터 수십 묘의 차밭을 돌보며 채엽, 음화 등의 일을 혼자서 했던 장장강 사장은 차원과 차나무에 대한 애정이 남달랐다고 한다. 그는 젊은 시절의 기억을 되짚어 이야기한다.

"바깥세상을 전혀 몰랐고, 그 세상이 저를 반겨 주는지 아닌지는 더 몰랐지요. 저는 먼저 북경 **마연도**에 자리를 잡았고 그 뒤에 하얼빈(哈爾濱)에도 갔었어요. 주로 **재스민 차**를 판매하였지요. 2002년이 되어서야 찻잎을 넣어 만든 베개를 개발하였어요. 국내에서는 최초였어요."

장장강 사장에 따르면, 소년 시절 처음 북경의 마연도로 갔을 때는 낡은 도로와 화북 차엽 시장을 총괄하던 **북경차엽총공사**만 있었을 뿐 다른 유통 시장은 전혀 없었다고 한다.

육묘차요(六妙茶窯)의 입구(왼쪽)와 육묘의 일광 위조실(오른쪽)

1996년부터 북경의 마연도에는 차 종합상가들이 들어서고, 사업자들이 계속해서 시장에 자리를 잡기 시작하였다. 이때 **많은 사람이 차 산업의 위력에 눈을 뜨게 되었다.** 20곳에 가까운 전문시장이 만들어지고, 수천 명의 운영자가 이곳에서 생계를 꾸려 나갔다. 경쟁이 과열되면서 마연도에서는 한때 점포를 하나도 구하기 힘든 시절도 있었다.

장장강 사장은 2005년에 차연차성(茶緣茶城)에 입점하였고, 2006년에는 입구 쪽 2000평 규모의 매장을 15년간 임대하는 운영권도 획득하였다. 그러나 그는 "재정적으로 자유를 얻었지만, 여전히 인생의 목표는 나타나지 않은 것 같았다"고 회상한다.

그러던 중 2006년에 이르러 30대였던 장장강 사장은 **복정**으로 돌아왔고, 국내 시장에서 지금껏 판매된 적이 없던 **고향의 백차**에 **주목**하였다. 같은 시기에 복정시 정부의 '**복정백차**' 홍보에 힘입어 그는 백차를 만들기로 결심하고, 이 일은 평생 할 수 있겠다고 생각한 것이다.

그해에 장장강 사장은 「**육묘백차**(六妙白茶)」 간판을 걸고 자금을 모아 공장을 세우고 차원을 지정해 놓고 원료를 구매하였다. 그 사이에 시행착오도 겪으면서 웃음거리가 된 적도 있었다.

육묘 야생 차원

"고향 사람들, 특히 같이 차나무를 재배하는 농부들은 제가 큰 도시에서 지내면서 실속이 없는 사람이 되었다고 생각해요. 2009년 점두에서 오랫동안 황폐된 4000묘의 차밭을 맡았습니다. 그때만 해도 제가 이 일을 끝까지 해낼 것이라 믿는 사람이 아예 없었지요. 돈도 많이 들고 공을 들여 관리해야 하지만 산출이 높지 않아 사람들은 제가 하려는 일을 이해하지 못하였어요."

차원을 일구는 일은 하루아침에 되는 일이 아님을 잘 알고 있는 장장강 사장은 좋은 백차를 만들려면 좋은 산지가 있어야 한다는 사실을 알고 있었다. 그 **해결책이** '생태차원(生態茶園)'**이었다.**

"**처음에는 수확하지 않고 차나무만 돌보았어요. 많은 일꾼을 고용하여 인공 제초하는 데 많은 시간도 보냈어요.** 절강에서 복숭아꽃, 계화, 매화, 벚꽃, 백일홍 등을 따로 구매하여 차원에 심었지요. **그다음부터는 봄에만 찻잎을 적은 양으로 수확하였어요.** 남은 시간은 자연적으로 자라도록 내버려 두기도 했어요. 많은 사람이 저의 방법을 비웃었지만 저는 일일이 해명하고 싶지 않아요."

그는 해마다 제거한 잡초를 차원에 다시 뿌리고 토양에서 자연적으로 부패하면서 퇴비가 만들어지게 했다. 이렇게 해를 반복하다 보면 토양과 환경이 근본적으로 바뀔 수 있다고 믿고 있었다. 다양한 식물들이 개화하면 꿀벌과 새들이 날아들고 자연의 먹이사슬이 만들어지고 충해를 방지하면서 자연생태계가 형성되는 것이다. 그를 걱정스럽게 하는 것은 복정대백차 원산지 복정에서 대백 품종의 재배가 크게 줄어들어 전체 재배 면적의 10%에도 미치지 못하는 현실이었다.

"수년간의 시장화를 통해 많은 농부들이 복정대호 품종보다 **싹이 작고 산출량이 적다는 이유로** 복정대백 품종을 잘라 내고 그 자리에 복정대호 품종을 심었어요. 복정은 현재 차나무 품종에서 복정대호가 가장 많고 재배 비율도 80%를 상회할 거예요."

그는 현재 보유하고 있는 400묘의 복정대백차 차원을 조심스럽게 돌보고 있다. 이 기지는 화차 1호인 복정대백 품종의 국가 보호 구역으로 선정되어 세심한 관리가 필요하기 때문이다.

"자원은 재생이 불가능하기에 차를 만드는 사람들은 자원을 매우 소중히 다뤄야 해요. 저에게 차밭을 관리하는 일은 수익을 내는 일보다 더 큰 위험 부담이 따라요. 거의 버려진 밭을 인수하였기에 전체 수입으로 관리에 드는 비용을 감당하기에는 턱없이 부족합니다. 사람들로부터 비웃음도 받았지만, 근본부터 다져야 품질이 좋고 오래 마실 수 있는 차를 만들 수 있다고 믿어요."

이제 육묘백차의 공장에 들어서면 차원을 제외하고 가장 눈에 띄는 것은 백차를 저장하는 장소인 '차요(茶窯)'이다. 점두진 대평촌(大坪村)에 6000평의 육묘차요(六妙茶窯)가 건설되었고, 1만 평의 또 다른 저장고가 건설 중이다. **차요에 저장된 것은 장장강 사장이 10년 동안 수집한 백차의 원료이다.** 이는 **복정 현지에서도 첫 번째의 전문 차요이면서, 장장강 사장이 중국 전역과 프랑스 보르도까지 가서 조사해 만든 결과물이다.** 현재 이 차요는 **중국 백차 저장의 역할 모델급의 저장고가 되었다.** 장장강 사장은 프랑스 와인의 저장고를 조사한 배경에 대해서 간략히 설명해 주었다.

"백차는 보이차와 마찬가지로 저장이 가능한 특성을 갖추고 있어요. 그러나 백차의 저장 기술은 그동안 전례가 없어 저는 프랑스로 날아가 와인 저장고를 연구하였어요. 귀국한 뒤 찻잎의 특성에 따라 백차의 저장에 최적화된 창고를 만들게 되었어요."

육묘차요의 장장강 사장이 일광위조를 진행하는 모습

장장강 사장은 앞으로 건축할 1만 평의 차요는 전문성이 더 훌륭할 것이라고 설명을 덧붙였다. 그에 따르면, **백차 저장에서 가장 중요한 것**은 첫째, 좋은 원료와 가공 기술이 저장 가치를 결정하고, 둘째, 잡내가 없는 저장 환경을 만들어야 하는데, 찻잎 자체의 강한 냄새 흡수력 때문에 공기가 좋고 주변 환경이 깨끗한 산속에 지어야 한다는 것이다. 마지막으로는 습도와 온도인데, **저장 과정에서 곰팡이가 생기지 않도록 습도를 잘 조절해야 한다는** 것이다. 이와 관련하여 장장강 사장은 자신의 소신을 밝혔다.

육묘 공장에서 백차를 만드느라 분주한 근로자들의 모습

“모든 과정을 고려해 전문적인 백차 브랜드를 만들겠다는 것이 저의 일관된 생각이에요.”

그는 최근 수익의 대부분을 차요의 구축, 일광위조를 진행하는 건조실을 확대하는 데 사용하고, 차원의 관리 시스템을 업그레이드하는 등 기반 시설의 건설에 투자하였다. 그 이유는 상품 인지도와 구매 결정권이 시장과 소비자에게 있기 때문에 모든 항목을 소홀히 하지 않았던 것이다.

백차 시장의 전망과 미래에 관하여 불혹에 접어든 장장강 사장은 다시 소년 시절의 일을 떠올리면서 이야기한다.

“모든 일은 시작이 어렵고, 그 모든 일은 무에서 유를 창조하는 과정이라고 봅니다. 공백이야말로 가장 큰 시장과 기회가 있다는 사실을 의미하지요. 인생이란 기회와 도전이 공존하는 법입니다. 저는 겨우 절반쯤 걸어온 것 같아요.”

10대에서 마흔에 이르기까지 장장강 사장은 그의 청춘으로 한 시대의 변천을 입증하고, 평범한 소년이 시대의 흐름에 도전해 큰 성과를 이루었다. 끝으로 장장강 사장은 “기업가는 자기 자신을 잘 알아야 하고, 외로움과 유혹을 견디면서 자신이 가장 하고 싶은 일에 모든 노력을 기울여야 한다”고 이야기한다.

05

'우공이산(愚公移山)'의 고집으로 탄생한, 후손에게 물려줄 차밭!

"누구도 변화를 통제할 수 없고, 오직 변화 앞에서 걸어가야 한다."

이것은 대변혁의 시대에서 **'변하는 것만이 영원한 주제'**임을 알려 주는 현대 경영학자 피터 드러커Peter Drucker, 1909~2005의 명언이다. 특히 **중국 차 산업 발전 현황에서 1980년대와 1990년대는 기회가 충만한 시대**였다면, 2000년 이후는 전체 산업의 제품 유형 및 비즈니스 구조가 성숙하였기에 시장의 신규 진입이 갈수록 어려워졌다. 이 어려운 시대에 누군가는 이 시장에 발을 들였고, 원산지를 겨냥하여 차를 만드는 길을 택하였다. 그 이유는 무엇일까?

복정시 반계진(磻溪鎮)에는 면적이 13평으로 규모가 작지만, 유기 농법으로 매우 유명한 **'지청차원(知青茶園)'**이 있다. 봄철에 방문한다면 산과 바다를 끼고 있어 그 아름다운 풍광을 잊을 수 없을 것이다.

자료에 따르면, **지청차원**은 중국의 격동기에 조성되었다. 반계진은 중국에서도 유명한 국가급 생태 마을이면서 복건성의 주요 차 생산지 중 하나이다. 전체 농업 인구의 70% 이상이 차 산업과 관련되어 있다. 1958년에는 **'전국차업현장교류회(全國茶業現場交流會)'**가 반계진에서 개최되었고, 1959년에서 1960년의 '대약진' 시기에 반계공사(磻溪公社)가 "만묘 차원을 재건하자"는 구호를

13평 규모 유기농 차원의 봄철 수확기 모습

외치며 **산비탈의 황무지를 개간하면서 2만 묘의 계단식 차밭이 조성되었다.**

1971년 반계공사는 차원 건설을 위한 총동원 조직을 결성하여 산호강(山湖崗) **언덕에 13평 규모의 표준화된 차원을 새로 건설하였다.** 이 차원의 재배와 관리는 모두 당시 도시에서 시골로 내려온 지식 청년들이 하였다. 중국에서는 이러한 청년 계층을 흔히 **'지청**(知青)'이라고 한다. 그 이름을 딴 **'지청차원'**의 개발은 극히 험난하였다. **기계 장비가 없는 상황에서 5년 동안 오로지 호미와 삽으로만 두 채의 산을 파고 계곡 하나를 메워 질서 정연한 차원을 조성하였다.** 평지 사이의 옹벽도 청년들이 돌 하나하나를 옮겨 쌓아 올린 것이다. 그러나 1980년대 이후 청년들이 도시로 다시 돌아갔고, 드넓은 차밭은 그대로 남겨진 채 점차 기억 속에서 사라지고 수십 년 동안 그냥 방치되었다. 그러던 어느 날 아름다운 용모의 여성이 나타났다. 현재 2300묘 규모인 **지청차원**/**현 대심차원**(大沁茶院)/의 소유주가 된 진영(陳穎) 여사였다. 그녀는 지청차원과의 첫 만남 당시를 떠올리면서 웃으면서 이야기하였다.

"생산 기지의 현지 답사를 위해 관양, 점두, 백림을 거쳐 복정의 여러 향진을 방문하였고 나중에 도착한 곳이 반계였어요. 우연히 발견했지만, 산에 오르면서 제가 찾던 곳이 바로 여기였음을 직감하였어요. 운명적인 만남이었죠. 인연이면서도 도전이었어요. 이렇게 넓고 큰 산에 길이 없었고, 아무도 인수하려 들지 않았기 때문이에요."

진영 여사와 그녀가 출시한 「**대심백차**(大沁白茶)」 브랜드는 **최근 몇 년 동안 복정백차 업계에서 급부상한 다크호스라고 할 수 있다.** 인기 높은 출발점과 큰 투자로 인해 그녀와 그녀의 차원은 종종 시장에서 화젯거리가 되었다. 현지 전통 차인들과는 달리 진영 여사는 본래 차나무를 재배하거나 차와 관련된 일에 종사했던 사람이 아니었다. 약 20년 전, 그녀와 그녀의 남편은 국내 기화기Carbureter 산업의 선도 기업인 복정시화익기전고분유한공사(福鼎市華益機電股份有限公司)를 설립하였는데, 현재까지도 그 산업 분야의 선두 기업을 유지하고 있다. 그런데 진영 여사는 늘 마음속 깊은 곳에서 차에 대한 꿈을 품고 있었다. 그녀는 차와 관련된 자신의 꿈을 이야기해 주었다.

차실에서 백차를 우리는 진영(陳穎) 여사의 모습

"차의 고향에서 태어나 질그릇에 우린 백차를 마시면서 자랐기에 대학을 다닐 때도 이 한 잔의 차가 늘 그리웠어요. 저는 딸아이가 자라는 모습을 보면서 차를 만들고 차원을 가꾸면서 다음 세대에 가보로 물려주고 싶었어요."

이러한 꿈을 배경으로 그녀는 브랜드 이름에도 딸의 이름을 넣었다. 「**대심백차**(大沁白茶)」의 '심(沁)'자는 그녀의 딸 이름이다. 2011년부터 5년 동안 자신의 브랜드가 이름을 떨칠 때까지 그녀는 남다른 노력을 쏟아부었다.

그녀는 산업화된 관리로 높은 수준의 농업을 경영해야 한다는 확고한 방침을 처음부터 세웠다. 그리고 어떻게 운영하느냐는 차를 만드는 사람으로서의 결심과 자신감을 스스로 시험하는 것이라 보았다. 원래 종사하였던 업종과 매우 큰 차이가 있고 그녀의 남편도 이 일을 계속할 것인지 여러 차례에 걸쳐 그녀에게 물었지만, 그녀는 주저 없이 "계속할 수 있어요"라고 답하였다고 한다.

좋은 차를 만드는 기본 토대는 차밭이며, 특히 생태차원이라면 두말할 나위가 없다. 이 황폐한 차원에서 그녀는 가장 먼저 도로를 건설하였다. 기업의 생산과 관리를 위한 것이든지, 인근 마을 사람들이 가난에서 벗어나기를 위한 것이든지 간에 도로는 가장 시급한 문제였다. **진영 여사에 따르면, 반계진에서 산호강촌, 호림촌까지 14.5km의 시멘트 도로를 자신이 만들어 이곳이 당면**

한 문제를 해결하였다고 한다. 진영은 600만 위안을 투자하여 주요 도로뿐만 아니라 차원 깊숙이 이어지는 작은 오솔길들도 닦았다. 결국 모두에게 이익이 되는 것이 그녀의 꿈이기 때문이다.

길을 만든 다음은 차 생산 기지를 건설하는 것이었다. 수십 년 동안 방치되어 잡초가 무성한 차밭을 바라보면서 **그녀는 손으로 잡초를 제거하는 '어리석은' 해결책을 생각하였다.** 이 거친 풀들은 억제되기까지 여러 번 뽑아야 하였고, 거기에 수백만 위안을 썼다. 그녀를 이해하지 못하는 사람도 있었고, 지지하는 사람도 있었다. 그 이유에 대하여 진영 여사가 설명해 주었다.

"차는 식품이어서 안전이 가장 중요해요. 손길이 많이 가고 시간도 많이 들지만, 정작 눈에 보이는 효과는 뚜렷하지 않아요. 하지만 앞으로 맑고 달콤한 차들을 이 땅에서 수확해 마실 것을 생각하면, 이 모든 것이 가치가 있어요."

차밭의 영양 공급원은 비료인데, 생태차원의 경우 유기농 비료에 대한 투자 비용은 종종 엄두를 못 낼 정도로 비싸다. 진영 여사에 따르면, 이는 오늘날 중국 차 산업의 가장 큰 관심사이고, 기업 측에서는 이를 직시할 수밖에 없다고 한다. 그녀는 이와 관련하여 자신의 의견을 이야기해 주었다.

"전문가와 상의해 처음에는 산동(山東)에서 양의 분변을 구매한 뒤 이곳에서 몇 달 동안 발효시킨 다음 도랑을 파고 흙으로 묻었어요. 이러면 2차 오염이 발생하지 않아요. 나중에는 영양성이 높은 유채깻묵도 사용했어요. 그런데 양의 분변보다 더 비쌀 정도로 원가가 높았어요."

이렇게 2015년 한해에만 유기농 비료와 인건비에 600만 위안을 지출하였다고 한다. 어떤 사람들은 그녀의 이런 고집을 현대판 '**우공이산**(愚公移山)'이라고 감탄하였고, 이에 그녀는 "후대에 물려줄 차원이라면 대충할 수가 없어요"라고 화답하였다고 한다.

해가 거듭될수록 삭막하던 대심차원의 차산은 그 모습이 점점 더 화려해졌다. 그녀가 수백만 위안을 들여서 1만 그루의 동백, 벚꽃, 계화, 백일홍, 복숭아나무를 심었기 때문이다. 찻잎 수확기에 차원을 찾는 손님들이 찻잎을 직접 따서 차를 만들어 시음하는 체험 현장을 만들어야겠다는 아이디어도 실현 중이다.

대심백차(大沁白茶) 공장의 내부

이곳에는 **전방위, 고화질의 차원 환경 모니터링 시스템도 갖추고 있다.** 전 세계 어디에서나 시스템을 다운하면 원격으로 실시간 차원의 상황들을 볼 수 있다. 이에 대하여 진영 여사는 "이슬 한 방울까지도 선명하게 보일걸요"라고 웃으면서 말한다.

반계는 국가급 생태 마을이면서 복정백차의 중요한 산지이지만, 변변한 거래 시장이 없어 과거에는 농가들이 점두진의 차화무역시장에 직접 가서 차를 판매하였다. 바쁜 봄차 시즌에는 시간도 낭비되었고, 차청의 품질에도 영향을 주었다.

진영 여사는 **반계진 쌍계서로**(雙溪西路)에 3000평 규모의 '**차청교역시장**(茶青交易市場)'을 건설하여 인근의 **차 거래에 얽힌 문제를 해결**하였다. 그녀에 따르면, 시장이 본격적으로 열리면 자신의 공장도 완전히 가동하여 생산한다고 한다. 이와 관련하여 그녀는 "차원과 공장이 원활하게 연결되어 최상의 차청으로 차 상품을 생산하는 것이 자신의 계획"이라고 말하였다.

100묘 대지 면적의 「**대심백차**(大沁白茶)」 공장 구역에서 모든 시설의 건설 첫 단계가 완료되었다. **최고급의 자동화 생산 라인, 일광 위조실, 온습 조절 전용의 원목 저장고는 복정에서도 손꼽히고 있고, 투자 규모도 모든 사람에게 놀라움을 안겨 주었다.** 하지만 진영 여사는 여전히 부족하다고 이야기한다.

"저는 연마기 1대로 자수성가해 현재는 1000명의 직원을 이끌고 있어요. 이것은 복정 사람들이 고생을 기꺼이 감수하는 정신력 덕분이지요. 이제 차밭이 있으니 더 물러설 이유도 없답니다.

농업은 평생 해야 하는 일이라 더 멀리, 더 길게 봐야 해요."

그녀는 지금도 자신의 무릉도원을 건설하고 중국 백차의 꿈을 이루는 데 전념하고 있다. 이 차원에서 시작하여 자연 생태를 복원하고, 백차 찻잎 하나하나에 강한 생명력을 불어넣고 있다. 그녀는 맑은 눈으로 미소를 지으며 앞으로의 계획을 소개하였다.

"누구나 선인들의 손에서 받은 유산은 잠시만 간직하다가 다시 후손에게 물려주어야 해요. 이는 누구도 피해갈 수 없는 인생의 길이지요. 저는 이 길을 천천히 걸어가려고 해요. 좀 더 천천히, 더 오래 걸으면서 물려줄 수 있는 차원을 만들 때까지요."

대심차원(大沁茶院)에서 여성 인부들이 찻잎을 따는 모습

06

해발고도 1200m의 징원향(澄源鄉), 좋은 차 한 잔을 찾아 헤매던 그 무릉도원

진나라(晉) 태원(太元) 연간에 무릉(武陵)에 한 어부가 있었다. 어느 날 어부가 시냇물을 따라 배를 저으며 떠났는데, 지나온 거리를 잊어버리고 계속 가게 되었다. 별안간 강가 양쪽으로 복숭아 숲이 나타났다. 수백 걸음 길이에 다른 나무는 없이 오직 복숭아꽃만 활짝 피어나 있고, 바닥에는 떨어진 꽃잎들로 뒤덮여 있었다. 이 광경을 본 어부는 심히 놀랐다…… 마을 사람들이 어부가 도착한 소식을 전해 듣고 찾아왔다. 그들의 선대들은 진나라(秦) 시대 전란을 피하려고 가족을 데리고 이곳에 이르렀는데, 그 뒤로 나가지 않았고 점차 외부와의 소식도 끊겼다고 하였다. 그들은 어부에게 어느 나라 사람인지 물었는데, 어부는 그들이 위(魏), 진(晉) 두 나라는 물론이고 한나라(漢)도 몰랐다는 사실을 알게 되었다.

지금으로부터 1000년 전의 유명한 학자이자 중국 전원시파 창시자인 **도연명**(陶淵明, 365~427)의 「**도화원기**(桃花源記)」라는 작품 속의 서두 부분이다. 도연명은 중국 전통 사회의 농경 목가적인 아름다움을 가장 많이 노래한 시인이다. 다양한 유행에 사로잡힌 오늘날의 현대인들은 늘 피로에 찌들어 있다. 이로 인해 많은 사람은 차를 좋아하고, 또 자연이 선물한 찻잎 하나하나에 삶의 참뜻을 엿보려 하지만, 역시 요점을 터득하지 못하는 사람들이 많다.

정화현 고산 지대로 통하는 터널 도로에서 약 80분간 이동하면 **징원향**(澄源鄉)에 도달할 수 있다. 제다사, 백차 전문가, 차 기업체의 부사장인 증세평(曾世平)은 앞에 펼쳐진 고산 지대의 산봉우리들을 가리키면서 이 고장의 내력에 대하여 설명해 주었다.

"이곳이 바로 지금으로부터 약 1100년 전, 당나라 선종 시대 **은청광록대부**(銀青光祿大夫)였던 허연이(許延二)가 개척한 곳이면서 **정화의 전설이 깃든 곳**이에요."

실제로 징원향은 **소박하고 유적지가 많은 정화현에서도 가장 큰 향진이며, 유서가 깊은 가문들은 지역의 씨족 전통문화를 이어가고 있다.** 또한 징원향은 **중국 건국 이전부터 유명한** 오래된 차 산지이기도 하다. **현재 이곳의 차나무 재배 면적은 정화현 내에도 1위로서 전체 차나무 재배 면적의 약 25%를 차지하고, 연간 생산량은 3만 단 이상이나 된다.**

반백이 넘은 나이의 **증세평**은 현재 '상원차업산품연발센터(祥源茶業產品研發中心)' 부사장으로 **백차 상품의 생산 및 개발을 담당**하고 있다. **안휘농학원**(安徽農學院)/현재 안휘농업대학교/에서 **차엽을 전공하고 졸업한 뒤 30년 넘게 차를 다루었다.** 과거 수출입회사에서 일한 경험으로 복건성 전체를 돌아다녔던 경력으로 차의 품질 관리와 가공에도 매우 능숙하다.

2014년은 **증세평** 부사장에게 제다사 생애에서 가장 큰 분수령이 되는 해였다. **상원차업에 합류한 뒤 그는 좋은 차를 생산할 수 있는 최고의 풍토를 찾아다녔다.** 그가 정화현에 왔을 때는 바야흐로 봄이었다. 그는 **징원향 석자령생태차원**(石仔嶺生態茶園)을 찾았고, 현재 사업 파트너인 정화운근차업유한공사(政和雲根茶業有限公司)의 책임자 **허익찬**(許益燦)을 만났다. 증세평 부사장은 뜻을 같이하는 사람을 만나서 기쁜 나머지 이곳에 머물기로 결정하였다.

석자령생태차원(石仔嶺生態茶園)

허익찬도 차를 제일 사랑하는 '차치(茶痴)'였다. **징원향**의 토박이로서 어려서부터 차의 진한 향을 맡으면서 자랐던 그는 사뭇 감개무량한 감정으로 유년 시절을 떠올리면서 이야기한다.

"청나라 말에서 민국 초기에 **징원향**은 차를 만들었어요. 할아버지는 마을에서 가장 큰 찻집을 운영하셨고, 아버지와 둘째 삼촌은 할아버지의 가르침을 받아 훌륭한 솜씨를 배웠답니다."

징원향의 수많은 옛 차 상점들

중화민국 시대에 **징원향**은 **정화현에서 중요한 차 생산지로서** **백차를 대량으로 수출**하였다. 허익찬은 지역에서 유명한 전설적 상인인 송시환(宋師煥) 선생이 그의 할아버지와 친분이 두터웠던 관계로 송시환 선생이 해외에 유통, 판매한 백호은침의 브랜드 「**의화호**(義和號)」의 상당 부분이 허씨 집안에서 만든 것이라고 부친으로부터 직접 전해 들었다고 한다.

중화인민공화국 건국 이후, 허씨 집안의 차호(차 상점)는 지역의 크고 작은 차장(차 농가)과 반관반민의 '공사합영(公私合營)'으로 운영하였다. 그 뒤로 수십 년에 걸친 계획경제 시대에 허익찬은 아버지와 삼촌을 따라 '생산대(生產隊)'에서 차를 만들었다. 1976년 징원향에는 집단 소유 농장인 '**징원차장**(澄源茶場)'이 설립되었다.

1997년, 징원차장이 줄곧 내리막길을 걷자, 허익찬은 농장의 작업장을 20년간 임대하고 차산을 인수하여 공장을 세웠다. 징원차장은 허익찬의 손을 거쳐 해마다 조금씩 확장되어 현재 5000묘 면적의 '**석자령생태차원**(石仔嶺生態茶園)'으로 변모하였다.

해발고도 1200m의 고지대에 자리한 이 차원은 **복건성에서 가장 높은 차원 중 하나**이며, **유기농 차 생산 기지이다. 수령 30년~70년의 차나무가 곳곳에 자라고 있고, 정화대백, 복안대백, 금관음**(金觀音), **황관음**(黃觀音), **매점**(梅占), **대차**(臺茶) **12호, 서향**(瑞香), **자매괴**(紫玫瑰), 지역의 소채차(小菜茶) **품종이 재배되고 있다.**

허익찬 사장은 그가 가장 고심하던 시기에 증세평 부사장을 만났다. 지난 60년간 중국의 차 산업은 사회 전반의 민생과 정치의 변화와 관련되었다면, 최근 몇 년 동안 정화의 차 산업은 시대와 함께 변화하고 있다. **홍차에서 꽃차로, 꽃차에서 녹차로, 녹차에서 다시 홍차로 바뀌었고, 2006년부터는 백차의 열풍이 시작되었다.** 이 열풍은 **복건성 복정에서 시작해 약 10년간 중국 전체를 휩쓸었다. 중국의 백차는 가장 자연스러운 가공으로 많은 소비자의 사랑을 받고 있다.**

상원차업산품연발센터의
증세평(曾世平) 부사장

"저도 초창기에는 꽃차, 녹차를 만들었어요. 1980년~1990년대 정화현에서는 재스민 차의 생산량이 많을 때 원료를 구입해 '차배(茶坯)'를 만들어 다른 곳에 공급하였어요. 나중에는 고급 홍차인 '**금준미**(金駿眉)'의 인기가 홍차 시장을 이끌었지요. 그때 **정화공부 홍차**가 다시 주목을 받으면서 저에게도 기회가 왔던 거죠. 2006년 전후로 **백차**가 국내 시장에 등장하면서 백차의 생산 과정을 모색하기 시작했고, 그 과정에서 증세평 부사장을 만났어요."

백차의 생산에는 늘 어려움이 뒤따르고 맹점이 있어 두 사람은 진지하게 긴 대화를 나누었다. 증세평 부사장은 당시의 대화를 떠올리면서 오갔던 이야기를 들려주었다.

"이곳 고산 차원의 생태적 환경이 이렇게 훌륭하니 우리가 정성을 다해 기술을 발전시키고 나머지는 시간에 맡겨 보자!"

봄날의 바쁜 시즌이면 공장의 기계 소리가 이 조용한 시골 마을에 뜨겁게 울려 퍼진다. 증세평 부사장과 허익찬 사장이 직면한 가장 큰 문제는 **백차의 가장 중요한 단계인 '위조'였다. 높은 해발고도에서는 봄철에도 기온이 낮고 습도가 높아 백차를 위조하는 과정에 기술적인 어려움이 많았다.** 현지 기업에서는 신선한 찻잎을 산 아래 지역으로 운반하여 가공하는 것이 보편적이었다.

증세평 부사장은 공장에서 멀지 않은 마을의 숙박 시설에 묵으면서 징원향에서 2년간 머물렀다. 그가 매일 출근한 뒤 가장 먼저 한 일은 작업장에 가서 전날 생산된 찻잎의 상태를 확인하여 생산 일정을 조정하는 것이었다. **상원차업의 기술팀을 이끌면서 지속적인 기술 개선과 테스트를**

통해 고산 지대에서 백차 가공의 난관을 돌파하고, 대규모로 고산 지대에서의 위조로 백차를 대량으로 생산하는 선례를 만들었다. 이 기술로 고산 백차만의 독특한 품격을 선보였다.

허익찬 사장은 이 계절을 어떻게 보냈을까? 징원향은 일교차가 크기 때문에 특히 봄철에 차를 만드는 일은 제다인에게는 큰 시험이기도 하다. 낮에는 지상 온도가 30도에 달하지만, 밤에는 11도까지 떨어진다. 또한 밤에 안개가 자욱하면 습도가 높아져 낮의 상황과 크게 다르다. 그는 봄철에 차를 만드는 어려움에 대하여 설명해 주었다.

"특히 봄차를 만들 때는 절대 게을러서는 안 됩니다. 백차는 위조가 가장 중요한데, 자연의 바람과 햇볕으로 위조하려면 적어도 60~70시간은 소요된답니다. 생산 주기가 비교적 길지요. 올해 봄은 두 달 동안 맑게 개었던 날이 10일밖에 안 되었습니다. 차를 만드는 데 습도가 너무 높아서 인공 환경제어시스템으로 해결해야 해요. 중요한 가공 단계에서는 사람이 주의 깊게 살펴야 해요. 저는 한밤중에도 자주 일어나 찻잎을 살피고 생산 과정을 지켜본답니다."

백차를 만드는 일은 날씨에 크게 좌우되고 계절적인 특성에 제한을 받기 때문에 백차를 만드는 사람들은 시즌이 되면 하루 24시간 동안 끊임없이 작업해야 한다. 증세평 부사장은 3일간 밤에 잠을 자지 않은 기록이 있는데, 너무 피곤하면 작업장 바닥에서 잠시 눈을 붙이기도 하였다고 한다.

이러한 각고의 노력 끝에 두 사람이 만든 상원차업에서 「**고산수미**(高山壽眉)」가 **2015년에 출시되자마자 시장에서는 호평이 쏟아졌다.** 2016년 봄 또 다른 역작인 「고산모단(高山牧丹)」을 출시하자 시장에서 또다시 화젯거리가 되었다. 백차 제다 기술 전문가인 증세평 부사장도 봄철의 백차 생산과 관련하여 기술적으로 고려해야 할 점에 대하여 설명해 주었다.

"산지와 관련해서는 해발고도 1000m의 고산 차원의 생태계를 어떻게 보전하고 관리할지를 고민해야 합니다. **찻잎의 안전성과 품질을 원천적으로 보장하는 방법, 찻잎을 채취, 관리하는 방법들을 생각해야 해요. 가공 기술의 향상과 개선을 통해 전통적인 대나무 체와 현대적인 제습 기술의 결합과 같은 전통적인 소규모 생산을 대규모로 확장하는 방법들을 고민해야 합니다.** 또한 **저온 고습의 환경에서 위조 과정을 제어하고, 덖음과 유념의 과정을 거치지 않는 전통 백차의 기술을 파악해 맛과 품질을 유지하는 전통과 현대의 접목을 고민해야 해요.** 저장 기술에서는 많은 소비자들이 안심하고 맛있게 먹을 수 있고, 또한 영양성과 가성비가 좋은 백차 상품을 공급하기 위하여 백차를 잘 저장하고 숙성하는 방법에 대해서도 깊게 생각할 필요가 있어요."

중국 시장에서 백차의 수요가 늘어나면서 징원향 고산 지대에서 **생산된 백차도 특출난 향미로 사람들로부터 많은 사랑을 받고 있다.** 증세평 부사장은 소규모 생산 지역에서 나는 고품질의 찻잎 자원을 최대한 활용하기 위해 산지를 찾고 발견하는 데서 출발하여 한 걸음씩 발전하였다.

"제품이 근본이기 때문에 핵심 생산지, 견고하고 신뢰할 수 있는 기술, 안심할 수 있는 품질, 안정적인 맛, 이 모든 것은 하나라도 없어서는 안 됩니다. 백차는 이런 장점들을 고루 갖고 있어 수많은 사람이 좋아하는 것이지요."

고산 지대의 운무 속에서 좋은 차가 나오듯이, 차나무도 좋아하는 환경이 있다. **징원향의 사람들은 비옥한 농토와 아름다운 연못, 뽕나무와 대나무 숲이 있고, 논밭 둔덕길이 사방으로 통하고, 닭이 울고 개들이 짖는 소리가 여기저기서 들리는 깊은 산속에서 대대로 안정적으로 살았다.** 증세평 부사장과 허익찬 사장과 같은 평범한 사람들은 이런 곳에서 책장 넘기는 소리와 차향이 풍기는 일상에 만족하며 즐거워하는 중국인의 삶을 이야기하고 있다.

증세평 부사장에 따르면, 자신은 어디서나 이 백차를 기억하고, 어디를 가든지 이 익숙한 백차 한 잔을 마시고 싶다고 한다. 또한 마을 사람들과 인사를 나누다 보면 가끔 고향인 복건이 생각난다고 말한다. 그는 백차와 관련한 자신의 꿈을 웃으면서 이야기하였다.

"어쩌면 여기가 저의 무릉도원이 아닐까 싶어요. 찻잎 한 잎 때문에 평생의 행복을 찾았어요. 제 꿈은 믿고 마실 수 있는 맛 좋은 백차를 여러분께 내놓는 것입니다."

징원향의 청운사(靑雲寺)

07

신구 세대가 교차하던 1970년대 차인들

“모든 것은 존재하면서도 동시에 존재하지 않는다. 만물은 끊임없이 움직이고 변화하며 생성과 소멸의 과정을 거치기 때문이다.”

고대 그리스 철학자 **헤라클레이토스**Heracleitos, B.C. 540?~B.C. 480?는 약 2000년 전에 세상의 변화를 위와 같이 설명하였다. 우리가 지금 사는 시대와 사회, 공간은 모두 이 단순한 진리에 따른다.

정화현에는 **정화백차**를 만드는 **무형문화전승자**와 장인들이 많아서 그곳을 방문하면 그들과 깊은 교류도 나눌 수 있다. **여보귀**(餘步貴), **양풍**(楊豐), **유제호**(劉際浩), **황예작**(黃禮灼)은 모두 1970년생이고, 그중에서도 최연소인 황예작은 1975년 이후에 태어났다. 이들이 차와 인연을 맺은 것은 모두 소년 시절부터였다고 한다. 황예작 씨는 자신의 과거를 떠올리면서 차업에 몸담게 된 계기를 설명해 주었다.

“계획경제 시대에 이곳은 석둔차엽정제창(石屯茶葉精製廠)이었어요. 저희는 1980년대에 설립한 개인 사기업이지만, 원래의 **정화현차창**을 중심으로 각 향진에서는 차엽정제창을 설립하였습니다. **석둔**(石屯) **지역은 본래 재스민 꽃의 산지예요.** 저의 아버지는 재스민 차의 차배를 가공해 정화현차창에 공급하였지요. 제 기억 속에 1988년부터 1993년까지 저희 회사도 줄곧 재스민 차를 만들었던 것 같아요."

뚱뚱한 체격에 키가 크고 얼굴이 동그란 황예작은 중학교 시절부터 매일 시장에 나가서 **재스민꽃**의 구입을 도맡았고, **복주**에서는 **목련꽃**을 사러 돌아다녔다. 홍콩에서 차를 판매하여 벌었던 홍콩달러는 복주에서 외환 암거래를 통해 환전하였다고 한다. 황예작 씨는 외환 암거래를 할 수밖에 없었던 당시의 시대적 배경을 설명해 주었다.

"시장 유통이 자유화된 시기였지만, 환전만큼은 아직 자유롭지 않아 저희 자영업자들은 '암시장'에서 돈을 교환해야 했어요."

황예작 씨가 이야기한 **정화현차창**은 **유제호** 선생과 깊은 관련이 있다. 유제호 선생의 아버지인 **유개림**(劉開林) 선생은 **정화현차창의 공장장**이었다. 유개림 선생은 1964년 정화현차창에 입사할 때부터 1993년에 공장이 폐업할 때까지 국영경제의 성장과 쇠퇴의 역사를 몸소 경험한 산증인이다. 유제호 선생은 어린 시절에 정화현차창에서 목격하였던 일들을 떠올리면서 당시의 상황을 설명해 주었다.

"어릴 적부터 아버지가 공장에서 생산을 배치하는 과정을 지켜보았어요. 계획경제 시대에 정화현차창에서는 연간 4만 단의 꽃차를 생산해야 하는데, 자체 원료가 부족하면 외지, 특히 **절강성의 금화**(金華) **지방으로 가서 찻잎을 급구해 왔어요.**"

당시 정화현차창의 모든 생산은 성차엽공사에서 품목을 일률적으로 배치하고 생산량도 일괄적으로 할당하였기 때문이다.

현지 문헌에 따르면, 중국 건국 이후 복건성에 설립된 최초의 국영차창은 1950년에 설립한 **복주차창**(福州茶廠)이다. 그다음이 같은 해에 설립된 **복안차창**(福安茶廠)과 **복정차창**(福鼎茶廠)이다. **정화차창은** 1952년에 설립된 공장으로 그 전신은 지역의 개인 작업장이었다. 1954년이 되어서야 비로소 새로운 공장 건물이 완공되었다.

지역 차창들의 업무 배정에서 1960년까지는 복안차창이 센터 공장이었고, 복정차창과 정화차창은 서브 공장으로 복건성의 3대 홍차를 생산, 정제하여 복정차창으로 인계하였다. 1960년대 이전까지만 해도 중국의 홍차는 모두 소련에 판매되었지만, 중소 국제관계의 급격한 악화로

홍차의 판매가 어려워졌다. 이때부터 **정화차창은 홍차 대신에 재스민 차를 주요 제품으로 생산하였다.** 유제호 선생은 기억을 떠올려 1980년대 자유화로 인해 당시 국영차창이 겪었던 일을 들려주었다.

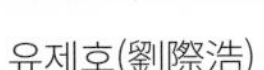
유제호(劉際浩)　　여보귀(餘步貴)　　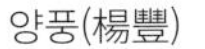양풍(楊豐)　　황예작(黃禮灼)

"**1980년대에 차의 생산과 판매가 자유화되면서 국영차창들은 줄지어 문을 닫게 되었어요.** 시장 경쟁에 직면한 정화차창도 1993년에 생산을 중단하였고, 1999년에는 문을 닫으면서 전 직원들이 모두 실직 상태에 놓였어요. 저도 안휘농대를 졸업하고 1992년부터 1993년까지 1년간 국영차창에 있었어요. 하지만 경영이 악화되어 저도 결국 1993년에 개인 사업을 시작했답니다."

계획경제 시대에 정화에는 큰 공장 두 곳이 있었는데, 1952년에 설립한 **정화현차창**과 1958년에 설립한 농장인 **국영도향차장**(國營稻香茶場)이다. 국영도향차장은 국영 농지 개간을 위한 기업으로 **여보귀** 선생도 이 농장의 직원이었다. 여보귀 선생은 당시 농장에 들어갔던 자신의 이야기를 들려주었다.

"숙부의 영향으로 저는 중학교를 졸업한 1986년부터 농장에서 차의 생산 가공을 배우기 시작했어요. 1992년 3월에 도향차장의 정직원이 된 뒤 지금까지 근속하고 있답니다."

여보귀 선생은 **도향차장**에서 줄곧 **정화백차**의 생산을 배웠고, **20년이 넘게 백차를 다루어 왔다.** 그에 따르면, **도향차장은 해외 판매가 주요 업무였고, 꽃차와 백차를 주로 생산하였다고 한다.** 그 당시는 **도향차장을 국가에서 관리하였기 때문에 정화백차는 복건성차엽진출구공사를 통해서만 홍콩, 마카오, 동남아시아 지역에 판매되었다.** 여보귀 선생은 그 뒤 도향차장의 운영 방식이 변화되는 모습에 대하여 설명해 주었다.

"농장의 국유 경영 방식은 1999년까지 지속되었고, 2000년부터는 도급 경영 방식이 채택되었어요. 그해에 저도 가공 공장을 도급 계약해 독립적으로 운영하기 시작하였지요."

백호은침을 위해 새싹만 추출하는 전통적인 추침(抽針) 방법

도향차장은 2003년에 공식적으로 개편되었고, 농장에 대한 애정으로 여보귀 선생은 두 명의 직원과 함께 '도향차엽유한공사(稻香茶葉有限公司)'를 설립하였다. 2006년부터는 수출 시장 외에 상대적으로 안정된 내수 시장도 개척하였다.

1990년대 초반은 정화 차 산업의 분수령이었다. 1993년, 당시 22세의 **양풍** 선생도 자신의 '**흠륭차창**(鑫隆茶廠)' 간판을 내걸게 되었다. 그의 부친은 오래된 차창을 운영하여 어린 시절부터 차와 인연을 맺었다. 그의 누나와 매형 모두 정화현차창 기술 작업장에서 근무하였고, 1990년대 사업에 뛰어들어 젊은 양풍의 창업을 이끌어 주었다. 양풍 선생은 창업 당시의 상황에 관해 이야기해 주었다.

"처음에는 저도 생계 때문에 재스민 차와 녹차를 주로 만들었어요. 정화가 재스민의 고향이고, 1990년대 중국 시장에는 녹차가 주요 제품이었거든요. 그때는 홍차와 백차 모두 생산하였는데, 백차는 대외 무역을 통해 판매되었어요."

양풍 선생은 차 기술과 문화 연구에 깊은 지식을 갖추고 있으며, 수십 년 동안 지역 명차들을 홍보하고 있었기에 사회에서도 유명 인사이다. 특히 민간의 지방지와 각종 차 샘플을 수집하는 취미가 있어 1950년대부터 지금까지 각종 국영차창에서 보유하였던 백차 샘플들을 소장하고 있다. 오늘날 양풍 선생의 융합차업(隆合茶業)은 생산 가공, 문화 전시, 체험 교육을 통합한 이른바 '차 문화 박물관'이 되었다.

정화백차는 **청나라 말기에 눈부시게 발전한 역사가 있었고, 계획경제 시대에는 복정백차, 건양 및 송계 지역의 백차와 같이 모두 국가 무역 부서에서 총괄하여 해외로 판매하였다. 2005년 이후**

복정백차가 큰 성공을 거두면서 내수 시장이 열리고, 중국이 백차 시장을 주도하였다. 그러나 백차의 부흥 과정에서 전통과 현대 시장의 대립 속에 있는 차인들 역시 다양한 문제에 직면하고 있었다.

양풍 선생에 따르면, 정화백차의 전통 가공에 대하여 당시 자신이 조사한 결과, 직접 찻잎을 말려서 가공하는 농민들이 여전히 상당 부분을 차지하고 있었으며, 특히 철산(鐵山), 동평(東平), 석둔(石屯) 일대의 농민들이 다수를 차지하였다고 한다.

이 지역은 당시 외부 시장 환경의 영향을 거의 받지 않기 때문에 의도적으로 생산량을 추구하지 않고 전통과 경험으로 날씨에 의존하여 차를 만들고 있었다. 양풍 선생의 공장에서는 생산을 두 부분으로 나누었는데, **전체 가공 단계는 전통 방식을 따르지만 공장 전체 환경은 과학적인 설계와 생산 최적화를 달성하는 방식으로 이루어졌다.** '전통을 지키고, 표준화 작업을 견지'하는 것이었다. 양풍 선생은 그 배경에 대하여 설명해 주었다.

"공간 활용을 예로 들면, 저희는 정화의 명물인 낭교(廊橋)를 생산 현장에 옮겼어요. 옛날부터 낭교는 통풍이 잘되면서 비도 막을 수 있어 '풍우교(風雨橋)'라고 불렀지요. 같은 논리로 전통적인 공예와 최적화된 환경을 결합하면 일은 배로 쉬워져요."

양풍 선생에 따르면 정화백차는 복식 위조 방식을 사용하는데, 공장의 생산량에 따라 대나무 체 하나하나를 밖으로 옮겨 말리려면 1만 2000개의 체가 필요하고, 장소도 부족하다고 한다. 이 문제를 해소하기 위하여 찻잎의 상태에 따라 실내 위조가 필요한 찻잎은 낭교에서, 일광 위조가 필요한 찻잎은 실외에서 하는 복식 방식으로 작업을 진행하고, **그다음의 건조 작업은 햇볕에 말리거나 숯불에 홍건(烘乾)하는 방식의 전통적인 공예를 따르는 것이다.** 양풍 선생은 실내 낭교의 필요성을 이렇게 설명한다.

"저희는 날씨에 따라 한 번에 2000~3000근의 차청을 만들어요. 날씨가 좋으면 충분히 마를 때까지 직접 햇볕에 말리면 숯불도 필요 없고 인건비도 절약할 수 있어요. 그런데 2016년 4월 시즌에는 비 오는 날이 특히 많았어요. 2015년 말에는 냉해로 전 지역의 차 생산량이 줄어들어 차 만들기가 정말 어려웠던 기억이 나요."

복식 위조를 진행하는 실내 낭교(廊橋)

양풍 선생이 찻잎 상태를 살피는 모습

양풍 선생은 전통 가공이든지, 산업 생산이든지 간에 품질에는 높낮이가 있다고 고백한다. 전통 가공 방식으로만 생산하는 경우, 날씨가 이상적이지 않을 때는 생산 회차마다 품질이 균일하지 않다. 이와 관련하여 여보귀 선생도 날씨로 인한 품질의 영향을 이야기한다.

"2016년 일부 지역의 백차 품질이 이상적이지 않았어요. 냉해의 영향을 받아 전체적으로 새싹이 가늘어서 채엽 시기가 많이 지연되었답니다. 그런데 후기에 비가 너무 많이 내린 탓에 새싹이 빨리 발아해 백차의 품질에 큰 영향을 끼쳤어요."

아주 오래전부터 **정화현**에서 **백호은침**을 생산하는 방식은 **복정**에서 **백호은침**을 생산하는 방식과 **많은 차이가 있다는 이야기가 있었다.** 이에 대하여 복건성 '차검험센터(茶檢驗中心)'에서 주임으로 근무하였던 **진금수**(陳金水) 선생이 간결히 설명해 주었다.

"전통적인 생산 방식에서 **복정 백호은침**과 **정화 백호은침**의 차이점은 채엽 방식에 있어요. 복정의 백호은침은 차나무에 찻잎이 다 자라지 않고 새싹만 났을 때 그 새싹만 직접 따는 방식이라면 정화의 백호은침은 찻잎이 다 자라면 채엽한 뒤 거기서 새싹만 골라서 추려내는 추침 방식이에요. 추침 방식은 차나무의 성장에는 좋지만, 백호은침의 품질에는 약간의 영향을 줍니다. **찻잎은 새싹에서 자라고, 차아(茶芽)가 감싸여 있을 때 무게감이 있고, 내질도 풍부해요. 이때는 새싹이 짧고 비장하고 튼실하답니다.** 옛날 민간에서는 추침하여 정화은침을 만드는 일이 더 익숙하였기에 찻잎이 더 작고 가늘었던 거죠."

복정백차와 정화백차는 모두 복건의 유명한 수출용 특산차이지만, 두 상품을 판매하는 시장은 늘 달랐다. 상쾌하고 담백하며 신선한 향미가 특징인 복정백차는 주로 유럽과 미국에서 판매되고, 순후하고 향긋하며 내포성이 좋은 정화백차는 오랫동안 홍콩, 마카오, 동남아시아 등 화교가

밀집된 국가에서 판매되었다. 그러나 **중국 본토의 많은 소비자는 복정백차와 정화백차의 큰 차이점을 아직도 잘 모른다.** 오랫동안 백차 수출에 주력해 왔던 황예작 씨는 최근의 백차 수출 동향에 관해 소개한다.

"이제 중요한 문제는 소비자의 취향과 차에 대한 이해가 과거 우리가 국가 기준으로 생산했던 제품과 완전히 다르다는 거예요. **예를 들어 현재 국내 시장에서는 녹색에 가까운 백차가 유행하는데 과거라면 전혀 팔리지 않았겠지요.** 원래 **홍콩, 마카오, 동남아시아에 수출했던 백차는 지금과는 전혀 다른 철회색**(鐵灰色)**이었어요.** 홍콩 시장에서 소비되는 수미(壽眉)는 계획경제 시대에는 대부분 저가의 백차였고 간혹 소백차로 만든 공미(貢眉)도 있었어요. 홍콩 사람들은 백차의 광동 지방의 발음을 싫어하여 많은 경우 백차를 그냥 '수미'로 불렀어요. 실제 요즘 **홍콩 사람들이 말하는 수미는 대부분 정화백차 중에서도 2등급, 3등급의 백모단이에요. 경제발전으로 기존의 저급 수미를 거의 대체하고 있어요."**

황예작 씨의 **백모단차엽유한공사**(白牡丹茶葉有限公司)는 정화현에서도 유일하게 차 품종을 회사 이름으로 명명한 기업이다. 또한 **정화 차 산업계 최초의 일반 납세자이면서 차를 수출하는 최초의 민간 기업인 동시에 해외에서 상표의 등록도 받은 최초의 기업이기도 하다.** 대외경제무역을 전공하고 졸업한 뒤 2004년에 귀국해 사업을 시작한 황예작 씨는 10년 이상 백차의 대외무역 상황을 매우 세심하게 관찰하고 경험하였다.

2006년 <중국식품보(中國食品報)**>**는 **미국에서 진행한 백차의 건강 효능에 관한 연구 결과를 발표하였다.** 이 발표에 따르면, **중국 백차는 당뇨병을 치료하고 시력을 개선하며, 구강 건강에 도움이 된다고 한다. 이는 미국 언론 신문에서도 뉴스로 실렸다.**

이 뉴스는 세계적인 차 기업체인 영국 립톤 Lipton**의 관심도 크게 불러일으켰다. 립톤에서는 그해에 중국에 사람을 파견하여 약 300톤의 백차 물량을 주문하였다.** 이 주문의 절반 이상을 백모단차엽유한공사가 공급하였다. 흥미롭게도 황예작 씨가 백차의 구입을 위하여 방문한 립톤 관계자에게 송나라 휘종과 정화백차의 얽힌 이야기를 들려준 것이 계기가 되어 "황실 공물이었던 백차는 홍차, 녹차에 비해 귀하여 가격도 비싸다!"는 **립톤의 백차 광고가 만들어진 결과, 중국 문화에 관심이 많은 해외 소비자들을 열광시켰다.**

정화현은 복건성에서도 경제 규모가 순위에서 많이 뒤떨어졌지만, 생태 환경은 매우 좋은 편이었다. 전통적인 농업 위주의 고장으로서 이곳의 **차원 관리는 자연 상태의 친환경 방식**에 가까웠다. 생산 기지의 상황을 살펴보면, 현지 차인들은 유기농 차원과 다년간 황폐해진 차밭을 적극적으로 개발하였다.

정화노백차(政和老白茶)

여보귀 선생에 따르면, 소비자들도 이제 다시 야생 차를 찾기 시작하였다고 한다. 그는 시장의 유행이 여전히 생산지의 상황과 결부되어야 한다고 주장한다. 공기, 토양, 환경, 주변의 수자원 등 여러 환경 조건들이 생태 차의 기준을 충족해야만 좋은 유기농 백차를 만들 수 있는데, 그러기 위해서는 '더 과학적인 기준과 실행이 필요하다'고 보는 것이다. 여보귀 선생은 정화백차의 소비 트렌드에 대하여 간략히 이야기해 주었다.

"사실 더 많은 사람들이 백차의 원산지와 전통적인 공예를 알아보기 위해 근본적으로 깊이 파고들고 있어요. **현대인들이 백차의 건강 효능에 주목하면서 정화백차도 나름 좋은 시기를 만난 셈입니다.**"

또한 양풍 선생은 현대인들이 백차의 특성 외에도 백차의 미감과 생활방식의 변화에 더 많은 관심을 가졌으면 하는 바람이 있다. 문화야말로 중국 백차의 발전을 촉진하는 내재적인 요인이기 때문이다. 황예작 씨는 백차의 심층 가공을 통해 백차의 판매를 더 확대할 수 있을지 늘 고민하면서 새로운 소비 시장의 확장을 기대하고 있다.

"전체는 강처럼 흐르며, 그 속의 모든 것은 변화하고 있어요. 이 질서 있는 우주는 만물에 적용되어요. 그리고 세계는 영원한 시간에 걸쳐서 일정한 주기에 따라 번갈아 불에서 태어나 또다시 불로 돌아가는 것 같아요. 살아 있는 것과 죽은 것, 깨어 있는 것과 잠든 것, 새것과 낡은 것, 이것이 변화하면 저것이 되고, 저것이 변화하면 이것이 되기 때문이에요."

고대 그리스 철학자 헤라클레이토스의 2000년 철학은 오늘날에도 우리 귓가에 맴돌고 있다.

08

사반세기 개간한 2000묘 생태차원에서 10분의 1만 채엽하다!

중국 시장과 세계 경제의 연결이 중요!

이는 1990년대 후반 중국의 상황과 인심에 잘 들어맞는 표어이다. 중국 경제가 발전하면서 개방과 자유, 부에 대한 사람들의 갈망은 그 어느 때보다 높아졌다. 이때 '중앙경제공작회의'에서는 서부 대개발의 전략을 제안하였고, 그 뒤에는 중국을 휩쓸고 있는 인터넷 기술주의 열풍에 힘입어 **중국 증시가 급등**하자, 1100포인트에서 시작한 상해종합지수SSE Composite Index가 1700포인트로 50%포인트를 넘게 오르면서 1999년 소위 '5.19' 시세를 형성하였다.

그 뒤 15년간의 장기 협상 끝에 **중국**은 공식적으로 **세계무역기구**WTO에 가입하였다. 그리고 중국과 포르투갈 정부가 마카오 정부의 인수인계를 마무리하면서 **중국 정부는 마카오에 대한 주권을 회복하였다.** 그야말로 파란만장한 시대였다.

한편 **복건성 북부**의 시골 청년 **엽계당**(葉啟唐)은 그해 안휘농대의 차학과를 졸업하고 사회에 첫 발걸음을 내디뎠다. 엽계당은 당시를 떠올리면서 이야기해 주었다.

"제 고향은 정화이고, 산 좋고 물 맑은 **송계**(松溪)와 인접해 있어요. 송계는 역사에서 **북원공차**의 산지이자, **차가 복건으로 운송되는 주요 통로**였어요. 그래서 이곳에서 생산되는 녹차, **홍차**,

백차는 모두 독특하답니다.”

엽계당(葉啟唐)이 생태차원에 선 모습

송계 지방은 가을이 오면 뜨거운 햇살도 열기가 식는다. 실제로 송계 지방의 차 역사는 약 1000년 전으로 거슬러 올라간다. 복건 북부의 차 연대기인 『**건차지**(建茶志)』에는 송계의 차 역사에 관한 기록이 있다.

“문서로 처음 건차(建茶)를 기록한 것은 당나라 시대부터였다. (건차의 생산지는) 복건 북부의 건계(建溪) 양안(兩岸)과 그 상류, 동계(東溪)의 북원(北苑), 학원(壑源)과 숭양계(崇陽溪)의 무이(武夷), 연평반암차(延平半岩茶)를 포함한다.”

송계현은 건계 상류에 있고, 당나라 시대에는 건녕현(建寧縣), 동평향(東平鄕)에 속하였으며, 건차 산지 중 하나였다. 명나라 가경(嘉慶) 연간의 『송계현지(松溪縣志)』에도 “곡우 전에 딴 찻잎으로 송라(松蘿)를 만들었다”고 기록되어 있다. 그리고 100년 전부터 전해 오는 송계현의 「12월의 찻잎 따기 노래」에서는 당시의 번영을 엿볼 수 있다.

10월에 찻잎을 따면 입동(立冬)이요, 10개의 찻집 중 9개는 비어 있네.
차 바구니는 연루에 놓고, 멜대는 누이 방에 넣는다.
11월에 차를 팔면 눈이 내리네, 산에 눈이 날려 겨울옷을 선물하고……

송계의 이런 과거는 물론 자연환경과 깊은 관련이 있다. 복건을 가로지르는 민강(閩江)의 발원지인 무이산맥(武夷山脈) 남쪽 기슭에 자리하여 기후가 따뜻하고 습윤하며 사계절이 뚜렷하다. 삼림 피복률이 75.5%에 달하며, 산지의 토양은 산성 암적토에 속하고 부식질이 풍부하면서 토층이 깊고 느슨하다. 이곳의 차 생산지는 해발고도 300m~500m 사이에 있다. 지세가 평탄하고 산과 강도 있고, 독특한 산지성 미기후(微氣候)가 형성되어 있다.

금봉산(金峰山) 생태차원

지리적으로 **송계현은 복건 북부의 변경에 있고, 절강성 경원현**(慶元縣)**과 경계를 이루고 있어 복건성에서 절강성으로 가는 관문이다.** 고대에는 강 양쪽으로 키가 높은 교송(喬松)이 많이 자라서 '**백리송음벽장계**(百里松蔭碧長溪)'로 유명하였다.

송계현은 1960년 정화현과 합병하여 송정현(松政縣)**이 되었고, 1962년에 다시 분할되었다. 1970년에 다시 송정현으로 합병되었다가 1974년에 별도의 송계현으로 분리되었다.** 송계 사람들이 차의 생산을 대하는 자세는 정화 사람들과 유사하다. **계획경제 시대에 송계에서 생산한 백차는 정화백차와 마찬가지로 해외 판매를 위해 복건성차엽진출구공사로 보내졌다. 엽계당**은 당시 송계현에서 자라면서 겪은 차와 관련된 이야기를 들려주었다.

금봉산 생태차원에서 60%의 재배 면적을 차지하는 유성군체종(有性群體種)인 채차(采茶)

"우리 고향에서는 대부분의 사람들이 차를 만들어요. 저는 여덟 살부터 어머니를 따라 이웃 마을로 가서 모차를 구입하였고, 차의 판매 수입으로 학비를 댔어요. 어머니는 늘 차를 만드는 사람들을 향해 '친절하고 선한 마음으로 차를 대해야 한다'고 가르쳤어요."

엽계당은 1976년에 태어났으며, 그가 태어나기 전 해에 송계현에서는 1만 2166단의 차를 생산하여 처음으로 '1만 단' 생산량을 돌파하였다. 1980년대 복건성 당서기였던 항남(項南)은 송계에서 '전성차엽공작유동현장회(全省茶葉工作流動現場會)'를 개최하였다. 그는 송계 차 산업의 생산 현장을 둘러보고 **"남에는 안계, 북에는 송계"**라는 목표를 제시하였다. **그 뒤로 송계는 복건에서 생산량이 가장 많은 현이 되었고, 그중 송계 녹차의 생산량이 90%를 차지하여 '녹색' 세상이 펼쳐졌다.** 수년 뒤 송계 차 산업이 시장의 경쟁에 직면할 때 큰 어려움이 여기에서 시작될 것이라고는 그 누구도 생각하지 못하였다. 엽계당은 녹차 생산이 직면하였던 당시의 상황을 떠올리면서 설명해 주었다.

"저는 2001년부터 생산 기지를 운영하였지요. 처음에는 1년에 10만 근의 녹차를 만들었지만 늘 재고가 쌓이고 수익이 적어서 걱정이 이만저만이 아니었어요. 유기농 차는 생태가 좋아 맛이 순후하고 좋지만, 원가 부담이 높아서 운영하기가 매우 어려웠어요."

2000년에 겨우 25세 청년이었던 엽계당은 복건성차엽진출구공사에서 1년 반의 연수를 마치고 공무원이 되었다. 복건성 교도소 계통의 경찰이 된 그는 교도소에서 운영하는 차창에서 기술원으로 일하면서 3000명의 수감자에게 찻잎의 채취 방법과 제다 기술을 지도하였는데, 그 생산의 규모가 엄청났다고 한다.

21세기 초, 중국 남부의 경제 개혁이 한창이던 시절, 줄곧 빈곤에서 헤어나지 못하던 송계현은 시대에 대처하는 반응이 무척 더뎠다. 엽계당이 근무하던 차창에는 4개의 작업장이 있었는데, 매년 차의 생산량이 난감할 정도로 많았던 탓에 판로를 찾는 문제가 늘 그의 관심사였다. 그는 당시의 어려웠던 상황을 떠올리고 고개를 흔들면서 이야기하였다.

"우리는 당시 찻잎을 수천만 근이나 도매하던 강소성 의흥(宜興) 사람들과 안휘성 아교(峨橋) 사람들에게 팔았어요. 그런데 생산량은 갈수록 많아지고 그들의 구매력도 한계가 있었어요. 나중에 북경 마연도의 차 상인들이 공장에 와서 구매하였는데, 대금이 연체되는 문제와 맞닥뜨릴 줄은 정말 몰랐답니다. 겨우 연체금을 회수한 뒤 앞으로 차를 어떻게 팔지 알아보기 위해 직장에서는 저를 북경으로 파견했어요. 2001년 8월, 마연도에서 홀로 집을 구하고 길거리에 쪼그리고 앉아 차를 팔면서 빚 독촉도 진행하였지요. 그때 저는 경찰 신분이었지만, 손님들이 놀라 도망갈까 봐 경찰복도 입지 않았답니다."

그해에 **엽계당**은 지금의 파트너이자 차 학교인 **복안차교**(福安茶校)의 선배를 만나 큰 영향을 받았다. 차원의 관리와 품종의 재배에 실력을 갖췄던 한 선배를 한눈에 알아보았고, 두 사람 모두 유기농차에도 깊은 관심을 보였다. 그들은 당시 집단 소유였던 **송계현 위전차창**(渭田茶廠)의 **2200묘 차밭에 대해 30년간의 경영권과 사용권을 취득하였다.**

이 차밭은 땅이 비옥하여 유기 성분의 함량과 미네랄 성분이 풍부하다. 해발고도 약 1000m인 곳에 자리하여 일조량이 풍부하고, 운무가 감돌며, 많은 산란광으로 인해 방향성 성분의 합성에 유리하다. 그리고 일교차가 커서 광합성 산물의 찻잎 축적에 도움이 된다. 또한 풍부한 강수량과 함께 습도가 상대적으로 높다. **다양한 기후적인 특성과 지리적인 조건으로 인해 이 차밭에서 생산되는 찻잎은 향이 높고, 운치가 길며, 신선한 맛이 달콤하면서 상쾌하다.** 엽계당은 젊은 시절을 회고하며 이야기를 꺼냈다.

끝이 보이지 않는 금봉산(金峰山) 생태차원

"처음 차밭에 들어섰을 때 기분이 너무 좋았어요. 차를 배웠고 차를 만드는 사람으로서 이곳에 남다른 애정이 있었어요. 여기에서는 온종일 지낼 수도 있었어요."

2002년 26세의 엽계당은 직장으로 돌아가 복무하였다. 연체금을 회수하는 일 외에도 한 해 동안 200만 위안의 판매 수익을 올렸는데, 이는 당시의 농장에서는 매우 큰돈이었다. 그해 연말 직장에서는 그에게 포상을 진행하였는데, 상금이 100위안이었다. 그는 당시의 소감을 이야기하였다.

"2005년 복건성 교도소 계통에서도 실외 차창에서 실내 의류 가공 공장으로 상품의 생산 방향을 전환하기 시작하였는데, 당시 저로서는 고민이 많았어요. 차를 배우고, 다년간 차와 관련한 업무를 수행하였던 저로서는 특히 북경에서 다양한 차 애호가들과 만나고 배우면서 더는 차를 떠날 수 없다는 사실을 알게 되었어요."

유기농 차를 고수하고 복건의 여러 산지에 대한 관찰 경험으로 엽계당은 2010년 경찰직에서 물러나 프리랜서가 되었다. 그에 따르면, 공무원을 포기하는 일은 국가 보장 정책의 모든 혜택을 받을 수 없는 일이기에 주위 사람들은 자신을 전혀 이해하지 못하였다고 한다.

사람들이 이상하게 바라보는 시선 속에서 엽계당은 창업을 시작하고, 자신의 차원을 조성하는 데 심혈을 기울였다. 엽계당에 따르면, 자신의 차원에 자라는 차나무는 현지 유성군체종의 채차로 찻잎이 비교적 작고 그 식재 비율도 전체 차밭의 60%를 차지하고 있다고 한다.

녹차가 유행하던 시절에 송계현 사람들은 소채차(小採茶) **품종으로 녹차를 생산하였는데, 맛이 좋고 향기도 특별났으며, 내포성이 좋아 오래 우릴 수 있는 장점이 있다.** 송계 채차는 재스민 차를 가공할 차배로 만들기도 하였고, 훗날 홍차, 백차의 열풍이 불 때도 그 활약이 대단하였다. 이 **차원에서는 벌레가 찻잎을 먹어도 그대로 내버려 두는 매우 특별한 방식으로 차나무를 재배하고 있다.** 그 이유에 대하여 엽계당은 쉽게 설명해 주었다.

"이곳의 차나무는 모두 30년 이상 자란 복정대백 품종들이에요. 벌레들이 갉아먹으면 자연적인 조절 능력이 생기면서 스스로 회복하게 하는 재래식 방법이에요. 어차피 수확량도 많은데 조금 먹게 내버려 두는 거죠."

현재 엽계당이 가장 골머리를 앓고 있는 문제는 수확량이 너무 많은 것이다. 그는 이 산의 정상부에서 산기슭까지 70묘 면적에 차나무를 심었다. 이렇게 하여 **차원에 방호림을 형성하여 그늘진 녹색 장벽뿐 아니라 차원의 소기후를 조절하고, 물과 토양을 보존하며, 토양의 습도와 온도를 개선하여 차나무가 가뭄에 견디는 능력을 높일 수 있었다.**

엽계당은 **차나무가 일정한 높이까지 자라면 일부를 잘라 내 나무뿌리에 덮어 둔다.** 이렇게 **여러 해 쌓이면 퇴비가 되어 차나무의 유기농 비료가 된다.** 또한 **해마다 차산의 생태적인 균형을 유지하려고 대량의 유기 비료를 구입하고 있다. 하나는 식물성 섬유이고, 다른 하나는 인근의 양계장, 돼지 농장, 소 농장에서 가져온 분뇨였다. 미생물 처리를 거치면 유기 비료가 된다.** 유기 비료 1톤당 가격은 등급에 따라 700~100위안이다. 2016년 자료에 따르면, 엽계당의 700묘 차원에는 1000톤의 유기 비료를 사용하였다. **이런 차원의 수익과 관련해 운영적인 어려움에 대하여 엽계당은 토로한다.**

"차원을 볼 때마다 스트레스를 받아요. 생태가 아무리 좋아도 수익을 창출해 내지 못하면 공장과 직원들을 부양할 수 없기에 아무런 의미가 없어요. 시장은 약자를 동정하지 않아요."

당시 엽계당의 2000묘 차원은 연 수입이 170만 위안 미만이었고, 유지비와 인건비를 빼면 파산 상태에 놓였다. 이로 인해 **그는 찻잎의 대량 채취를 포기하였다. 실제로 차엽을 채취하는 면적도 전체 차밭 면적의 10분의 1도 되지 않았다.** 최상급 찻잎을 기준으로 계산하면, 봄차는 1묘당 60근이 출하되어 2000묘이면 12만 근까지 생산할 수 있는데, 중급 찻잎까지 채취한다면 어떻게 팔아야 할지 상상조차 할 수 없었다. 당시 판로의 돌파구를 찾기 위하여 노력하였던 엽계당의 이야기이다.

"몇 년 동안 차원을 지키려고 온갖 고초를 다 겪었어요. 녹차가 잘 안 팔리면 홍차를 만들고, 홍차의 인기가 시들해지면 백차를 연구하였지요."

2010년 이전에 복정백차의 판매가 열기를 띠면서 정화백차도 생산이 증가하고 있을 무렵에 송계백차의 시장성은 거의 인식되지 못하였다. 오히려 **송계백차는 내수 판매가 부진하고 수출할 방법도 없어 한동안 정체하였다.** 2004년에는 1근에 8위안까지 폭락하였다. 엽계당도 이때 명성이 없으면 시장이 없고, 시장이 없으면 차의 값이 내리면서 농민들에게 큰 타격을 준다는 사실을 깨달았다고 한다.

이런 급박한 상황에서도 송계백차의 전체 생산량은 여전히 적었고, 아직도 홍차와 녹차를 주로 생산하고 있었다. **지역 내의 6만 묘 차밭에서 홍차의 생산이 절반을 차지하였다. 그러나 브랜드 효과가 부족하여 송계에서 생산되는 대부분의 홍차, 백차는 다른 차의 원료로 공급되어 부가가치가 극히 낮았다.**

백차가 국내에서 인기를 끌 수 있었던 것은 뛰어난 생태성과 건강 효능이 이 시대 소비자들의 요구이기 때문이다. 송계백차가 팔리지 않는 것은 품질이 나빠서가 아니라 아무도 몰랐기 때문이다.

이를 재빨리 인식한 엽계당은 2011년부터 백차 품종의 재배와 연구에 대한 투자를 늘렸다. 현재 차원에는 현지 채차 품종 외에도 복운 595, 정화대백, 복정대호, 복정대백 등 백차 가공에 적합한 우량 품종도 있다.

또한 그의 차원은 **7년 연속 스위스 IMO 국제인증을 통과하였고, 유럽과 미국 NOP 유기농차 표준을 충족한 국가 농업 표준화 시범 기지가 되었다.** 그의 가장 큰 고객은 일본 사람들이다. 그들은 기꺼이 100만 위안 이상의 사비를 들여서 선매를 통해 봄차 시즌 동안 차밭에 검은 막을 덮어씌웠다. 해마다 4월 10일부터 5월 1일 사이의 차청으로 최고급 증청 녹차를 생산한다.

유기농 채차 품종으로 만든 소백차는 녹차의 향이 나고 맛도 순후하지만, 생산량이 적어 원가가 높다. 또한 **사람들의 인지도가 낮은 이유로 송계백차는 여전히 판매에 큰 어려움을 겪고 있다.** 엽계당은 매년 제일 좋은 백차를 남겨 놓고 친구들이 올 때만 나눠 마신다고 한다. 말보다 경험이 더 중요하다고 믿는 엽계당은 차의 맛을 경험하면 사람들의 인식도 곧 바뀔 것이라고 이야기한다.

"1990년대 사람들은 먼저 부자가 되기를 원하였지만, 지금은 모두가 건강해지기를 원하고 있어요. 송계백차가 이 어려움을 돌파하려면 생태를 지켜 내는 것이 유일한 길일 것이라 믿어요."

Part 4.

백차(白茶)의 어제와 오늘

01

중차복건공사(中茶福建公司)의 60년 수출 역사

녹음이 그늘로 덮인 정원 같은 공장 단지, 창문이 훤히 트인 사무실 건물, 질서정연한 생산 작업장……. 수십 년의 세월이 눈 깜짝할 사이에 흘러간 뒤 **중국차업공사**(中國茶業公司)의 현재 모습이다.

붉은 깃발이 날리고 혁명의 노래 속에서 **1949년 10월 1일, 중화인민공화국이 건국되었다.** 1949년 11월 23일, 당대의 '**다성**(茶聖)'이라 불리었던 **오각농**(吳覺農, 1897~1989)을 사장으로 하는 **최초의 국영 기업, 중국차업공사**(中國茶業公司)가 **설립**되었다. 그 뒤 1950년 2월, 중국차업공사복주분공사(中國茶業公司福州分公司)가 설립되고, 1952년 7월에는 중국차업공사복주분공사가 다시 중국차업공사복건성차엽진출구공사(中國茶業公司福建省茶葉進出口公司)로 이름을 변경하였다. 1988년에 공사 이름이 또다시 중국토산축산복건성차엽진출구공사(中國土產畜產福建省茶葉進出口公司)로 변경되었다. 마침내 1999년 12월 22일에는 **복건차엽진출구고분유한공사**(福建茶葉進出口股份有限公司)(이하 복차공사로 약칭)로 사명을 변경하였다. 당시 **복차공사의 사장**이었던 **위새명**(危賽明) 선생은 이렇게 회고한다.

"이 회사는 창립 이래 약 66년간 차를 만들어 왔어요. 저는 1983년 복건농대 차학과를 졸업한 뒤 이 회사에 입사하여 지금껏 34년간을 보내왔어요. **건국 후 최초로 백차 무역을 진행한 복차공**

사는 꽤 오랫동안 백차를 독점 판매하였고 거의 모든 중국 백차가 이곳을 통해 수출되었어요.”

50대인 위새명 선생은 남방 사람으로서는 보기 드문 큰 키에 날카로운 눈빛, 영민한 사고력을 가지고 있으며, 복차공사의 과거를 손금 보듯이 환히 꿰뚫고 있다. 그는 복차공사의 사장이기도 했지만, 개인적으로는 백차 애호가였다.

중차복건공사의 공장 단지

여기서는 **신중국 백차의 역사와 관련**하여 **복차공사**에서 발간한 『**백차경영사록**(白茶經營史錄)』에서 발췌한 내용을 소개한다.

백차의 해외 무역은 1891년 백호은침을 수출하면서 시작되었고, 1912년~1916년이 전성기였다. 복정과 정화 두 현의 당시 연평균 생산량은 1000단(1단=50kg) 이상이었다. **1917년~1921년 러시아 내전의 영향으로 생산량이 급감하고, 1934년에 이르러서야 판매가 호전되기 시작하였다. 1936년까지 복건성의 전체 백차 생산량은 3280단이었고, 1937년 항일전쟁이 발발한 뒤 전국 및 복건의 차 생산량이 급감하여 수출에 큰 영향을 미쳤다.** 1950년 복건백차의 생산량은 1100단이었지만 수출량은 전무하였다.

중화인민공화국 건국 뒤 차는 이류물자로 분류되어 통일적으로 국가에서 관리하였고, 성, 지, 현에 전문 경영관리 기관인 차엽공사를 설립하여 그 어떤 조직이나 개인이 차의 구매, 거래, 운반 등에 개입할 수 없게 하였다. **따라서 국가에서 통일적으로 기획하는 자재로서 차는 여러 시기에 걸쳐 경제발전계획에 포함되었다.**

1949년, 북경에 중국차엽공사가 설립되고, 국내외의 차 무역을 일괄적으로 경영, 관리하였다. 신중국의 차 무역은 기본적으로 수출을 기반으로 하고, 중차공사는 전국의 차 생산, 공급, 판매 업무를 지도하였다. 1950년 중차복주분공사가 설립되어 복건성 차 수출에 관련된 계획 지침을 내리고 일괄적으로 할당, 운송 및 판매하였다.

1950년 이전에는 모든 백차가 개인적으로 생산 및 판매되었다. 1951년 중차공사에서 시장 관리 조정에 참여하였고, 지역 공상 부서를 통해 민간 기업 및 차 농가 대표와 함께 중국차엽공사의 지침에 따라 '인수협상위원회'를 조직하였다. 1952년까지 백차의 조달과 판매 업무는 국가와 민간이 반반씩 나누었다. 1953년 국가와 민간의 비율을 계획에 따라 협상하고 배분하였다. 1954년이 되면서 조달과 판매 모두 국가에서 하도록 변경하였고, 공사에서 그 책임을 인계받았다.

중차공사는 복건 동부와 북부 산지에 차 공장을 건설하거나 공장을 지정하여 찻잎의 매입, 가공, 운송과 판매, 조달 업무(구매한 모차를 공장에 조달하여 정제 가공)를 일괄적으로 관할하고, 수출 업무에 따라 공장에서 정제된 차를 포장하여 복주 또는 상해의 항구로 운반하여 수출하였다. 도로가 개통된 뒤에는 가공 정제 공장에서 수출할 차들을 복주에 있는 대외 무역 차창에 운송하고, 집결시켜 가공 및 수출 판매를 진행하였다.

또한 중차공사는 백차의 연간 생산 계획을 하달하고 생산을 지정하였다. 이에 따라 백모단은 복정차창, 건양차창, 정화차창에서 생산하고, 공미와 수미는 건양차창에서 생산하며, 백호은침과 신공예백차는 복정차창에서 생산하였다. 다양한 종류의 백차는 홍콩, 마카오 지역과 독일, 일본, 네덜란드, 프랑스, 인도네시아, 싱가포르, 말레이시아, 스위스, 미국, 페루 등 시장에 수출하였다.

원래 중화인민공화국이 갓 건국된 시기는 그전에 남겨진 화폐의 유통 혼란과 인플레이션 문제가 있었고, 또한 백차 생산이 아직 회복되지 않아 백차 생산량이 적었고 가격도 줄곧 높았다. 1952년 백차 생산량은 857단에 불과하여 홍콩에 판매된 백모단의 가격은 1단당 3000홍콩달러, 공미는 1단당 2400홍콩달러에 달하여 시장에서도 감당하기가 힘들었다.

1953년 즈음에 국가 경제가 안정되자 중차공사가 화폐로 백차를 매입하는 동시에 구매 가격을 인상하면서 1954년에는 백차의 구매 가격이 홍차와 녹차를 초과하였다. 이러한 정책에 따라 백차는 1956년 복건성 고유의 수출용 특산차로서 처음으로 수출량이 100톤을 돌파하였다.

이와 관련하여 위새명 선생은 "백차의 품종 선별, 생산량, 판매는 수십 년 동안 반복되었는데, 주로 국가체제의 영향과 개혁에 따른 결과"라고 설명한다.

사실 1954년에 **복차공사**와 **복주상품검사처**는 특별 회의를 소집하여 **우롱차와 백차의 등급 분류와 관련한 문제를 논의하였다.** 중국 차의 현대사에 영향을 준 학자들과 기술 전문가들은 결국 **'백차는 우롱차로 분류되어서는 안 되며, 별도로 분류해야 한다'**는 결론에 동의하였다.

홍차가 녹차를 대체하고, 녹차가 다시 홍차로 변경되었다가 홍차에 흑차가 더해지면서 각종 차들이 분분하던 현대 중국 차의 역사에서 중국 백차는 줄곧 묵묵히 자신의 길을 걸어왔다. **계획경제 시대에 백차 판매는 1956년 100톤 수출로 시작하여 1977년에는 501톤에 달하였다.** '문화혁명' 시기에도 성장을 멈추지 않았다. **1968년 전국적인 대운동이 한창일 때, 복정백림차창에서는 중국의 신공예백차가 탄생하였다. 기술총괄책임을 맡았던 복차공사는 1960년대 중반 한때 대만 백차가 장악하였던 홍콩 시장을 신공예백차를 앞세워 빠르게 탈환하였다.**

1980년대는 누구에게나 개혁의 시대였다. 1984년 국무원 75호 문서에 따라 중국 차의 생산, 운송, 판매가 완전 자유화되면서 다양한 경로, 단계, 형식으로 유통 체계를 실행하여 국영, 집단, 개인 모두 구매, 가공, 판매에 참여하는 시장경제 시스템이 작동되기 시작하였다. 차의 유통 체제가 개방되면서 1985년에는 전문적인 대외무역공사를 통한 수출 외에도 다양한 경로를 통해 수출이 가능해졌다.

『백차경영사록』에 따르면 이 기간에 **건양**은 주로 **공미**와 소량의 **백모단**을 겸하여 수출하였고, **정화**, **복정** 지역에서는 **백호은침**과 **백모단**을 주로 수출하였다. **복건성 북부 산지의 연간 수출량은 200~300톤이었고, 동부 산지는 연간 100~120톤가량 수출하였다.**

1985년부터 1990년까지의 개혁 시범 기간 동안 **민간 기업들이 발전하기 시작**하였다. 그러나 백차 시장의 특수성으로 인해 수출은 시종 전문 업체인 **복차공사**에 의해 **복주시의 항구에서 진행**되었다. 이러한 상황은 1988년 복건성 정부가 지역 대외무역공사와 시, 현급 대외무역공사의 국영 수출입 경영권을 승인하면서 바뀌었다.

1990년 이후 중국의 시장경제 개혁이 절정에 이르렀을 때 광동성과 인접한 복건성에서는 일부 차창들이 자체적으로 수출 경로들을 찾아 홍콩과 마카오의 지역에 백차를 판매하기 시작하였다.

10년 뒤에는 일부 차 가공 기업들도 잇달아 **자영 수출권을 획득**하면서 **광동차엽공사**의 대행을 통해 홍콩과 마카오에 백차를 판매하였다.

중차복건공사에서 생산한 백모단의 전통적인 포장

중차복건공사에서 다년간 출시한 공미 상품

1990년대 초반, 중국 백차의 주요 수출 시장은 여전히 홍콩, 마카오, 동남아시아였다. 소량의 백호은침과 신공예백차를 겸하여 백모단과 공미가 **가장 많이 수출되었다.** 그중에서 **백호은침**과 **신공예백차**는 **복정**에서, **공미**는 **건양**에서 주로 생산되었고, 백모단은 복정, 건양, 정화의 세 곳에서 공동으로 생산하였다.

1990년대 중후반까지 백호은침, 백모단, 신공예백차와 같은 주요 품종의 수출은 유럽연합EU과 일본으로까지 확대되었다. 홍콩과 마카오의 주권 반환과 생활 방식의 변화로 주요 수출 품종이던 공미와 수미, 그리고 1960년대 개발된 신공예백차는 대부분 백모단으로 대체되었다.

시장 경쟁이 치열해지고 국영 기업과 개인 사유 경제가 같은 수준에서 경쟁하여 중국 백차의 발전을 공동으로 촉진하였다. **2006년 복정백차는 내수 시장 개척에 앞장서 청나라 시대부터 현대에 이르기까지 해외에서만 판매되던 백차의 역사에 마침표를 찍었다.** 이에 대하여 위새명 선생은 당시의 격동기에 대하여 설명하였다.

"개혁개방으로 강자가 살아남고, 약자는 도태되는 효과가 분명하였어요. 2000년도에 국가 무역 체제를 완전히 개혁한 뒤 13개의 성급 전문 수출입 무역 공사 중 **저희 공사만 남게 되었어요.** 많은 사람들이 저를 보면서 '국영 기업이 지금도 있나요', '아직도 문을 닫지 않았나요?'의 두 가지 질문을 꼭 한답니다. 국내 차 산업 개혁의 산증인으로서 우리는 살아남아야 할 뿐 아니라 잘 살아야 합니다."

국가 표준에 따라 엄격하게 생산하는 국영 기업으로서 복차공사는 전통적인 샘플 보관 제도를 유지하고 있어 다양한 연도의 중요한 백차 샘플들이 창고에 보관되고 있다. 이에 대하여 위새명 선생은 설명을 부연해 주었다.

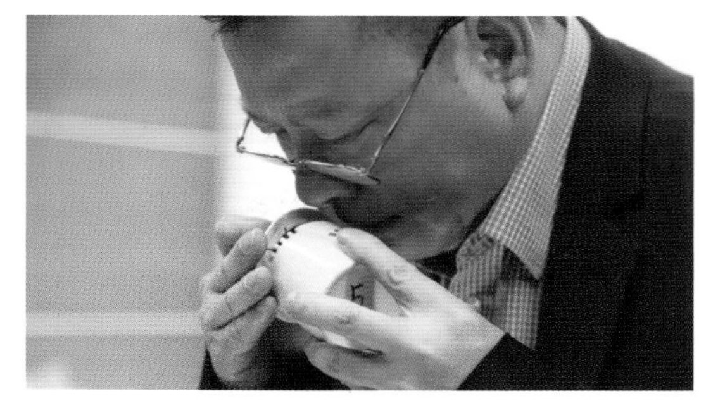

위새명 선생이 샘플 차를 심사 및 평가하고 있는 모습

"1968년에 저희 공사의 차 전문가인 **장임**(莊任) 선생이 **복정차창 백림분차장**에서 지도 생산한 최초의 신공예백차에 대한 상세한 기록과 샘플도 남아 있답니다."

위새명 선생이 우연히 보관하게 된 이 샘플들은 2002년 일본에 수출하려던 15상자의 백차 중 일부였다. 일본 경제의 장기 침체로 차의 소비가 부진하고 일본 협력사들도 마케팅에 어려움을 겪었을 때 그가 마지막 두 박스를 남겨 둔 것이다. 복차공사의 창고에는 한때 건양차창에서 생산한 공미, 수미도 많이 보관되어 있었는데 최근 국내 노백차가 인기를 끌면서 그 양이 얼마 남지 않았다고 한다. 그에 따르면, 공사의 전시관이 아직 완공되지 않아 샘플들은 창고에 그대로 있다고 한다.

위새명 선생의 책상에는 2015년 중국 전체 차 생산량이 227.8만 톤에 달했다는 보고서가 있다. 차엽유통협회의 통계에 따르면 국내 시장의 가치는 4000억 위안 이상이다. 이 보고서를 통해서는 중국 전체 차 시장의 국내외 판매가 새로운 시대로 접어들었음을 알 수 있다.

"백차뿐만 아니라 6대 차류의 관점에서 중국 전체 소비량과 1인당 소비량 모두 증가하고 있어요. 시장은 기초형 서민 소비와 개선형 도시에 사는 중산층의 소비 중심으로 이루어질 거예요. 중국 백차가 '더 맛있게, 더 오래 발전'하려면 마케팅 포지셔닝에 더 많은 공을 들여야 해요."

위새명 선생의 이 한마디는 극동에서도 제일 항구였던 복주의 역사와 함께 2016년 봄바람에 녹아들어 오랜 세월 결코 잊혀지지 않는 메아리처럼 들린다. 과거는 잊혀지지 않았고, 옛 산천도 여전하여 일상의 차 한 잔 속에 그 세월이 그대로 녹아 있으며, 시대의 풍운과 경제 변화를 증언하고 있다.

02

홍콩 찻집에서 떠나지 않는 수미(壽眉)의 향기

"당신에게 쓴맛이 도는 재스민 차 한 잔을 드립니다. 제가 들려 드릴 홍콩의 전설도 이처럼 씁쓸한 게지요."

중국 현대문학에 익숙한 독자라면 여류 작가 **장애령**(張愛玲, 1920~1995)이 1941년 진주만 공습 사건 전의 홍콩을 소재로 한 소설 『**말리향편**(茉莉香片)』의 한 구절임을 알 것이다. 소설을 쓸 당시 21세였던 작가는 홍콩대학교 문학원에서 중국어와 영어를 전공하였다.

극동 제일의 번화가인 상해에서 온 고향 사람들과 마찬가지로 그녀의 마음도 음울하였다. 1930년~1940년대 홍콩은 식민지의 모습이었기 때문이다. 일반 중국인들의 삶은 고달팠지만, 영국, 인도, 동남아시아 국가에서 온 고위 관료와 부유한 상인들의 자녀들은 좋은 환경에서 생활하였다. 그들은 파티를 벌이고 저택을 사는 데 돈을 물 쓰듯이 하였다. 명문가 출신이지만 재산이 없었고, 친구들은 요트를 빌려 놀러 다녔지만, 그녀는 여비를 감당할 수 없을 정도로 가난하였다.

1941년 진주만 공습으로 일본군이 침공하고 홍콩은 함락되었다. 홍콩대학은 임시 야전 병원으로 바뀌었고, 장애령은 간호사로 일하면서 고통과 침울함을 고스란히 목격하였다. 현실의 홍콩인들은 운명의 방황에 떠돌고 있었다. 특수한 역사적 이유로 홍콩 개항 초기부터 그들은 문화와 정체성의 혼란을 겪었고, 이러한 삶의 배경은 홍콩 사회에서 '**음차**(飮茶)' 문화에 특별한 의미를 부여하였다.

과거 홍콩의 식민지 건물

20세기 홍콩 시가지의 모습

홍콩으로 유입되는 인파 속
다수를 차지했던 광동 사람들

홍콩을 가장 먼저 **식민지**로 만든 나라는 **영국**이었다. 영국은 중국과의 차 무역에서 입은 막대한 적자를 만회하기 위하여 **홍콩**을 **자유무역항**으로 만들고, **중국 내륙에서 아편**을 **거래**하거나 **밀수**하는 중계지로 만들었다. **아편전쟁**이 **끝나고 홍콩의 아편 밀수 무역 규모는 더욱더 확대되었다.** **1845년까지 아편은 홍콩의 주요 수출품이었고, 영국에 의해 해마다 약 3만 상자의 아편이 중국 내륙으로 밀수되었다. 아편 무역에 부과되는 세금은 당시 영국 식민지 정부의 주요 수입원이었다.**

홍콩과 근거리에 있는 **광동성**과 **복건성**은 지리적인 이유로 인구가 밀집되었지만, 농경지가 부족하여 생계가 늘 어려웠다. 많은 사람들이 고향을 떠나 일거리를 찾거나 장사를 하여 가족을 부양하였다. 청나라 문종(文宗) 재위기인 함풍연간(咸豐年間, 1851~1861)의 외교가인 하여장(何如璋, 1838~1891)은 **"광동 동부는 오래전부터 인구가 밀집되었다. 30년 동안 해외에서 생계를 꾸린 사람만 100만 명이 넘는다"**고 말하였다.

이들은 일찍부터 바다와 항구와 함께 운명을 같이하였는데, 청나라 세조 때인 순치연간(順治年間, 1644~1661)에 '금해령(禁海令)'을 반포하고 해안 주민들을 상대로 내린 '천해령(遷海令)'을 공포하면서 한때 많은 지역 주민들이 하루아침에 삶의 터전을 잃고 굶어 죽기도 하였다. 천해령은 청나라 정부가 '반청복명(反清復明)' 활동을 막고, 명나라 군인 정성공(鄭成功, 1624~1662)의 군대와 내륙의 반청 세력 간에 연계를 끊고자 해안 지역의 주민들을 일률적으로 다른 지역으로 이주하도록 명한 칙령이었다.

이러한 시대적인 배경에서 해안가 특히 광동성 주민들은 특유의 인내심과 고생을 견뎌내는 정신으로 홍콩이라는 작은 섬의 첫 이주민이 되었다. **홍콩 공식 문헌의 인구 통계에 따르면, 1841년 영국이 홍콩을 점령하였을 때 홍콩 지역민의 인구수는 5650명에 불과하였다. 1851년이 되면서 홍콩의 인구수는 3만 2983명으로 5.84배나 증가하였다.** 이 같은 **급속한 인구 증가는 홍콩이 아편 무역 중계항이 되면서 외국 상인들이 대거 유입되고, 많은 중국인 노동자를 받아들였기 때문이다.**

19세기 1850년~1860년대 청나라 정부의 골칫거리였던 **태평천국운동**(太平天國運動, 1851~1864)으로 **남방의 일부 관리들과 상인들이 홍콩으로 탈출**하였고, **태평천국운동이 실패하면서 봉기에 참여했던 많은 군인과 백성들도 홍콩으로 피난하거나 홍콩을 통해 해외로 이민을 떠났다.** 이 과정에서 홍콩 인구는 또다시 급격히 증가하여 1881년에는 1만 6402명에 이르러 인구수가 30년 전보다 거의 5배에 달하였다.

1931년까지 홍콩에 거주하는 중국인 82만 1000명 중에서 **홍콩**과 그 일부 지역인 신계(新界)에서 태어난 인구는 27만 명으로 홍콩 전체 중국인의 32.9%, 광동성에서 태어난 인구는 53만 4000명으로 홍콩 전체 중국인의 65%였고, **중국의 다른 지역에서 태어난 인구**는 1만 3000명으로 홍콩 전체 중국인의 **1.6%**에 불과하였다. **홍콩에 사는 중국인 중 광동 출신 사람들의 인구 비례가 가장 높은 구도는 오늘날에도 변함이 없다.**

초기의 홍콩은 척박하여 생계가 어려웠고, 많은 사람이 이 식민지 땅으로 이주하면서 서양의 생활 방식과 문화를 수용하였다. 그러나 그들의 마음은 영원한 중국인이었고 끊임없이 고향과 조상들을 향한 정신적 유대를 이어가려고 애썼다. **방황하던 이주민의 모순과 정신적 스트레스를 해소하게 된 것이 전통적인 음차** 문화였고, **차를 통하여 내면의 정체성을 찾아 나갔다.**

차를 마시는 것은 홍콩 사람의 뿌리 깊은 생활 습관이 되었고, 빈부에 상관없이 차는 누구나 마시는 것이다. **홍콩** 중심부에 즐비한 고층 빌딩 뒤에는 **오래된 찻집**과 차장(차 도매상)들이 많았다. 특히 찻집에 들어가니 차를 마시면서 신문을 읽거나 광동의 전통 연극을 보는 노인들로 가득하였다. 단정한 옷차림에 침착한 표정으로 광동식 '**조차**(早茶)'(아침 차)를 마시면서 빠르게 변화하는 국제 대도시에서도 여가를 즐기고 있었다. 평범한 젊은 직장인들은 이런 여유를 즐길 수 없었다. 그들은 아침 9시부터 저녁 6시까지 근무를 하는데, 점심에서야 홍콩식 티 레스토랑인 **차찬청**(茶餐廳)에서 **밀크 티** 한 잔을 마신다. **고급 사무직, 부유한 사업가, 고소득 연예인**

들만이 오후 3~4시에 홍콩 만다린 호텔, 동방 호텔, 반도 호텔과 같은 **고급 장소**에서 '**애프터눈 티**Afternoon Tea'를 즐길 수 있다.

홍콩 사람들의 **음차 습관**은 오래전 **광동의 상업 문화에서 비롯**되었다. **청나라 중기**부터 **주강삼각주**(珠江三角洲)에서 정치경제의 중심이었던 **광주**에서 무역에 종사하는 **일부 상인**들이 아침, 저녁 두 끼 식사 외에 여가와 비즈니스 협상을 위해 '**음차**' 활동을 시작하였다. 때때로 정보 교환이나 사전 협상을 위한 비공식 모임이기도 하였다. **사용 시간을 제한하지 않았던 차실과 찻집이 사무실의 연장선이 되었다.**

홍콩 중심구의 **웰링턴 거리**Wellington Street에는 고풍스러운 '**연향루**(蓮香樓)'가 있다. 그 본점은 청나라 광서 25년(1899년) 광주에서 개장한 전통 디저트 매장인 '**고소관**(糕酥館)'이다. 고소관의 원래 이름이 '**연향루**(蓮香樓)'였고, 과자인 '**연용함점심**(蓮蓉餡點心)'이 유명해지면서 이름을 '연향루'로 변경하였다. 1926년 규모를 확장하여 홍콩에 지점을 열었다. 한때는 세 곳에서 지점을 운영하였지만, **지금은 웰링턴 거리의 이 옛 가게만 남아 있다.**

이 가게는 광주 찻집의 특성을 충실하게 유지하고 있다. 벽에 걸린 중국 서화, 천장에 걸린 20세기 구형 선풍기, 고풍스러운 벽시계, 원목 교자상인 팔선상(八仙桌)**과 의자, '연향루'의 문구가 새겨진 다구(개완 1개에 찻잔 2개가 1세트), 전통 잔과 그릇, 손 글씨로 쓴 메뉴판 등은 하나같이 과거에 차를 마셨던 세월에 대하여 말하고 있다.**

중국 본토에서는 "식사하셨나요?"로 인사를 주고받는다면, 홍콩에서는 "차 드셨나요?"로 인사를 주고받는다. 오랜만에 거리에서 친구를 만나면 몇 마디 수다를 떨고 나서도 다음에 차를 마시자는 의미로 "**제일음차**(第日飮茶)"라고 습관적으로 말한다. **남녀가 데이트하거나 비즈니스 일로 거래하거나 동료들과 학교 친구들 간의 만남에는 차가 필수이며, 차를 마시는 일은 전통적이면서도 품위 있는 교제 방식이었다.**

많은 홍콩인들은 어른들을 따라 찻집에 가는 것으로 어린 시절을 시작하였다. **홍콩은 땅이 작은데 인구가 많아 생활 공간이 넓지 않지만 가족 모임을 갖는 관습이 있다.** 이 가족 모임을 갖기에 가장 좋은 장소가 바로 **찻집**이나 **고급 차찬청**이었다. 주말마다 많은 시민들이 가족과 함께 찻집을 찾는 모습은 홍콩 사회의 한 풍경이 되었다.

시끌벅적한 분위기 속에서 연배가 가장 높은 사람이 메뉴판을 보고 **보이차**, **향편**, **용정**, **수선**, **수미** 중에서 마실 차를 결정한다. **무덥고 습한 날씨로 인해 많은 사람이 백차를 많이 즐겨서 홍콩의 찻집과 차찬청에서는 대부분 백차를 취급한다. 백차는 해열과 소염의 효능이 있기 때문이다. 중국 백차의 국내 판매가 전무하였던 시대에 이 작은 홍콩이 백차의 가장 중요한 시장이 되었던 이유이기도 하다. 홍콩다예협회**(香港茶藝協會)**의 엽영지**(葉榮枝) 회장은 이와 관련하여 개인적인 경험을 들려주었다.

"50년 전, 제가 어렸을 때 찻집에 가면 대부분 보이차, 수선, 수미의 세 종류를 판매하였어요. 그 당시에 '보이, 수선'의 광동식 발음이 '먼저 죽을 것이다'와 흡사하다는 설이 있었습니다. 좋은 기분으로 아침에 차 마시러 왔는데 차 이름이 불길하면 마음이 상하는 것이죠. **그로 인해 많은 사람들이 길조를 뜻하는 '수미'를 더 선호하였답니다.** 수미라는 이름도 광동 사람들이 먼저 불렀다고 해요. **찻잎에 하얀 잔털이 나 있는 모습이 장수하는 노인의 흰 눈썹과 비슷하여 붙여진 이름이라고 해요. 중국 본토에서는 백차를 백호은침, 백모단, 공미, 수미로 세분화하여 부르지만, 홍콩에서는 지금도 여전히 수미와 백호은침만 백차로 부르고 있어요."**

홍콩 사람들은 **백차를 마시는 데 익숙하고, 전통을 고수하는 노인들은 백차의 약효를 믿고 오랫동안 저장**하기도 한다. 따라서 **여건이 되는 사람이나 일부 오래된 찻집에서는 백차를 집이나 창고에 보관하여 노백차가 될 때까지 기다린다. 백호은침은 과거 생활 여건이 넉넉지 않을 때 홍콩으로 보내 판매하였고, 고가품이었던 탓에 부유한 사람들만 부담 없이 마셨다.** 특히 '**육우차실**(陸羽茶室)'과 같은 고급 소비 장소에서만 백차를 공급할 수 있었다. **일반 샐러리맨들은 감히 엄두를 낼 수가 없었기에 백호은침은 홍콩에서 수미만큼 널리 보급되지 않았다.**

홍콩 중심부의 깊숙한 골목길에는 **100년** 역사의 '**영기차장**(英記茶莊)'도 있다. 1881년 광동성 중산(中山) 지역 사람인 진조영(陳朝英)이 광주에서 설립한 '영기(英記)'가 그 전신이다. **1950년 영기차장은 광주에서 홍콩으로 이전하였고, 홍콩에서는 공장을 자체적으로 설립하였다.**

1950년대에 **영기차장**은 홍콩 중심구에 첫 지점을 열었다. 오늘날 4대째나 운영되고 있는 영기차장은 **보이차**, **암차**(岩茶)(우롱차 일종), **녹차**, **백차** 등 다양한 종류의 **중국 차**를 취급하고 있다. 이 **차장의 매장에서는 중국 본토에서 생산된 갖가지의 명차들을 볼 수 있다.**

이 **차들은 영기차장의 최고 장인들이 각 지역의 찻잎을 엄선하여 풍부한 경험과 독자적인 배합 방식으로 제조한 것으로 엄격한 절차에 따라 만들어진 것이다.** 따라서 **이 매장에는 백차를 구입하러 오는 손님들이 많다.** 그중 한 노인에 따르면, 자신이 어렸을 적에는 가게들의 디자인과 배치가 매우 단순하였고 서비스도 제한적이어서 고객들의 선택지가 적었다고 한다.

그런데 **홍콩 경제**가 **부상**하면서 생활 수준도 많이 높아졌고, 따라서 **찻집**에 대한 **소비 수요도 많아졌다.** 이로 인해 오래된 찻집이든지, 새로 생겨난 찻집이든지 모두 경영의 관리를 변경하였고, 상품의 구조와 품질, 매장 진열의 배치를 개선하였다. **특히 오랜 전통을 이어 오는 유명한 가게들은 상품의 품질과 브랜드의 이미지에 더 많은 관심을 기울였다.**

홍콩 사람들이 **백차**에 대한 **고정된 소비 습관**을 오랫동안 **유지**하였기 때문에 **중화인민공화국 건국 이후 복건, 광동 항구**에서 수출된 **백차**의 상당 부분은 **홍콩에서 판매**되었다. 그중 일부는 홍콩을 거쳐 동남아시아로 운송되었다. **1950년대 초반 중국 본토에서의 백차 공급이 불안정하여 홍콩 시장에서는 중저가 백차 가격이 급등하였고, 그 결과 대만산 백차가 시장을 점유하였다. 이 현상은 1960년대 복정 신공예백차가 개발되어 유통되면서 끝이 났다.**

홍콩의 유명 티 매장, 영기차장(英記茶莊)

홍콩 경제가 비약적으로 발전한 뒤 백차의 품질과 **등급**에 대한 **시장 수요도 덩달아서 높아졌다.** **중저가 백차는 점차 등급이 높은 백모단으로 대체되었다. 복정, 정화, 특히 정화 산지의 백차들은 그 순후한 맛으로 인해 홍콩 사람들의 입맛에 잘 맞았고, 1990년대 이후부터 점차 홍콩 백차의 대중 소비품으로 부상하였다.**

영기차장(英記茶莊)에서 판매하는 백차

눈 깜짝할 사이에 지나간 것만 같은 100년이었지만 그 세월 속 흥망성쇠의 변천은 단 몇 마디로 끝날 수 있는 것이 아니다. **백차**는 현재 여전히 **홍콩의 찻집**, **차장**, **차찬청**, 심지어 **개인 저장고**까지 다양한 곳에서 등장하고 있다. **해열과 소염 효능이 있는 이 백차는 홍콩 사람들과 100년의 풍운을 함께 견디면서 그 정신적 기둥이 된 것이다.**

'음차' **문화로 중국의 뿌리를 간직한 홍콩 사람들은 차를 마시는 태도가 매우 현실적이다.** 인생은 개인이 자신의 운명에 도전하고 응전하는 과정이다. 타인을 원망하기보다 차라리 모든 수고와 인내를 자신이 감내하면서 진한 백차를 우려내 보는 것이 어떨까? **번뇌와 고민을 그냥 내려놓고 차를 마시러 가 보자!**

03

남양(南洋)으로 떠난 사람들과 차(茶), 그들의 고향 바라기

세상에는 희로애락이 있고, 인생에는 우여곡절이 많으며, 안개는 남쪽에서 피어났다가 남쪽에서 사라진다네. 아침 햇살을 마음에 담은 적이 있나요? 과거의 기억은 잊었나요? 조상들의 방랑이 당신을 서글프게 하나요? 안개는 남쪽에서 피어났다 남쪽에서 지는데, 남양은 늘 짙은 안개에 잠기죠…….

1984년 **싱가포르** 건국 25주년(1959년 싱가포르자치국을 기준으로)을 계기로 싱가포르 방송국은 중국에서 이주한 싱가포르 화교 1세대의 이주와 정착의 역사를 다룬 드라마 「**무쇄남양**(霧鎖南洋, The Awakening)」을 방영하였다. 얼마 지나 드라마 주제곡이 중국의 시청자들에게도 알려졌다. 비장함과 서글픔이 뒤섞인 선율은 해외에 가 본 적이 없는 사람들에게 처음으로 '**하남양**(下南洋)'이라는 역사적인 용어와 그 뒤에 숨겨진 중국인들의 과거를 일깨워 주었다.

복건과 **광동** 지역에서는 '**하남양**'을 '**과번**(過番)'이라고도 한다. 복건, 광동의 방언으로서 '남양 일대에 가서 생계를 꾸린다'는 뜻이다. 중국인들의 남양행의 첫 절정기는 명나라 말과 청나라 초기였다. **왕조가 교체되어 불안정한 시국은 당시 본래 인구가 많고 땅이 적었던 광동성과 복건성 사람들의 삶을 더욱더 어렵게 만들었고, 순치(順治) 18년(1661년) 청나라 정부가 공포한 '천해령(遷海令)'으로 인해 수많은 사람들이 생사의 기로에 서게 되었다.**

이렇게 절박한 상황에서 **복건**과 **광동** 지역의 많은 사람들은 개인과 가족의 생계를 위하여 **바다를 건너** 중국과 인접한 **동남아시아**(말레이군도, 필리핀군도, 인도네시아군도, 인도차이나반도 연안, 말레이반도 등 지역)로 **이주**하였고, 그들이 오늘날 **싱가포르**, **말레이시아**, **인도네시아**, **필리핀** 등에 거주하는 **화교**들의 **조상**이 되었다.

1990년대 광풍회차행의 입구 모습

두 번째 남양행은 아편전쟁이 끝난 뒤에 나타났다. 세계 대항해 시대를 맞아 영국, 네덜란드 등 해상 강국은 저개발 국가에 대한 식민지 개척에 박차를 가하고 있었다. 이 시대에 **동남아시아는 영국과 네덜란드의 식민 통치 아래에서 급속한 개발이 진행되었고 노동력의 수요가 많아졌다.** 동남아시아의 국가들은 중국 노동자들을 유치하기 위하여 여러 가지 우대 정책을 펼쳤다. **말레이시아연방에서는 "이주민에게 무상으로 토지를 제공하여 경작할 수 있게 하거나 임시 거처를 제공하여 정착에 도움을 주고, 쌀과 소금을 1년 무료 공급하거나, 중국인들은 사라왁**Sarawak**에서 영주할 수 있다"** 등 **파격적인 조건을 제시하였다.** 이로 인해 **청나라에서 실향민으로 살던 중국 농민들은 하나둘씩 남양으로 건너갔다.**

말레이시아는 **세계 최대**의 **주석** 산지로 오랫동안 **세계 주석 총생산량의 절반**을 차지하였다. **이곳의 주석 광산들이 당시 화교들이 괭이와 삽으로 파 냈다는 사실을 모르는 사람들이 많다.** 영국 식민지 정부도 말레이반도의 번영이 화교들과 직결되어 있다는 사실을 다음과 같은 내용으로 기록하여 인정하였다.

"**말레이반도** 국가들이 유지할 수 있는 것은 전적으로 주석 광산의 세금 수입에 의지하였기 때문이다. 주석 광산의 노동자들이라면 화교가 가장 많다. 그들의 노력으로 결과 세계 주석의 절반을 이 반도에서 공급할 수 있었다. 그들의 재능과 노력이 오늘날의 말레이반도로 이끌었다."

말레이시아에서도 유서가 깊은 '**광회풍차행**(廣匯豐茶行)'의 제4대 경영자이면서 **말레이시아 차업상회**(茶業商會) 전임 회장이자 현재 회장 대리를 맡고 있는 **유준광**(劉俊光) 선생은 남양행과 관련하여 자신에게 가장 큰 감명을 준 것은 **말레이시아의 중국 차**였다고 한다. 1957년생인 **유준광** 선생은 당시 남양행과 함께 전파된 중국 차 문화를 잠시 들려주었다.

'광회풍차행(廣匯豐茶行)'의 제4대 경영인 유준광(劉俊光)

"말레이시아의 화교들은 주로 복건, 광동, 광서, 해남 사람들이 대부분이며, 말레이시아에서 중국 차를 마시는 문화는 그 화교들이 이주하면서 생겨났어요. 사실 말레이시아 사람들이 차를 마시는 열정은 지금까지도 동남아시아 국가 중에서 최고예요."

말레이시아에서 유서 깊은 전통 차 상점인 광회풍차행(廣匯豐茶行)

유준광 선생의 본관은 광동성 게서현(揭西縣)이다. **청나라 말기**인 선통(宣統) 3년(1911년)(신해혁명이 일어난 해)에 **증조부인 유대지**(劉大志) **선생이 홀로 남양으로 건너와서 쿠알라룸푸**

르 주석 광산에서 일하였다. 고향 동료들의 생활필수품 수요가 많다는 것을 알고 골목을 다니면서 장사를 시작하였다.

유준광 선생에 따르면, 당시 장사를 시작할 때는 가게가 없었고, 쌀, 차, 씨앗, 약재 이 모든 것을 사람이 어깨에 짊어지고 다니면서 장사를 하였으며, 돈을 조금 모은 뒤에야 자전거를 사서 물건을 배달할 수 있었다고 한다.

유준광 선생의 일가는 말레이시아에서 전형적인 **화교 사업가 집안**이다. 유씨 가문의 **'광회풍**(廣匯豐)' 가게는 장사를 시작할 때부터 많은 품목을 팔았다고 한다. **1928년**에 이르러 쿠알라룸푸르 중심가의 술탄 스트리트Sultan Street에 **'광회풍'** 매장을 개장하면서부터 점차 **차 도매상으로 유명해졌다. 현재는 말레이시아에서도 가장 유서 깊은 전통 차 도매상이 되었다.**

중국 차는 1920년대 중국인의 유입으로 말레이시아에 처음 소개되었다. 당시 주석 광산이 있는 곳이면 어디든지 차나무가 재배되었다고 한다. 주석 광산의 고용 조건 중 하나가 무료로 차를 공급하는 것이었기 때문이다. 그런 주석 광산 산업이 쇠퇴하면서 말레이시아에서 중국인들이 일자리를 옮겨 감에 따라 그러한 차원의 대부분은 더는 찾아볼 수 없게 되었다. **1930년대 이후에 말레이시아의 주요 차 생산지는 점차 서부 고원 지역인 카메론 하일랜드**Cameron Highlands**에 집중되었고, 현재 약 3000ha의 재배 면적을 유지하고 있다.**

유준광 선생에 따르면, 말레이시아 사람들이 차를 마실 때 잘 관찰하면 매우 흥미로운 사실을 발견할 수 있다고 한다. 화교가 말레이시아 전체 인구의 23%인 600만 명을 차지하기에 많은 가정집에서 중국 차를 쉽게 볼 수 있다. **이때 주전자에 우린 찻잎으로 그 집주인이 중국 어느 지역 출신인지 짐작할 수 있다는 것이다.** 그는 이와 관련해 웃으면서 설명해 주었다.

"과거에 서로 다른 지역의 중국인들이 이곳에 모였기에 마시는 차도 서로 달랐어요. **객가인**(客家人)***들은 집에서 녹차를 주전자에 우리고, 복건 사람들은 우롱차를 마시며, 광주, 광서 사람들은 육보차**(六堡茶)**를 우려내지요. 보이차는 최근 들어 유행한 것이에요.**"

* 객가인(客家人) : 중국 북부 또는 남부에서 동남아 지역으로 이주한 한족의 일파.

술탄 스트리트에 들어서면 길 양쪽에는 오래된 건물들이 많고, 대부분의 상가도 낡았다. 상가 입구에는 간판이 내걸려 있어 홍콩의 옛 영화에서나 나올 법한 풍경이다. 바로 이곳이 말레이시아 중국인들이 대대로 이 땅에서 살아 온 흔적들을 볼 수 있는 곳이다. 고층 빌딩이 즐비한 쿠알라룸푸르에서도 그 독자적인 모습을 유지하면서 파란만장한 삶을 보여 주고 있다. '광회풍 차행'도 이 거리에서 약 90년의 세월을 묵묵히 지키고 있다.

말레이시아인 차 전문가 장수진(張秀珍) 여사

화교들은 열대 국가인 말레이시아로 이주할 때부터 맛이 짙은 우롱차를 가장 선호하였다. 오래된 **암차수선**(岩茶水仙)과 **신차**(新茶)로 출시된 **철관음**(鐵觀音), 또는 광동과 광서 사람들이 즐기는 오래 숙성된 육보차, 그리고 마지막이 백차였다. **당시 백차는 소비에서 극히 적은 부분을 차지하였다.** **말레이시아**의 **차 전문가**로 **보진호**(寶珍號) 차행을 약 30년간 운영해 온 **장수진**(張秀珍) 여사는 당시 차의 기능에 대하여 설명해 주었다.

"많은 화교들이 처음 이곳에 왔을 때 날씨가 더운 나머지 물갈이 증상으로 고생을 많이 했어요. 그들은 고향에서 오래 숙성된 차를 마시는 민간 요법으로 병을 치료하였답니다."

그녀는 육보차와 백차의 **베테랑 수집가로서 1930년대부터 보존한 육보차뿐 아니라 1980년대부터 수집한 오래된 백차도 소장하고 있다.** 장수진은 말레이시아 차 시장에 대하여 간략히 설명해 주었다.

"말레이시아는 특별한 나라여서 다양한 종류의 차에 대한 수요가 많아요. 현재 **복건** 출신 손님들은 **암차**, **철관음**, **백차**와 **홍차**를 즐겨 마시고, **광동** 출신 손님은 **육보차**와 **보이차**를 즐기니깐요. **광동 조산**(潮汕) 출신 손님은 특히 **단총**(單叢)을 좋아해요. **과거 중국차엽공사 산하 각 지사들은 모두 말레이시아를 동남아 최대 판매 시장으로 꼽았을 정도니깐요."**

말레이시아와 인접한 **싱가포르**는 주요 **수입 항구**로 1956년 **'광회풍'**의 제3대 경영자였고, **유준광**의 아버지인 **유영명**(劉英明) 선생이 처음으로 신중국 땅에 발을 디뎠다. 그는 건국 후

열린 제1회 '광주수출상품박람회' 현장을 찾아 시야를 넓히고 많은 파트너들도 만났다. 유준광 선생은 아버지와 함께 다녔던 당시를 회상하면서 이야기한다.

"처음에는 봄철 박람회만 가셨는데 나중에는 봄, 가을 모두 가게 되었어요. 제가 박람회에 참석할 때 아버지는 다양한 계약을 체결하고 계셨어요. **중차공사 소속 복건진출구공사, 하문진출구공사**의 **차**들은 바로 이런 과정을 거쳐 **말레이시아에 수출**하게 된 거예요. **광회풍 차행** 창고에는 아직도 **중차복건공사**에서 초기에 판매한 '**호접**(蝴蝶)' 브랜드 **백차**가 보관돼 있어요."

1980년대 이후 경영상의 이유로 **광회풍 차행**은 **중국 차 전문 운영**에서 '**홍쇄차**(紅碎茶)'를 수입해 **대량**으로 거래하여 크게 **발전**하였다. **말레이시아에서 중국인이든지, 말레이시아인이든지, 인도인이든지 간에 거의 모든 사람이 필수로 마시는 것**은 '**납차**(拉茶)'이다. **설탕과 우유를 넣은 말레이시아식 밀크 티에는** 저렴한 **홍쇄차**가 **베이스 티로 가장 적합하다.** 유준광 선생은 말레이시아에서 홍쇄차의 시장 규모를 설명한다.

"말레이시아에서 재배된 차를 포함하여 모두 홍쇄차를 만드는데, 해마다 3000톤 이상 생산됩니다. 말레이시아는 차 수입국으로 현재 주요 차 생산국과 모두 협력하고 있어요. 하지만 **중국에서 수입된 차는 모두 중국 전통 차뿐이랍니다."**

차를 사는 사람들은 대부분 화교들이기에 광회풍의 매장에는 온갖 중국 차들로 가득 차 있다. 유준광 선생에 따르면, 일반 단골 고객은 차의 표면에 '**백상**(白霜)'이 있는 **수선**과 **육보차**를 고른다고 한다. **차의 표면에 백상이 생기는 데는 최소 4~5년은 기다려야 하고, 따라서 백상이 있는 차는 오래 숙성된 것으로서 약재 향이 나기 때문이라고 한다.**

장수진 여사도 **말레이시아** 손님들이 대부분 **찻물이 농후하고 향은 순박하며 맑은 홍색을 띠면서 마시면 깊은 약재 향과 함께 구감**(口感)**이 부드럽고 매끄러운 노백차를 선호한다고 말한다. 중국 본토와 달리 말레이시아 사람들은 원산지에 집착하지 않고 품질과 구감을 선호 기준으로 삼는다.** 그녀에 따르면, **말레이시아 사람들이 좋아하는 차의 특징은 우아한 향과 부드럽고 매끄러운 구감, 깨끗한 엽저**(葉底)**, 빠른 숙성이라고 한다.** 이것이 바로 **최근 몇 년 동안 중국에서 화제가 된 말레이시아에서 저장한「대마창**(大馬倉)**」노차의 특징이기도 하다.** 장수진 여사는 말레이시아 사람들이 차를 저장하는 그런 습관에 대하여 설명한다.

"말레이시아는 적도에 가깝고 열대 해양성 기후에 속하여 사계절의 구분이 뚜렷하지 않아요. 따라서 일정한 온습도를 유지할 수 있어 차를 보관하기에 적합하여 '대마창'이라고 부른답니다. **차를 마시는 분위기가 다분해 많은 화교 가정에서는 차를 저장하지요.** 차를 오랫동안 마셨던 손님일수록 자신이 마실 양을 충분히 저장하는 데 익숙해져 있어요."

말레이시아는 노차와 오래된 찻집 수가 **동남아시아**에서도 1위를 차지한다. 그들은 뼛속까지 향수가 짙게 흐르고 있어 중국어 교육을 매우 중요시한다. **다른 동남아시아 국가에서는 보기 드물게 많은 젊은이들이 중국의 표준어를 유창하게 구사할 수 있다.** 장수진 여사의 세대는 대만에서 대학을 진학한 사람들이 많았고, 그녀도 대학 시절을 타이베이(臺北)(대북)에서 보냈다. 장수진 여사는 말레이시아에서 차가 일상에서 지니는 의미를 잠시 설명해 주었다.

"말레이시아에서 차는 일상에서 없어서는 안 될 필수품이에요. 차를 마시는 가정이라면 가족 누구나 차를 우리는 데 익숙하답니다. **특히 화교 사회는 단합과 결속을 추구해요.** 차를 마시는 시간은 부모와 고향과 갈수록 멀어지는 아랫세대가 윗세대와 소통할 수 있는 조그만 환경이에요. **적어도 30분에서 1시간 정도 차를 마시기 때문에 관계를 돈독히 하는 소중한 시간이랍니다."**

차는 물질적, 정신적인 측면에서 중국계 말레이시아인들에게 깊은 영향을 주었다. 과거가 아무리 어려워도 많은 사람이 기꺼이 삶에 몰두한다. 고향을 떠난 지 오래되었지만 시종 고향을 잊지 못한 중국인들에게 차와 물만 있다면 가족의 보살핌이 있고 그 혈연은 끊임없이 이어질 것이다. 이 또한 차 한 잔에 담긴 중국인들의 생활 철학이다. 고향에서 멀어질수록 마음은 더욱 간절해졌고, 수출용 특수 차로서 백차는 수년 동안 세계 방방곡곡의 중국인들을 하나로 이어 주었다. 백차 수집은 최근 몇 년 동안 뜨거운 화제가 되었다. **시장에 노백차에 대한 다양한 소문이 무성한데, 다음은 민간에서 즐겼던 민속 백차에 대하여 알아본다.**

04

민간에서 즐겼던 노백(老白)에서 오늘의 차향(茶香)으로

백차의 수집은 최근 몇 년 동안 큰 화제를 불러일으키면서 큰 인기를 끌었다. 그러나 백차의 수집은 그 자체에 있어서는 시작부터 의도적인 것이 아니었다. **백호은침 발원지인 복정의 사람들은 예로부터 백차를 민간요법의 약으로 사용하는 습관이 있었다.** 복정의 한 시골 주민이 그런 백차에 관한 이야기를 잠시 들려주었다.

"어릴 때 집에는 큰 주전자에 등급이 낮은 백차가 늘 끓여져 있었던 기억이 나요. 등급이 높은 백호은침과 백모단은 시장에 내다 팔았고, 그 돈으로 가족의 생계를 이어 갔어요."

복건의 시골 주민들에 따르면, 백차는 큰 주전자나 항아리에 넣고 뜨거운 물을 부어 수시로 마셨다고 하였다. 차의 등급도 따지지 않았고, 물의 양과 우리는 시간도 신경 쓰지 않았다고 한다. 무더운 여름에는 출근이나 밭일을 나가기 전에 백차를 우려 놓고, 퇴근 뒤에 집에 돌아와서 마시면서 갈증도 해소하고 피로도 풀었다고 한다.

경제적인 여건이 된다면 **오래 저장된 백호은침**을 인후염이나 치통 치료에서 사용하는 것이 이상적이지만, 그 당시로서는 불가능하였다. 따라서 **민간에서 마시는 노백차는 개인적으로 보관한 값싼 수미였으며, 이를 몸이 아플 때 약처럼 달여서 마셨다는 것이다.**

복정에서는 저장한 노백차와 관련하여 **"1년 되면 차로 마시고, 3년 되면 약이 되고, 7년 되면 보물과 같이 귀하다"**는 말이 있다. **전통 백차는 맛은 따뜻하지만 성질이 차서 염증과 열을 가라앉히고 몸에 습(濕)과 독을 제거하는 효능이 있어 중국 전통 의학에서도 약으로 인정하였다.**

청나라 말기부터 **북경**의 **동인당**(同仁堂)은 약을 조제하기 위해 매년 50근의 **진년**(陳年) **백차**를 구입하였다. 계획경제 시대에도 정부는 **고급 의약품 조제**를 위해 해마다 **복건성**의 차 산업 부서에서 백차를 할당하여 **국가의약총공사**(國家醫藥總公司)로 보냈다.

공식적으로 **백차는 수출용 특산 차**였기 때문에 국내 시장에서는 크게 알려진 바가 없었고, 민간에 남은 노백차도 양이 적었고 등급이 낮은 편이었다. 계획경제 시대에 백차의 수출을 독점하였던 무역 공사에 일정량의 재고가 있었지만, 그 또한 노백차를 만들기 위해 의도한 것은 아니었다. 따라서 백차의 수집은 최근 백차가 시장에서 큰 인기를 얻은 뒤에 나타난 것이다.

백차 수집의 현황을 더 깊게 알아보려면 수집가에게 물어보는 것이 정확할 것이다. 백차 수집가들은 오늘날 많은데, **광동성**에서도 **보이차**로 유명한 도시 **동완**(東莞)에서 '민숙(民叔)'(민 삼촌)으로 불리는 베테랑 민간 수집가인 **엽한민**(葉漢民) 선생도 그중 한 사람이다. 엽한민 선생은 은행의 고위 임원이었지만 금융보다 오히려 차에 더 관심이 많았다. 그는 현재 **동완시 차엽산업협회**(茶葉產業協會) 선임고문이자, 동완시 **당하차문화차우회**(塘廈茶文化茶友會) 회장이기도 하다. 그의 닉네임 '**월설비**(粵雪飛)'는 인터넷의 유명 차 포럼인 <**삼취재**(三醉齋)>에서도 쟁쟁한 이름이다.

1980년대부터 보이차에 깊은 관심을 가졌던 그는 **다예관**(茶藝館), **보이차 마트**, **보이차 박물관** 등을 개설하여 취미 삼아 운영하다가 본업으로 삼았다. 나중에 차가 많아지자 가게 2층을 창고로 개조하고, '박물관'이라고 불렀다. 그곳에는 연도별로 다양한 차류의 샘플들이 전시되어 있다. 엽한민 선생은 자신이 백차를 수집하게 된 계기에 대하여 잠시 들려주었다.

"제가 백차를 수집한 것은 그리 오래된 일이 아니에요. 2012년 광주에 있는 수집가 친구 집에서 복정에서 생산한 80년대 노수미(老壽眉)를 마신 것이 처음이었어요. 맛이 의외로 달콤하고 순후하여 친구가 갖고 있던 노백차를 모두 사들였지요. 그 뒤로 걷잡을 수 없게 되었답니다."

이미 60세에 이른 엽한민 선생은 **노백차** 한 잔에 대한 호기심으로 동분서주하면서 자료와 샘플들을 수집하다가 몇 년 사이에 마침내 어느 정도 수집의 틀을 갖춘 것이다. 그에 따르면, 옛날부터 **백차가 보이차보다 훨씬 적게 생산하였기 때문에 노차를 찾는 것이 갈수록 어려워지고 있다고 한다.** 더군다나 **광동을 제외한 국내 시장에서는 판매되지 않았고 유럽과 미국, 동남아시아로 수출하였기에 더 희귀한 것이다.**

엽한민 선생에 따르면, **해외에서는 차이나타운의 식료품점, 찻집 또는 약국에서 백차를 발견할 수 있다고 한다.** 화교들의 생필품으로 남아 오히려 자연스럽게 숙성되어 희소가치가 있었다.

국내에서는 수집이 어려워 엽한민 선생의 시선은 자연스럽게 해외로 향하였다. 몇 년 동안 미국, 캐나다 등 해외에 사는 친구에게 그곳의 잡화점, 약국에 **노백차**가 있으면 소포로 보내 달라고 부탁한 것이다. 그는 노백차 하나하나를 정리하였는데, 몇 년 사이에 그 가격이 치솟아 놀라움을 금치 못한다고 하였다.

동완(東莞) 지역 백차 수집가 엽한민(葉漢民) 선생

TV 방송 톱 브랜드인 수미(壽眉)

"1980년대 후반 **광주시토산차엽공사**(廣州市土產茶葉公司)에서 판매한 **'TV 방송 톱 브랜드'**인 수미를 예로 들 수 있어요. 현재 남아 있는 양이 적어 우리 수집가들도 반 근에 5000~6000위안으로 받는데, 1근이면 무려 1만 3000위안이나 됩니다."

진기한 상품들이 모인 시장 이면에는 자연히 위험이 숨겨져 있기 마련인데, 가장 큰 문제는 위조품으로 인한 노백차에 대한 왜곡이었다. 엽한민 선생은 자신이 소장한 1990년대 이전의 백차가 자신과 친구들이 함께 품평할 정도의 양밖에 되지 않는다고 한다. 실제로 소장할 수 있는 많은 양의 백차는 1990년대 말부터 2000년 이후의 것들이다. **엽한민 선생은 백차를 구입할 때 주의점을 당부하듯이 이야기한다.**

"수집가들이 가장 조심해야 하는 것은 인위적으로 만든 노백차예요. 이런 차를 마시면 몸에 부작용을 일으키기 때문에 절대 피해야 해요. 많은 친구들이 제게 **노백차의 진위를 구별하는 방법**에 관해 물어요. 제 소견은 탕색은 흉내 낼 수 있지만, 맛과 향기, 그리고 엽저는 속일 수 없기에 감별할 때 유심히 살펴보아야 해요."

엽한민 선생이 추천하는 **노백차** 진위의 **감별법**은 다음과 같다.

1) **맛을 본다.** 좋은 노백차는 호향(毫香)이 나고, 맛이 달고 상쾌하다. 인위로 만든 **노백차**는 뜸을 들인 듯한 **불쾌한 맛**이 난다.
2) **향기를 맡는다.** 노백차의 향은 순수하고 달콤하다. 그러나 인위로 숙성한 노백차는 향기가 없거나 좋지 않다.
3) **엽저를 살핀다.** 일반 노백차의 엽저는 튼실하고 찻잎 표면이 탄력이 있으면서 광택이 난다. 반면 **인위로 숙성된 노백차**의 **엽저**는 **색상이 검고 칙칙**하면서 **윤기가 없고**, 더 **딱딱**하다.

그에 따르면, 노백차를 살 때는 조심성이 필요하며, 현재 북방에서 백차의 인기가 폭발하고 있지만 광동 시장의 분위기는 아직 무르익지 않아 백차 수집의 여지가 많다고 한다. 또한 **그는 차를 소장하는 취미와 조건을 갖춘 사람이라면 지금 마시고 있는 출처가 분명한 좋은 차들을 천천히 수집하고 숙성 과정을 지켜보면서 그 숙성된 맛을 즐겨 보라고 제안한다.**

한편 북방인 **북경 마연도**에도 백차의 수집 활동을 왕성하게 펼치는 사람들도 많다. **복건 동부**인 영덕에서 태어나 **북경**에서 사업 중인 **임지복**(林志福) 사장도 그중 한 사람이다.

백차의 내수 판매는 2006년 이후 북방에서 시작되었다. 1981년생인 **임지복** 사장은 2007년부터 **북경**에서 **차**를 **판매하기 시작하였다.** 그는 당시를 떠올리면서 설명해 주었다.

"저는 줄곧 노차를 판매했는데, 오래된 **보이차**, 안화흑차(安化黑茶)에서 **육보차**까지 모두 팔았어요. 고객층도 매우 안정적이었어요. **백차 열풍**이 불자 저는 **노백차**도 시장이 열릴 것이라 보았어요. 2007년 **노백차**를 구하려고 **홍콩**으로 달려가 찻집 곳곳을 찾아다녔어요."

임지복 사장은 **마연도**에서 점포 두 곳을 열었는데, 그중 한 곳은 **차연차성**(茶緣茶城)에 있으며, 현재 10년째 운영 중이다. 다양한 고객층이 가게를 방문하지만 주로 단골이 많고, 다양한 차류의 노차 소비는 보통 수준이다. 지금은 **북방의 차 시장 전체가 노백차에 열광하고 있어 임지복 사장은 시간과 기회가 닿을 때마다 노백차를 찾아다닌다.** 그는 노백차를 찾아다니는 이유에 대하여 설명한다.

1950년~1960년대 백차병(白茶餅)

1980년대의 백모차(白毛茶)

1980년대의 차통(茶桶)

"과거에 백차는 주로 수출되었어요. 국내의 복건차엽진출구공사에서 직접 수출하여 홍콩과 동남아시아에서 가장 많이 팔렸어요. 또 홍콩 무역 공사는 본토에서 수입한 차들을 외국 고객의 요구에 따라 재포장해 수출하였답니다. 그래서 저는 홍콩에서 먼저 차를 수집한 뒤 다음으로 말레이시아로 떠나요."

그에 따르면, 초기에는 노백차가 인기 제품이 아니었고, 가격도 오르지 않아 홍콩 사람들이 판매를 꺼리면서 창고 구석진 곳에 방치하는 바람에 구하기가 여간 힘든 일이 아니었다고 한다. 홍콩 중심구 한 곳에서만 노백차를 찾기 위해 발이 닳도록 찻집들을 찾아다녔다고 한다. 임지복 사장은 그 당시를 이렇게 회상하였다.

"대부분이 차를 무역하는 기업들이었기에 톤 단위로 물건을 중계하고 개인 소매를 하는 경우는 거의 없었어요. 그들은 제가 늘 적게 구매한다고 생각되어서인지 크게 반기지 않았어요."

아주 오랫동안 복건차엽진출구공사와의 무역 관계를 통해 홍콩의 찻집과 레스토랑 등에 차를 공급한 것도 이러한 백차를 취급하는 무역 기업들이었다. 그리고 **홍콩 사람들의 백차에 대한 인식도 그때 형성된 것이다.**

1980년대 이전의 중국은 계획경제 시대였고, 홍콩 사람도 대부분 생활이 넉넉지 못하였다. 찻집의 백차는 식전의 부가 서비스로 제공되었기에 대부분 낮은 등급의 백차인 수미였다.

이는 또한 주요 차 도매업체와 무역회사에서 주로 유통하는 차류이기도 했다. 백호은침과 특급 또는 고급 백모단과 같은 백차는 최고급 찻집에서만 취급하여 극소수의 사람들만 마실 수 있었다.

마연도의 상인 임지복(林志福) 사장

오래전 중국에서 해외로 수출했던 차 상자가 그대로 쌓여 있는 가게 모습

임지복 사장은 노백차의 시장 재고가 적었기 때문에 차를 수집하는 과정에서 조금씩 또는 근(斤) **단위로만 수집할 수 있었다고 한다.** 그는 '중국 백차'가 적힌 낡은 종이 상자를 가리키며, **"그 당시에 이런 20근 상자들이 백차는 50~100상자밖에 구할 수 없었다"**고 회상하였다. 또 백차의 출처에 대해서도 임지복 사장은 신중하게 이야기하였다.

"**출처가 명확하고 품질이 좋으며 저장에도 합리적인 대형 차창 상품만 수집해요.** 주로 복정과 정화의 두 차창에서 수출한 백차들인데, 그 수출과 환류의 종적을 파악할 수 있어요."

임지복 사장도 또한 노백차의 가격이 예전 같지 않다고 생각한다. 시장에서 노백차가 팔릴수록 그 양이 적어지고 가격도 덩달아 비싸진다고 한탄하였다. **품질이 좋고 보관 상태도 양호한 노백차를 어렵게 발견하여도 1근에 3만~4만 위안이라 노련한 수집가들도 가격 앞에서 망설일 정도라 유통 상인인 그도 결국 포기할 수밖에 없다고 한다.** 그는 이런 상황에 고개를 내저으며 말한다.

"사실 전체 백차에서 노백차의 양이 아주 적고, 비교 가격도 없는 탓에 시장 상황에 따라 덩달아 오르는 상황입니다."

이런 상황에서 사람들이 정작 주의해야 할 점은 가짜 노차를 피하는 문제였다. 음용 가치도, 수집 가치도 없고, 마시면 건강에도 악영향을 주기 때문이다. 임지복 사장도 일반 소비자에게는 신차를 먼저 마시고 이해한 뒤에 노백차의 구입을 권장한다. 그는 **"맹목적으로 유행에 따르지 말고, 시장에서 자신에게 맞는 차를 선택하는 것이 차를 마시고 시음하는 올바른 자세"**라고 말한다.

북경 마연도 거리의 야경과 그의 모습은 이 시대의 배경으로 남았고, 거리에서 분주히 오가는 사람들은 여전히 물음표처럼 어디론가 먼 곳으로 달려가고 있다.

한편 **강소성**(江蘇省) **곤산**(昆山)의 **차 전문가**인 **탕령방**(湯鈴芳) 여사는 **"오래된 차를 먼저 마셔 보고 이해한 다음에 잘 보관해야 한다"**고 말한다. 말하자면 그녀는 **정통적인 차의 고향인 복건성 동부에서 태어난 사람으로 어릴 때부터 차의 향기에 익숙해져 있었다.** 특히 할머니가 거친 수미(壽眉)로 우려내 준 한 사발의 백차를 즐겨 마셨는데, 지금은 어린 시절의 달콤한 추억으로 남아 있다. 이러한 배경으로 그녀의 백차에 대한 애정도 사뭇 남다르다.

1980년대 탕령방의 아버지는 고향에 있는 차창에서 기술직으로 일하였다. 초등학교 시절에 그녀는 차를 생산하는 계절이 오면 어김없이 아버지를 따라 밤마다 공장에 놀러 다녔다. 그때부터 그녀는 **차를 가공하는 과정과 가장 전문적인 감별 심사 단계에 매우 친숙**해졌고, 아버지의 곁에서 늘 그 과정을 즐겁게 바라보곤 하였다고 한다.

여린 찻잎들이 향기를 풍기는 계절이 오면 늘 차산에서 뛰놀았고, 어른들이 찻잎을 따서 말리는 작업에 자신의 손도 보태었다. 키가 크고 손재주가 남달랐던 그녀는 때로는 어른들보다 더 좋은 결과를 내기도 하였다. 탕령방 여사는 그런 어린 시절을 떠올리면서 웃으며 이야기해 주었다.

"차에 대한 저의 애착은 아마도 타고난 것 같아요. 어릴 때 저의 집에도 **차산**이 있었는데, 그 **향기를 즐기려고 해마다 집에서 마시는 차를 제가 다 수확했지요.** 16살의 여름방학 때 잠깐 차로 장사도 한 적이 있어요. **어머니에게 300위안을 빌려 차를 팔았는데, 1000위안을 넘게 벌었답니다.** 그 시절 1000위안이면 제가 다니던 학교의 1년 등록금이었기에 저 자신이 너무도 자랑스러웠어요."

성인이 된 뒤 **탕령방** 여사는 고향을 떠나 **복주, 상해, 강소성** 등의 지역을 다니면서 무역업에 종사하였다. 그럼에도 불구하고 그녀의 일상은 늘 차와 함께였다. **다도와 차 문화를 배우고 국내의 크고 작은 여러 차산들을 여행하였다.**

또한 그녀는 **진심으로 차가 몸과 마음에 모두 유익하다고 믿었다.** 주변 사람들도 차를 즐기면서 배우고 그 혜택을 누리도록 독려하기 위하여 오랫동안 친구들에게 차와 다양한 다기들을 선물하였다. 이를 위하여 그녀는 해마다 **고향인 복건에서 대량의 차, 특히 백차를 구입하였다.**

그런 그녀가 **백차를 선택한 데는 특별한 이유가 숨어 있었다.** 우연한 기회에 2007년산 **복정 백모단**을 마셨는데, **그 맛이 담백하면서도 달콤하여 어렴풋이 익숙하고 친근**하였다고 한다. **차를 마시고 나서 그녀는 앓고 있던 인후염 증세가 눈에 띄게 호전되었음을 느꼈다.** 나중에 알아보니 그 차는 어린 시절에 할머니가 큰 주전자로 끓여 주던 바로 그 백차였다. 다만 생활 여건이 좋아져 시중에는 다양한 등급의 백차가 출시되어 있었고, 오늘날의 사람들은 더는 이처럼 거칠고 오래된 백차에 만족하지 않았던 것이다. 그때가 2010년이었는데, **중국 백차의 국내 판매가 저조하여 시중의 백차는 가격이 저렴하였고, 또한 사람들의 백차에 대한 이해도도 아직은 부족하여 인기가 거의 없었던 시절이다.**

당시 탕령방 여사는 **복정백차**의 그런 가격을 알고 나서 **'이렇게 훌륭한 백차가 너무 낮은 가격에 판매되는 것'**에 매우 놀랐다고 한다. 그때부터 그녀는 **복정백차에 각별한 관심을 지니고 중국의 여러 백차 산지들을 찾아다니면서 배우고, 백차 수집에 관심을 기울였다.** 또한 백차를 전혀 마시지 않던 **곤산**(昆山) 지역에서 정원으로 꾸민 찻집인 **'한정**(閑庭)**'**을 개장하여 **백차의 판매를 개시**하였다. 탕령방 여사는 그때 당시를 회상하면서 자신을 보는 사람들의 시선에 대하여 말한다.

"백차를 수집해 소장하는 저를 좋게 봐 주는 사람이 거의 없었어요. 그저 방에 오래된 나뭇잎만 쌓아 두는 이상한 사람으로 바라보더라고요!"

지난 몇 년 동안 탕령방 여사는 수집 및 애호가급의 복정백차를 대량으로 손에 넣었다. 국내 수집에만 만족하지 않았던 그녀는 2014년부터 과거에 백차가 주로 수출되었던 **홍콩, 마카오, 말레이시아**로 돌아다니면서 규모가 큰 저장 창고와 유명 인사들을 찾아다니는 한편, 그 지방에서도 아주 **오래된 차들을 수집**하였다. 당시의 수집 배경에 대하여 탕령방 여사는 이렇게 이야기한다.

"이 차들은 한 번 마시면 남아 있는 양이 줄어들기에 가끔은 마시기에 망설일 때도 있답니다. 하지만 다양하고 많은 양의 샘플 비교를 바탕으로 맛의 가치를 설정하는 것이 **'수집가의 소명'**이라고 생각하기에 저는 차를 모으는 것은 호사를 누리는 작업이라 말하기도 해요. **저는 2014년부터는 노백차**(老白茶)**만 마시고 있어요.** 저는 이 보물들을 들고 많은 지역과 국가를 여행하였고, 이제는 주변 친구들도 점차 백차만 마시게 되었을 정도로 백차를 추구하는 영향을 그들에게 주었어요. 이런 것이 차 애호가의 집념이 아닐까 싶어요."

탕령방 여사에 따르면, 건강 측면에서 백차가 다른 차들보다 효능이 뛰어나고, 동시에 중국 시장 특유의 공급 구조와 거래 심리 때문에 소장 가치도 있다고 한다. 백차의 이러한 가치는 중국 차 산업에서 점차 대중화되고 있고, 또한 합리적인 시장 거래에서 꾸준한 상승세를 이어 갈 전망이다. 시장의 관점에서 볼 때, 백차의 수집은 현재 자산을 보유하는 방법 중의 하나이다. 수집가로서 좋은 차를 많이 소유하면서도 투자하는 이상적인 삶을 실현할 수 있어 취미와 투자가 하나로 완벽하게 합치된다. 탕령방 여사는 이러한 백차의 수집 가치에 대하여 간략히 들려주었다.

"저는 저의 **백차 수집품을 소중히 다루고 있는데, 특히 오리지널 원목 상자에 담겨 있는 노차들은 개봉하는 것도 아까울 정도랍니다.** 세월의 향에 흠뻑 젖은 노차들은 한번 마시고 나면 그 맛을 다시는 느낄 수 없지요. 이는 사람의 청춘과도 같아서 한 번 지나가면 다시 돌아오지 않듯이 고유한 맛을 선보인답니다. 저는 이 소장품들을 보려고 매일 창고로 나갑니다. 볼 때마다 행복과 만족이 차오르는 것을 느끼죠."

차 수집가이자 애호가인 탕령방 여사는 수집의 초보자들에게 노백차를 수집할 때 지름길을 찾지 말고 지금부터 새로운 차를 수집해야 하고, 그렇게 10년, 20년이 지나다 보면 자신만이 속속들이 알고 있는 노백차들을 소유하게 될 것이라고 조언한다.

백차 수집가인 탕령방 여사가 차를 우리는 모습

05

노백(老白)의 기준과 올바른 시작

1. 백차가 "1년 차(茶), 3년 약(藥), 7년 보(寶)"인 이유?

중국의 민간에서는 백차를 "1년이 되면 차, 3년이 되면 약, 7년이 되면 보물"이라고 한다. **백차는 지극히 자연에 가깝지만, 시간이 지나면서 조용히 숙성되는 차(茶)라는 점에서 그 가치가 돋보인다.** 따라서 **시간의 변화를 거치지 않은 백차는 일종의 반제품과 같다고 보는 사람도 있다.**

청나라 시대의 『**민차곡**(閩茶曲)』에서는 백차를 "짙은 홍색이 될 때까지 보관하면 가격이 3배로 오르고, 집집마다 만들어 다음 해에 마신다"고 기록하였는데, **이를 통해 복건에서는 사람들이 오래전부터 백차를 보관하는 습관이 있었다는 사실을 알 수 있다.** 그러나 백차가 "1년 차, 3년 약, 7년 보물"이라는 말이 언제 어디에서 유래되었는지는 알 수 없다. 한 가지 확실한 점은 저장을 통해 백차의 품질이 크게 변한다는 사실이다.

'1년 차'는 그해 만든 신차(新茶)를 뜻한다. **백차는 약한 자연 산화차인 탓에 저장 첫해에는 맛이 녹차에 가깝고 성질도 차갑다.** 향은 신선하고 순수하여 두유의 향과 비슷하며, 찻빛은 밝은 연노란색을 띠고, 맛은 맑은 샘물과 같이 상쾌하고 담백하다.

저장 1년 된 백호은침과 5년 된 백호은침의 건조 찻잎 색상 비교

'3년 약'은 3~4년 보관하여 성질이 바뀐 백차를 말한다. 백차를 적절하게 보관하면 2~3년 이내에 찻잎의 내부 성분이 변화하기 시작한다. 풋내가 사라지고 찻빛이 짙어지면서 연노랑에서 살구색이나 주황색으로 변한다. 신차는 달콤한 꿀 향과 호향이 나서 '호향밀운(毫香蜜韻)'이라고 표현하지만, 3~4년 저장된 백차에는 '연잎 향'이 나는 경우가 많다. 맛은 부드럽고 매끄러우며, 차의 차가운 성질도 순하게 바뀐다. 이때의 백차는 '차(茶)'이면서 '약(藥)'의 효능도 있어 마시거나 수집하는 데 모두 적합하다.

'7년 보배'는 5~7년 동안 저장된 백차를 말하는데, 이때서야 '노백차(老白茶)'라고 할 수 있다. 이때의 백차는 달콤한 꽃향기가 나면서 은은한 '진향(陳香)'도 맡을 수 있다. 저장 시간이 길어질수록 대추 향이 나며 편안한 약재 향으로도 발전한다. 잘 숙성된 백차의 찻빛은 맑고 선명하며 윤기가 도는 호박색으로 변한다. 맛은 순후하고 포만감이 넘치며 입안을 매끄럽게 하고, 단맛과 점성도 도 점차 증가한다.

50년의 숙성 기간에 각 기간별로 뽑은 5개의 샘플 백차를 비교하면, 숙성 기간에 따라 찻잎 성분에 변화가 생기면서 숙성된 백차의 다양한 특성을 볼 수 있다.

2. 수치로 살펴보는 백차의 효능

일반적으로 5~6년에서 6~7년 가까이 숙성된 백차는 항암, 해독, 해열, 알레르기 예방 효능이 더욱더 뚜렷해진다. 감기 초기에 따뜻한 성질의 노백차를 마시면 몸이 한결 편해진다. 최근 들어 숙성된 진년 백차에 대한 연구가 깊이 있게 진행되면서 노백차의 건강 효능도 과학적으로 검증되고 있다.

다양한 연대의 백차 건조 찻잎 비교

위의 7종류 백차는 등급이 비슷한 수미이지만 찻잎의 부드러움에 차이가 있다. **50년의 숙성 기간에서 각 기간별 건조 찻잎의 색상을 살펴보면, 기간이 길수록 회녹색에서 짙은 갈색으로 변화하고 찻잎 표면도 점차 광택이 돈다.**

다양한 연대의 백차 찻빛 비교

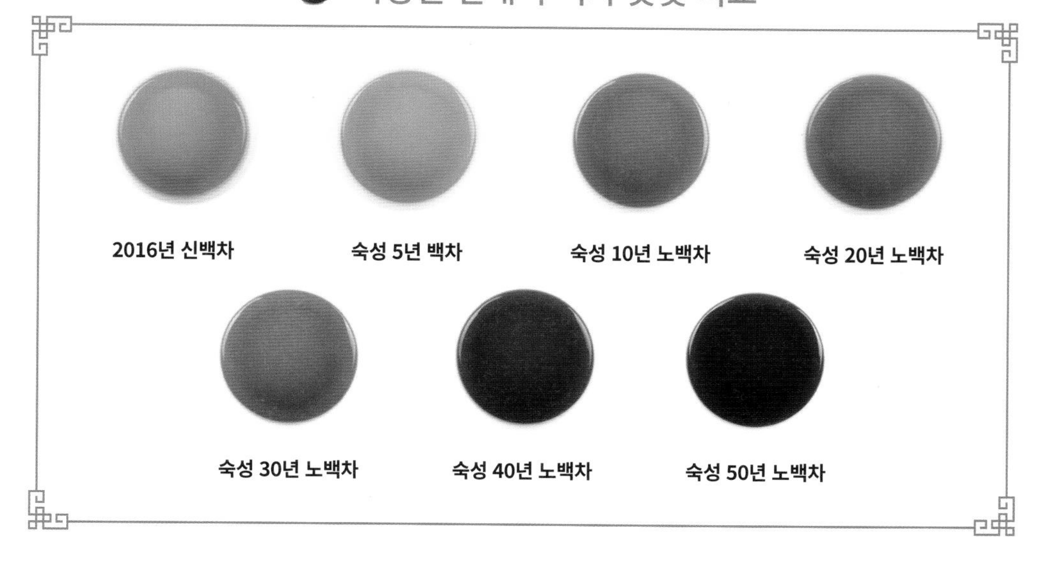

다양한 숙성기별 백차의 품질 비교

	2016년 신백차	숙성 5년	숙성 20년	숙성 40년	숙성 50년
향기	두유 향과 비슷하고 여운이 부드러우며, 꽃향기가 난다.	신선하고 달콤한 꽃향기와 약간의 진향(陳香)이 난다.	부드러운 진향이 농후하고, 오래 지속되며, 약재 향도 난다.	농후한 약재 향에 약간의 목향(木香)도 난다.	부드러운 약재 향과 섬세한 연잎 향이 나며 향기가 오래 지속된다.
찻빛	맑고 밝은 살구색에서 점차 황금색, 밝고 투명한 붉은 오렌지색, 호박색으로 변한다.				
맛	신차는 상쾌하고 신선한 단맛이 나고 차의 성질이 차갑다. 숙성 시간이 길어지면서 풋내가 사라지고 차의 성질이 따뜻해지며 찻물은 부드럽고 진득하여 맛이 순후하고 달콤하다. 향기가 짙어지고 맛도 풍부해지면서 포만감이 넘친다.				

호남농업대학교 차학과의 **차학 박사**이자 지도교수로서 **국가식물기능성분활용공학기술연구센터장**, 교육부 **차학핵심연구소** 소장을 겸하고 있는 **유중화**(劉仲華) 교수는 연구팀과 함께 2011년부터 '**백차와 건강**' **프로젝트를 공동으로 진행하였다.**

그들이 **숙성 기간이 1년, 6년, 18년인 백차를 대상으로 연구한 결과, 저장을 통해 숙성 기간이 길수록 백차**의 항염증, 혈당 강하, 알코올성 간 복구, 위장 기능 조절 등의 효능이 강화되고 있음을 발견하였다. 이는 숙성 백차의 성분 변화와 관계된다.

복건농림대학교 주경경(週瓊瓊) 박사는 여러 숙성 기간의 백차에 대해 생화학적인 성분을 연구한 결과, 티 폴리페놀Tea Polyphenol, 아미노산, 수용성 당류, 플라보노이드Flavonoide 등의 성분이 저장을 통한 숙성 과정에서 변화한 것으로 나타났다. 예를 들어 **세포 노화를 일으키는 자유라디칼을 제거하는 플라보노이드 함유량은 신차보다도 숙성된 백차에서 더 높게 나왔다.**

1) 숙성기별 백차의 플라보노이드 함량 분석

플라보노이드는 티 폴리페놀의 중요한 성분이며, 그중 플라보놀Flavonol과 배당체Glycoside는 건조 찻잎의 3~4%를 차지하며, 찻잎의 관능적 품질과 생리적인 기능에 중요한 역할을 한다.

호남농업대학 식품과학기술원 **양위려**(楊偉麗) 교수팀은 **같은 장소에서 자란 동일한 품종**

과 여린 정도를 가진 신선한 찻잎으로 6종류의 차를 가공하여 생화학적 성분의 차이를 비교하였다. 플라보노이드 함유량이 백차, 청차, 홍차, 녹차, 황차, 흑차의 순서로 감소하였으며, 그 중 백차의 플라보노이드 함량은 가공을 통해 16.2배나 증가하는 것으로 나타났다.

위조(萎凋) 가공을 거친 세 종류 차의 플라보노이드 함량이 살청(殺青) 가공을 한 세 종류보다 높으며, 이는 티 폴리페놀 함량 변화와는 정반대였다. 이것은 화학적인 변화에 따른 6대 차의 품질적인 특성을 반영하는 것이다. 따라서 백차의 가공 방법은 플라보노이드의 축적에 도움이 된다고 볼 수 있다.

숙성된 진년 백차의 플라보노이드 함량은 새로 만든 신차 백차보다 더 높다. 숙성 20년 백차의 플라보노이드 함량은 13.26mmg/g에 달하여 다른 연식의 백차보다 월등히 높았고, 이는 신차 백차의 2.34배에 달하였다. 숙성 20년 노백차의 티 폴리페놀, 카테킨 총량, 수용성 당 성분, 카페인, 아미노산 등의 생화학적 성분 함량은 아주 적었지만 플라보노이드의 총량은 오히려 훨씬 더 높았다. 그 이유는 차를 저장 및 숙성하는 동안 폴리페놀의 구조가 변하여 플라보노이드 형성을 촉진하였기 때문이다.

플라보노이드는 강력한 항산화 효능과 활성산소를 제거하는 효능이 있고, 항균, 항바이러스, 항종양, 혈중 지질을 낮추는 등 다양한 활성 기능도 있어 차의 중요한 건강 유효 성분이다.

호남성농업과학원 차연구소의 종흥강(鐘興剛) 연구원은 2009년에 논문인 「플라보노이드 성분이 하이드록실 라디칼 소거에 따른 차의 항산화 기능 연구」를 발표하였는데, 찻잎 추출 성분을 정량적으로 분석한 결과, 찻잎에 풍부하게 함유된 플라보노이드가 활성산소를 제거하는 강력한 효능이 있다는 사실이 입증되었다.

연구에 따르면, 활성산소의 제거 효율은 플라보노이드의 농도에 비례해 증가하였다. 차의 항산화 효능은 바로 이 플라보노이드 성분이 활성산소를 제거한 결과물이다. 따라서 숙성된 진년 백차에 함유된 플라보노이드가 신차 백차보다 함량이 더 높다는 연구 결과는 "1년 차, 3년 약, 7년 보물"의 속설에 과학적인 근거와 이론적인 바탕을 제공하였다.

다음의 도표를 통해서는 찻잎의 플라보노이드 함량과 활성산소 제거 효율의 관계를 알 수 있다.

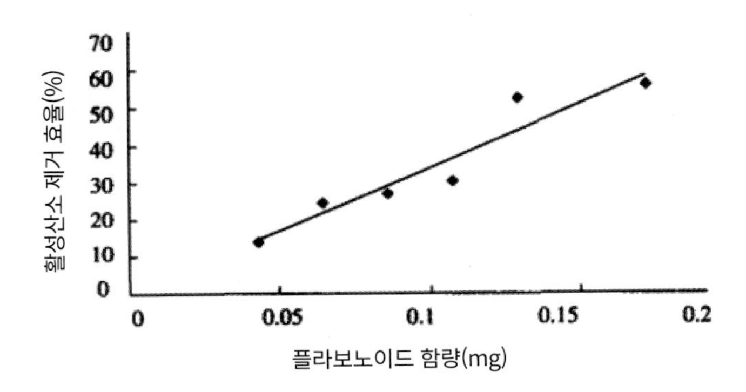

플라보노이드 함량과 **활성산소** 제거 효율의 관계(종흥강, 2009)

2) 숙성기별 백차의 티 폴리페놀 함량 분석

숙성기별 백차에 함유된 **티 폴리페놀**의 총량을 분석한 결과, 숙성이 오래될수록 **티 폴리페놀** 함량이 상대적으로 **적다는** 것을 알 수 있으며, 숙성이 오래된 진년 백차의 맛이 부드러운 이유이다.

복정백차는 **숙성 기간이 길어짐에 따라 티 폴리페놀의 산화로** 인해 떫은맛이 **나는 에스테르형** 카테킨Catechin **함량이 감소하고,** 테아플라빈Theaflavin, 테아루비긴Thearubigin **등의 성분을 생성하여** 숙성된 백차를 더욱더 부드럽고 달콤하게 만든다. 이때 **테아플라빈**은 찻잎 속의 주황색 성분으로 축

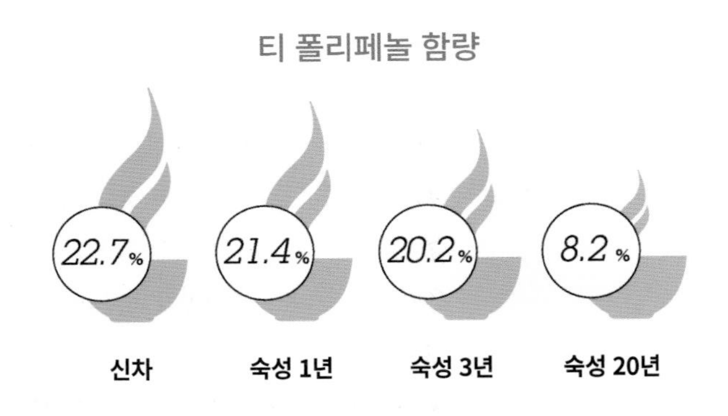

숙성기별 백차의 티 폴리페놀 함량 비교

합성 색소의 일종이다. 찻물이 밝은 색상을 띠는 주요 원인이며 맛의 강도와 신선도를 좌우하고, 찻잔에 금권(金圈)을 형성한다. **테아루비긴은 찻물의 농도에 영향을 주며 단맛과 신맛이 나게 한다.** 차를 평가할 때 숙성된 진년 백차의 찻물은 짙은 노란색, 주황색 또는 더 짙은 색으로 나타나지만, 신차는 밝고 옅은 노란색을 띤다.

3) 숙성기별 백차의 아미노산 함량 분석

아미노산은 **백차의 신선한 맛과 향을 형성하는 중요한 성분이다.** 테아닌Theanine은 **달콤하고 상쾌한 맛과 캐러멜 향이 나게 하고,** 페닐알라닌Phenylalanine은 **장미 향이 나게 하며,** 알라닌Alanine은

꽃향기를 풍기며, 글루탐산Glutamic Acid은 상쾌하고 신선한 맛을 낸다.

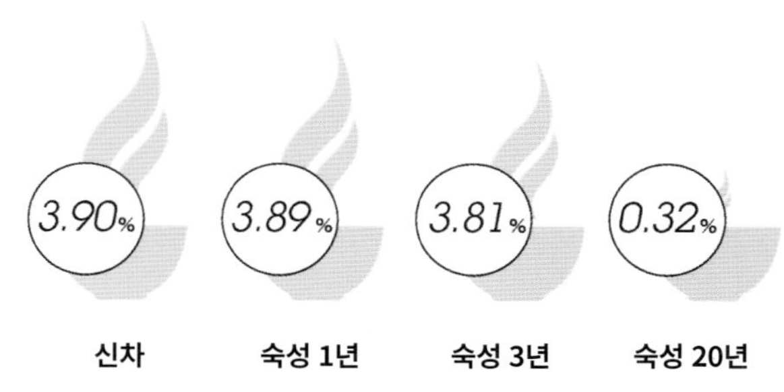

숙성기별 백차의 아미노산 함량 비교

연구 결과, 숙성 기간이 짧을 때 백차는 아미노산 함량에서 큰 차이가 없다. 그러나 숙성 기간이 길수록 아미노산 함량이 대폭 감소한다. 신차 백차의 아미노산 함량은 숙성 20년의 진년 백차보다 12배에 달하는데, 그 이유는 숙성 중에 아미노산이 변환, 중합, 분해되면서 휘발성 알데히드나 기타 생성물로 변환되어 차의 향기를 형성하기 때문이다. 동시에 아미노산과 폴리페놀의 자연 산화 생성물인 퀴논Quinone이 결합하여 색소를 생성하는 어두운 중합체가 형성되면서 함량을 감소시킨다.

그 결과 차를 평가할 때 진년 백차는 잘 익은 과일 향과 대추 향이 나고, 신차 백차는 상쾌한 꽃향기가 주를 이룬다.

4) 숙성기별 백차의 카페인 함량 분석

카페인은 찻잎의 중요한 구성 성분이다. 테아플라빈과 수소가 결합하여 형성된 복합물이 상쾌하고 신선한 맛을 내기 때문에 카페인 함량은 찻잎의 품질을 좌우하는 중요한 요인으로 꼽힌다.

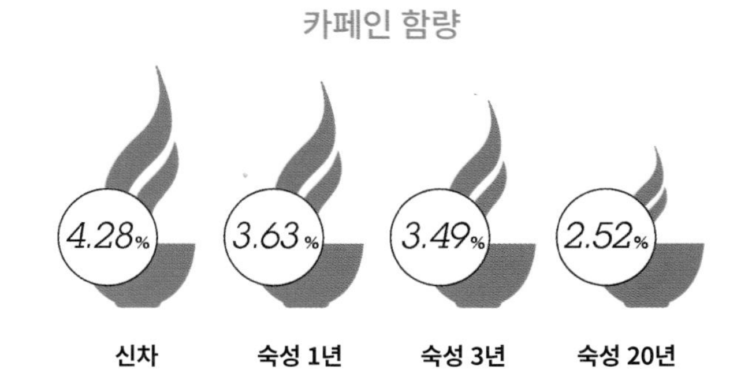

숙성기별 백차의 카페인 함량 비교

카페인 함량은 숙성 기간에 따라 변하지만, 그 변화의 폭은 적다. 이는 카페인의 화학적인 특성과 관련이 있다. 카페인은 퓨린Purine 알칼리 헤테로고리 화합물로 그 이중고리 구조로 인해 비교적 안정적이다. 6대 차류의 성분 비교 과정에서도 카페인 함량이 다른 성분에 비하여 안정적이었는데, 화남공업대학교 고력(高力) 교수가 발표한 숙성기별 보이차에서 카페인 함량 변화의 폭이 작다는 연구 결과와도 일치한다.

5) 숙성기별 백차의 수용성 당 함량 분석

수용성 당은 백차를 우린 찻물의 맛과 점성도를 구성하는 중요한 성분이다. 찻잎에 함유된 수용성 당은 주로 단당류와 이당류로서 차의 달콤한 맛을 내는 가장 중요한 성분 중 하나이다.

이러한 수용성 당의 함량은 숙성기별로 1.96%~2.76% 사이로 차이가 크지 않다. 즉 쉽게 변환되지 않아 비교적 안정적이기 때문에 신차 백차든지, 진년 백차든지 간에 모두 순후한 단맛을 갖게 된다.

백차는 보이차와 마찬가지로 오랜 숙성 과정에서 찻잎의 내용물이 천천히 산화되어 품질적인 특성도 눈에 띄지 않게 변화한다. 백차를 장기간 저장하면 그 맛이 매력적이고 우아한 '진운(陳韻)'으로 변화한다. 많은 사람들이 백차를 좋아하는 이유는 시간이 지나면서 변화하는 특성이 있기 때문이다. 이는 노백차의 큰 매력이기도 하다.

6) 숙성기별 백차의 향기 변화

백차는 숙성할수록 '진향(陳香)'이 나타난다. 알코올 화합물의 함량이 감소하고 탄화수소 함량이 증가한 결과로서 이는 녹차, 보이차의 숙성 변화와 비슷하다. 저장 및 숙성 과정에서 꽃 향과 과일 향이 나는 리날로올Linalool과 그 산화물, 게라니올Geraniol, 메틸살리실레이트Methyl Salicylate, 페네틸알코올Phenethyl Alcohol, 네롤리돌Nerolidol, 기타 향 성분이 감소하면서 신선한 향과 호향이 점차 감소하거나 사라진다.

광동성의 일부 보이차에서 검출된 성분은 부드러운 목향과 침향이 나는 세드레놀Cedrenol, 쿠마린Coumarin, 사향이 나는 락톤Lactone, 등유 냄새가 나는 2-메틸나프탈렌Methylnaphthalene, 편백나무와 삼나무 향이 나는 세드렌Cedren, β-세드렌을 포함한 다양한 불포화 올레핀Olefin 등이었다.

이 성분들은 숙성된 진년 백차의 순수한 향을 내는 기초 성분일 수 있다. 또한 과일 향의 벤즈알데히드Benzaldehyde, 바이올렛 향의 α-이오논Ionone, 과일 향, 꽃 향, 목재 향의 β-이오논, 장미 향, 잎 향, 과일 향의 제라닐아세테이트Geranyl Acetate 등의 조화 작용으로 백차의 진향에 대추 향과 매실 향이 나는 특징이 형성된다.

3. 좋은 백차를 보관하는 올바른 방법

백차는 오래될수록 약용 가치가 높아진다는 사실은 제약 업계에서도 널리 인정을 받고 있다. 또한 백차는 보관이 편리하여 건조하고 햇빛이 들지 않으며, 잡내가 없는 조건이라면 오랫동안 저장할 수 있다. 이로 인해 최근 노백차 수집 시장이 계속 성장하고 있다.

그러나 실제로 10년 이상 숙성된 노백차는 시중에서도 보기가 매우 드물다. 과거에는 백차를 산차의 형태로 보관하였기에 저장 공간이 컸어야 했고, 소비도 극히 적은 차류였기 때문이다. 그리고 주로 주강삼각주, 홍콩, 유럽, 미국 등의 지역에 소량으로 수출되었기에 지금 중국에 남은 노백차는 거의 없다.

백차를 수집할 때는 먼저 품질을 살펴야 한다. 소장 가치가 있는 품질과 신뢰할 수 있는 백차여야 한다. 백차를 처음 접하는 애호가들에게는 품질이 보장되는 유명 브랜드 상품의 수집을 권장한다. 전문적인 지식이 있고 개성과 특색이 있는 상품을 선호한다면 차나무의 품종과 원산지를 중심으로 수집하는 것이 좋으며, 복정과 정화 산지의 고산차를 수집하는 것이 가장 좋다.

건양 산지의 수선백과 채차로 만든 소백도 현재 시장에서의 유통량은 적지만 소장하기에는 괜찮은 선택이다. 두 번째는 보관이 적절했는지 확인하는 것이다. 보이차 보관과 비슷하여 다음 다섯 가지의 요소를 조심하면 된다.

1) 냄새

찻잎은 냄새를 흡수하는 성질이 강하여 공기 중의 냄새를 쉽게 빨아들인다. 향이 강한 다른 물건(화장품, 장뇌환 등)과 함께 놓으면 향이 손상되기 쉽다.

2) 수분

찻잎은 건조한 상태를 유지해야 하고, 수분 함량이 많지 않게 관리해야 한다. 그렇지 않으면 곰팡이가 생길 수 있다. 일반적으로 공기 습도는 70% 정도가 적합하며, 백차의 수분 함량은 7% 미만이 적절하다.

3) 햇빛

직사광선을 피해야 한다. 햇빛에 노출되면 다양한 광화학적 반응이 가속화되어 백차의 맛에 영향을 준다.

4) 공기

백차는 상대적으로 밀폐된 공간에 보관하는 것이 좋다. 통풍이 너무 잘되어 환기가 잦으면 백차 본연의 향도 빨리 소실되기 쉽다. 그러나 지나치게 밀폐하면 백차의 숙성 변환을 저해하기 때문에 주의해야 한다.

5) 온도

백차는 숙성 차이기 때문에 녹차처럼 냉장고에 보관할 수 없고 상온에서 보관되어야 한다. 투자를 목적으로 할 때는 차의 생산량, 특히 브랜드 상품의 시장 투입량과 브랜드 기업의 영향력, 그리고 시장성을 이해하는 것도 향후 상품 가치를 예측하는 데 도움이 된다. 해마다 품질이 안정된 상품들을 꾸준히 소장한다면 숙성 과정에서 백차를 시음하면서 그 향미의 변화를 즐길 수도 있고, 동시에 수익성도 확보하는 것이다.

4. 진년(陳年) 백차의 기준

청나라 말과 중화민국 초기부터 현대의 보이노차(普洱老茶)까지 시대마다 대표성을 띠는 차 상품이 있었다. 청나라 말, 민국 초기의 송빙호(宋聘號), 복원창(福元昌) 등의 「호급차(號級茶)」, 1950년~1960년대 중차패(中茶牌) 「홍인(紅印)」, 1980년대 후반 맹해차창(勐海茶廠)의 「7542」가 시대의 표준 제품으로 간주된다.

그러나 백차는 다르다. 2000년 이전까지 연구가 거의 없었고, 또한 시장에는 재고로 남은 오래된 백차를 찾기 힘들었던 탓에 그 기준을 설정하기가 어려웠다. 다행히도 홍콩의 일부 오래된 찻집에 숙성 50년 가까이 된 진년 백차가 소량으로 남아 있었다. 보이차가 시장에서 큰 인기를 얻으면서 백차는 판매가 부진하여 그 재고가 광동성에 보관되었다. 얼마 남지 않은 이 노백차들이 현대 백차의 귀중한 표준 샘플이 되었다.

이러한 노백차는 어떻게 우려내 시음해야 할까? 만약 백차의 제조와 저장 조건이 좋고 숙성 기간이 충분히 길면, 백차는 약재 향과 연잎의 향이 끝까지 지속되고, 마신 뒤에도 속이 편안하다. 이제부터는 숙성 기간이 50년, 43년, 29년, 25년, 21년, 19년, 16년, 13년, 10년, 6년 된 노백차를 예로 들어 품평 방법을 시연해 보일 것이다.

백차를 우리는 방법

- 찻잎의 양 : 3g
- 다구 : 150mL 심평배(審評杯)
- 우리는 물 : 정제수
- 물의 온도 : 100도
- 우리는 방법 : 세차(洗茶)를 한 번 하고 5분간 우린다.

숙성 50년 노백차

* 생산 연도 : 1965년 이전
* 등급 : **수미**(壽眉)
* 품종 : 무이채차(武夷菜茶) 품종 위주
* 저장 지역 : 홍콩
* 외형 : 잎이 주를 이루고, 새싹과 줄기, 씨앗도 조금 섞여 있고 황갈색을 띤다.
* 향기 : **연잎 향이 나며 약간의 약재 향도 풍긴다.**
* 수색 : **깨끗한 호박색**
* 우리는 횟수 : 20회 이상
* 맛(자미) : **부드럽고 섬세하며 목 넘김이 매끄럽다.**
* 평가 : **현재 시장에서 가장 오래 보관된 백차로서 맛(자미)이 좋고 차기**(茶氣)**도 충분하여 보기 드문 대표적인 노백차이다.**

숙성 50년 노백차의 수색과 건조 찻잎

숙성 43년 노백차

* 생산 연도 : 1973년
* 등급 : **수미**(壽眉)
* 품종 : 채차(菜茶)
* 저장 지역 : 광주(廣州)
* 외형 : 잎이 주를 이루고, 줄기가 많은 편이며, 황갈색을 띤다.
* 향기 : **연잎 향, 찹쌀 향, 약재 향**
* 수색 : **짙은 붉은색**
* 우리는 횟수 : 16회 이상
* 맛(자미) : 순후한 단맛으로 부드럽고 매끄러우며, 진운(陳韻)이 뚜렷하다.
* 평가 : 이 차는 등급이 낮은 수미를 원료로 하여 잎을 위주로 가공하였다. 오랫동안 보관되면서 숙성이 잘되어 있다. **우리는 횟수가 2회까지는 오래된 묵은 냄새가 섞여 나지만,** 3회째부터는 묵은 냄새가 사라지고 매끄러우면서도 달콤한 맛이 난다. **거친 원료를 많이 사용한 것이 단점이다.**

숙성 43년 노백차의 수색과 건조 찻잎

숙성 29년 노백차

* 생산 연도 : 1987년
* 등급 : **수미**(壽眉)
* 품종 : 채차(菜茶)
* 저장 지역 : 홍콩
* 상품 제공 : 북경지복명원상무유한공사(北京志福茗苑商貿有限公司)
* 외형 : 잎이 주를 이루고 있고, 새싹과 부드러운 줄기가 섞여 있다. 찻잎은 홍갈색을 띤다.
* 향기 : **진향**(陳香), **약재 향, 과일 향**
* 수색 : **맑고 깨끗한 붉은 오렌지색**
* 우리는 횟수 : 16회 이상
* 맛(자미) : **달콤하고 농후하며 차기**(茶氣)**가 선명하다.**
* 평가 : **품종이 수미로서 찻잎이 부드러운 편이다.** 찻빛은 짙은 붉은색을 띠고, 맛은 매끄럽고 달콤하며 찻물의 향미도 안정적이다. **저장 과정에서 건조가 약간 부족한 것이 단점이다.**

숙성 29년 노백차의 수색과 건조 찻잎

숙성 25년 노백차

* 생산 연도 : 1992년
* 등급 : **특급 백모단**(白牧丹)
* 품종 : 복정대호(福鼎大毫)
* 저장 지역 : 복정(福鼎)
* 상품 제공 : 복건성천호차업유한공사(福建省天湖茶業有限公司)
* 외형 : 새싹이 주를 이루고, 새싹과 찻잎이 균일하다. 찻잎에 백호(白毫)가 풍성하고 윤기가 도는 흑회색을 띤다.
* 향기 : **호향**(毫香), **진향**(陳香), **대추 향**
* 수색 : **맑고 밝은 황색의 살굿빛**
* 맛(자미) : **단맛이 그윽하고, 대추 향미가 강하다.**
* 평가 : **저장 상태가 양호하고, 새싹은 회색에서 검은색으로 바뀌었다.**
  수미와 달리 고급 백모단은 오래 숙성되어도 우리면 찻빛이 여전히 맑은 황색을 띤다.

숙성 25년 노백차의 수색과 건조 찻잎

숙성 21년 노백차

- 생산 연도 : 1995년
- 등급 : **수미**(壽眉)
- 품종 : 복정대백(福鼎大白)
- 저장 지역 : 광주(廣州)
- 외형 : 찻잎이 주를 이루고, 새싹과 줄기가 조금 섞여 있으며 어두운 갈색을 띤다.
- 향기 : **진향**(陳香), **약재 향**
- 수색 : **맑고 밝은 오렌지색**
- 우리는 횟수 : 20회
- 맛(자미) : **매끄럽고 부드러운 단맛과 농도가 적당하며 회감**(回甘)**이 우수하다.**
- 평가 : **부드러운 찻잎을 사용하여 건조된 상태에서 광택이 난다. 맛이 진하고 회감이 좋다. 3~4회 우린 뒤에는 더 부드럽고 달콤한 맛이 감돌아 입안에서 촉촉하게 퍼진다. 좋은 진향이 곁들여져 기분이 상쾌해진다. 20회 우린 뒤에는 주전자에 찻잎을 넣고 끓여도 진한 대추 향이 올라오고 맛은 달콤하다. 저장 과정에서 건조가 약간 부족한 것이 단점이다.**

숙성 21년 노백차의 수색과 건조 찻잎

숙성 19년 노백차

* 생산 연도 : 1997년
* 등급 : **특급 백호은침**(白毫銀針)
* 품종 : 복정대호(福鼎大毫)
* 저장 지역 : 복정(福鼎)
* 상품 제공 : 복건성천호차업유한공사(福建省天湖茶業有限公司)
* 외형 : 새싹이 균일하고 비장하다. 백호가 가득하고 전체적으로 검은 윤기가 돈다.
* 향기 : **호향**(毫香), **진향**(陳香), **대추 향**
* 수색 : **맑고 밝은 살굿빛**
* 맛(자미) : 부드러운 단맛이 특징이다.
* 평가 : **저장 상태가 양호하여 향과 맛이 모두 깔끔하다.** 시중에서 보기 드문 진년 백호은침으로서 흔치 않은 숙성 백호은침의 표준 견본이다.

숙성 19년 노백차의 수색과 건조 찻잎

숙성 16년 노백차

* 생산 연도 : 2000년
* 품종 : **복정대호**(福鼎大毫)
* 저장 지역 : 복정(福鼎)
* 상품 제공 : 복건성천호차업유한공사(福建省天湖茶業有限公司)
* 외형 : 찻잎이 주를 이루고, 새싹과 노엽(老葉)인 '황편(黃片)'이 섞여 있으며, 홍갈색을 띤다.
* 향기 : **대추 향, 달콤한 향**
* 수색 : **맑고 밝은 붉은 오렌지색**
* 우리는 횟수 : 10회
* 맛(자미) : 매끄럽고 부드러운 단맛이 난다.
* 평가 : 등급이 낮은 원료로 가공되었지만, 숙성이 양호하여 단맛이 잘 우러나고 대추 향과 달콤한 향을 느낄 수 있다.

숙성 16년 노백차의 수색과 건조 찻잎

숙성 13년 노백차 | 백호은침(白毫銀針)

* 생산 연도 : 2003년
* 등급 : **특급 백호은침**(白毫銀針)
* 저장 지역 : 복건(福建)
* 상품 제공 : 복건성천호차업유한공사(福建省天湖茶業有限公司)
* 외형 : 새싹이 균일하고 비장하다. 백호가 선명하고 전체적으로 검은 광택이 난다.
* 향기 : **호향, 대추 향, 매실 향**
* 수색 : **맑고 밝은 노란색**
* 맛(자미) : **부드러운 단맛이 나고, 대추 향이 오래 지속된다.**
* 평가 : **저장 상태가 양호하고, 호향과 대추 향이 선명하면서 농후하여 오래 지속된다. 맛은 부드럽고 달콤하면서 묵직하다.**

숙성 13년 노백차의 수색과 건조 찻잎

숙성 13년 노백차 | 공미(貢眉)

* 생산 연도 : 2003년
* 등급 : **공미**(貢眉)
* 품종 : 복정대백(福鼎大白)
* 저장 지역 : 광주(廣州)
* 외형 : 새싹과 찻잎이 온전히 있지만, 부서진 잎도 섞여 있으며 홍갈색을 띤다.
* 향기 : **달콤한 향, 대추 향**
* 수색 : **맑고 밝은 붉은 오렌지색**
* 우리는 횟수 : 10회
* 맛(자미) : **부드럽고 매끄러운 단맛에 회감(回甘)이 우수하다.**
* 평가 : **부드러운 원료를 사용하여 회감이 좋고 맛도 깔끔하다.**
  대추 향이 주로 나는데 약간의 달콤한 향도 풍긴다.

숙성 13년 노백차의 수색과 건조 찻잎

숙성 10년 노백차

* 생산 연도 : 2006년
* 등급 : **1등급 백모단**(白牧丹)
* 품종 : 복정대호(福鼎大毫)
* 저장 지역 : 복정(福鼎)
* 상품 제공 : 복건성천호차업유한공사(福建省天湖茶業有限公司)
* 외형 : 새싹과 잎이 온전히 한 송이로 이어지고, 백호가 선명하며 회녹색을 띤다.
* 향기 : **대추 향, 달콤한 향**
* 수색 : **맑고 밝은 살굿빛의 노란색**
* 맛(자미) : **순후한 단맛이다.**
* 평가 : **저장 상태가 양호하고, 향기와 맛이 모두 깔끔하다.**
  대추 향이 뚜렷하면서 달콤한 맛이 돈다.

숙성 10년 노백차의 수색과 건조 찻잎

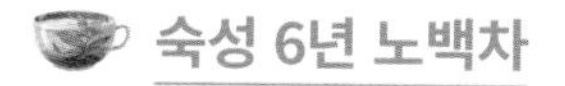

숙성 6년 노백차

* 생산 연도 : 2010년
* 등급 : **수미**(壽眉)
* 품종 : 복정대백(福鼎大白)
* 저장 지역 : 복정(福鼎)
* 외형 : 줄기가 많고 새싹도 섞여 있으며, 짙은 갈색을 띤다.
* 향기 : **달콤한 향, 대추 향**
* 수색 : **맑고 밝으며 연하고 붉은 오렌지색**
* 우리는 횟수 : 8회
* 맛(자미) : 순수한 단맛이 나지만, 약간의 거친 맛이 있다.
* 평가 : **회감**(回甘)**이 좋고, 맑고 달콤한 향이 난다.** 약간의 거친 맛이 섞인 것이 단점이다.

숙성 6년 노백차의 수색과 건조 찻잎

06

'백차의 세계 생산 지도'를 바라보며

1. 백차의 생산 지도

백차는 복건 지역 외에 강서(江西), 대만(臺灣), 운남(雲南)에서도 생산되었다. '살청(殺青)'과 '유념(揉捻)'의 과정을 거치지 않고, '위조(萎凋)'와 '건조(乾燥)' 과정만 거치는 백차의 가공 기술은 인도와 스리랑카에도 전해졌다.

중국 현대 '제다학'의 창시자인 진연(陳椽) 교수는 『제다학(製茶學)』에서 "복건성 차엽연구소는 낙창백모차(樂昌白毛茶) 품종으로 은침과 수미를 시험 생산하였으며, 각각 상품명을 「백운설아(白雲雪芽)」와 「백운설편(白雲雪片)」으로 명명하였다"고 소개하였다.

1983년 강서 지역에서는 상요현(上饒縣)의 대면백(大面白) 품종으로 백모단 생산에 성공하여 상품명을 「선대대백(仙臺大白)」으로 명명하였다. 다만 현재 시장에서 강서 지역의 백차는 보기 힘들다.

백차의 건조 찻잎

한때 대만은 독특한 백차 가공 기술을 선보였다. **『오진탁차학연구논문선집**(吳振鐸茶學研究論文選集)**』에서는 "대만 백차는 위조한 뒤에 초청**(炒青)**하고, 그 뒤 초배**(初焙)**, 회연**(回軟)**, 경유**(輕柔)**, 복배**(復焙)**, 보화**(補火)**의 과정을 진행한다"고 기록하고 있다.** 대만에서 생산한 백차에는 수미(壽眉), 백모후(白毛猴), 백모단(白牧丹), 연심(蓮心), 은침(銀針)이 있었지만, 지금 대만에서는 백차를 거의 생산하지 않는다.

중국에서는 복건 지역을 제외하고 운남성의 백차 생산량이 가장 많고, 해외에서는 스리랑카, 인도에서 소량의 백차를 생산하고 있다.

운남백차는 경곡현(景谷縣)**에서 처음 생산되었으며, 경곡대백**(景谷大白) **품종을 원료로 백차 가공 기술에 따라 제작되었다. 건조된 찻잎이 앞면은 검은색이고 뒷면은 흰색이어서 상품명이 「월광백**(月光白)**」으로 명명되었다.** 이 **「월광백」은 보이차가 시장에서 한창 인기를 끌던 2005년경에 출시되었기에 대부분 보이차를 본떠 병차 형태로 가공되었다.**

운남백차에 사용되는 차나무의 품종인 경곡대백은 경곡현 민낙진(民樂鎮) **앙탑촌**(秧塔村)**에서 주로 재배하고 있다.** 청나라 도광(道光) 20년(1840년)을 전후하여 진육구(陳六九)라는 사람이 장사하러 난창강(瀾滄江)의 강가로 나갔다가 백차 품종 차나무의 씨앗을 발견하였다. 이때 수십 개의 씨앗을 채취하여 앙탑촌으로 가져와 정원에 심었는데, 나중에 그 품종의 재배가 확대되었다고 전해진다. **차의 생산량은 한때 200kg에 달하였고, 그 뒤로 다른 지역에 널리 이식되어 재배되었다. 경곡대백 품종의 모수**(母樹)**는 지금도 정원에서 자라고 있다.**

과거에 **경곡대백차**(景谷大白茶)는 주로 '홍청(烘青)' 방식으로 가공하였다. 주로 청명 전후에 채취한 일아이엽 또는 일아삼엽을 원료로 사용하고, 살청, 유념, 홍건(烘乾)의 가공을 거쳐 '홍청녹차'로 만들었다. 이 가공 방법으로 가공한 **경곡대백차는 백차 품종 계열의 '녹차'에 속한다.**

「월광백」은 **지난 10년간 경곡대백으로 가공한 새로운 상품이다.** 살청과 유념의 과정을 거치지 않는 백차와 동일한 가공 방식으로 만들어졌다. 신선한 찻잎을 따서 자연 위조와 건조만 진행하여 **백차의 품질적 특성을 발현시켰다.**

「월광백」의 **외형은 아주 특별한데, 찻잎의 앞면은** 검은색**이고, 뒷면은** 하얀색**으로 마치 새싹에 내려앉은 달빛을 보는 것 같다.** 찻빛은 투명하고 노란색에서 붉은색으로, 다시 노란색으로 변화를 보여 준다. 밀향(蜜香)**이 풍부하고,** 맛은 순후하고 부드러우며, **입에** 잔향**이 감돌아 뒷맛이** 상**쾌하고** 달다.

나중에 호남성차엽공사(湖南省茶葉公司)는 보이시(普洱市)의 남도하(南島河) 지역에 유기농 차의 생산 기지를 건설하였다. **백차의 가공 방식으로 만든 유기농 백차는 해외로 수출하였다.** 그때부터 운남백차는 경곡대백의 한 가지 품종에 국한되지 않고 생산하였다. **최근에는 백차의 열풍으로 인해 운남성 서쌍판납**(西雙版納)**의 맹해현**(勐海縣)**, 임창**(臨滄)**, 영덕**(寧德) **등의 지역에서도 백차를 가공하기 시작하였다.** 심지어 대수차(大樹茶)의 찻잎을 원료로 가공하는 곳도 있는데, 이렇게 생산된 백차는 색다른 풍격을 자랑한다.

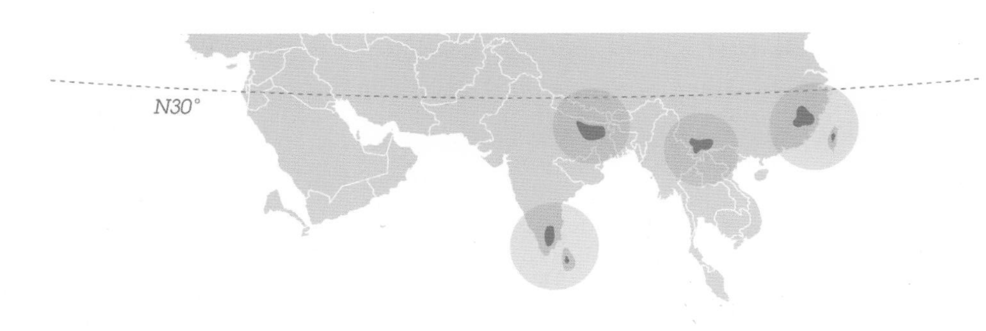

세계 백차 산지 분포도

백호은침(白毫銀針)

경곡대백의 단아(單芽), 즉 새싹으로 가공하였는데, 새싹이 비장하고 길쭉하며 은백색을 띠고 백호가 가득 뒤덮여 있다. 차를 우리면 대엽종 특유의 달콤한 향이 나면서 과일 향과 꽃 향도 풍긴다. 맑고 달콤한 맛이 나고 찻물은 부드럽다. 엽저(葉底)는 회녹색에 붉은 기운이 돌며, 잎이 두툼하고 튼실하며 탄력성이 좋다.

백호은침의 건조 찻잎(왼쪽)과 백호은침의 엽저(오른쪽)

월광백(月光白)

경곡대백의 새싹과 잎으로 만들어 등급이 백모단과 동일하다. 건조 찻잎의 외형에서 잎의 앞면은 검은색이고 뒷면은 하얀색이다. 새싹이 비장하고 백호가 농밀하다. 차를 우리면 달콤한 향이 농후하고, 찻물은 신선하면서 순후하고 뒷맛은 달콤하다. 적갈색에 황록색이 섞인 엽저는 매우 부드럽고 탄력성이 있다.

대수백차(大樹白茶)

임창 지역의 대수차 찻잎을 원료로 백차의 가공 방식에 따라 만들었다. 찻잎은 회녹색을 띠고 백호가 뚜렷하다. 차를 우리면 농후한 밀향이 오래 지속되고 꽃 향과 호향이 난다. 찻물은 맑고 투명한 노란색을 띤다. 맛은 달콤하고 상쾌하며 부드러운데, 쓴맛과 떫은맛이 적다. 찻물은 점성이 있고 회감이 훌륭하다. 여러 차례에 걸쳐 우릴 수 있는데, 10회나 우려도 맛이 여전히 좋다.

월광백(月光白)(왼쪽)과 대수백차(大樹白茶)(오른쪽)

해외에서 생산되는 백차의 종류

스리랑카 백차

스리랑카에서 백차를 생산한 역사는 약 50년 정도 된다. 초창기에는 주로 일본 시장을 겨냥한 것이었는데, 백차의 가공 방식에 따라 생산되었다. **스리랑카 백차는 새벽 5시 반에서 6시 반 사이에 채엽하고, 오전 10시 반까지 위조한 뒤 실내로 옮겨 식히는데, 이는 실내 위조와 유사하다. 이 과정을 4~5일간 반복한 뒤 건조를 진행한다.** 스리랑카 백차는 주로 **누와라엘리야**Nuwara Eliya, **우바**Uva 등 **고산 지대**에서 생산되는 은침Silver Tips인데, 그 생산량이 매우 적다.

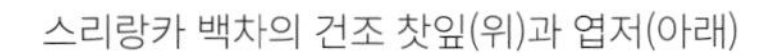

스리랑카 백차의 건조 찻잎(위)과 엽저(아래)

스리랑카의 차밭에서 수확 모습
제공 : 차우(茶友) 이목자(李木子)

스리랑카 백차는 주로 백호은침인데, 새싹은 운남성 경곡대백 품종에 비해 비장하지는 않지만, 오히려 더 단단하고 무게감이 있다. **새싹은 회백색으로 백호로 가득 뒤덮여 있다. 차를 우리면 달콤한 향, 호향, 과일 향과 꽃 향이 농후하며 오래 지속된다.** 맛은 달콤하고 순후하다. **엽저는 회녹색에 붉은 기운이 감돌고, 비장하고 통통하며 탄력성이 좋다.**

인도 백차

인도 백차의 생산 과정은 중국과 거의 같다. 그러나 품종은 복건백차와는 크게 다르고 오히려 운남백차와 비슷하다. 인도 백차는 주로 **다르질링**Darjeeling과 **닐기리**Nilgiri 지역이 주요 산지이고, 백호은침과 백모단의 두 종류를 주로 생산한다. 다르질링, 닐기리 산지에서 생산한 백차는 꽃 향, 과일 향이 풍부한 것으로 유명하다.

일반적으로 인도 백차는 해발고도 1500m~2000m의 산지에서 찻잎을 수확해 생산한다. **산지의 환경이 한랭하고 공기가 희박하여 찻잎 속에 방향성 성분을 증가시킨다. 이런 방향성 화합물은 새싹과 찻잎에 농축되어 있는데, 향을 유지하려면 가공 과정을 줄여서 위조와 홍건의 두 과정만 거쳐야 한다.**

전통적인 인도 백차는 일광위조와 자연위조로 생산하는데, 오늘날에는 가열위조로 생산한다. 위조는 보통 72시간 이상 진행하는데, 아주 가끔은 위조가 끝난 뒤 수작업으로 유념 과정을 거칠 때가 있다. 새싹이 없고 잎만 있는 경우, 유념 과정을 진행하지 않는다. 이렇게 위조 과정을 마친 찻잎은 온도 110도에서 건조하여 저장한다. **인도 백차는 스리랑카 백차와 외형이 비슷하지만, 맛은 훨씬 더 담백하다.**

인도 다르질링의 차밭에서 수확하는 모습 **제공 : 차우(茶友) 진리사(陳莉莎)**

2. 백차의 소비 지도

중국 백차는 역사적으로 오랫동안 **수출용**으로 가공되었다. **주로 홍콩, 마카오, 인도네시아, 말레이시아, 독일, 프랑스, 네덜란드, 일본, 미국, 페루 등의 국가에 수출하였다.** 복건에서 수출한 백차는 주로 백호은침, 백모단, 공미, 수미, 신공예백차, 백차편(白茶片)이었다. 특히 **복정**은 **주로 백호은침, 백모단, 신공예백차, 백차편을, 정화는 백모단, 신공예백차, 백차편을,** 건양은 공미와 수미, 백모단을 **수출하였다.**

홍콩은 백차의 전통적인 소비 시장이다. 1960년대에 중국과 대만의 백차가 홍콩 시장을 양분하였고, 1970년 이후에는 시장 점유율에서 중국이 점차 대만을 추월하였다. 1980년대 대만 백차는 홍콩 시장에서 급기야 철수하기 시작하였다. **과거에 차 무역항으로서 홍콩은 자체 소비하고 남은 백차를 다시 포장하여 미국과 유럽의 다양한 국가와 지역으로 수출해 판매하였다.**

백차의 인지도는 소비 역사가 오래된 홍콩, 마카오 시장 외에 해외에서도 이제는 매우 높다. 현재 유럽의 거의 모든 전통 찻집에서는 백차를 쉽게 찾아볼 수 있다. 남미 아르헨티나의 슈퍼마켓에서도 소량의 중국 차를 판매하는데, 그중에도 백차가 있을 정도이다.

북미 미국의 세계적으로 유명한 커피 체인 기업인 스타벅스Starbucks에서는 현재 커피뿐만 아니라 중국 백차도 판매하고 있는데, 특히 복정의 백모단을 사용하고 있는 것으로 알려져 있다. 스타벅스는 미국의 유명 티 브랜드인 **티바나Teavana**도 최근 합병하였다. **싱가포르의 세계적으로 유명한 티 브랜드인 TWG에서도 가격이 가장 높은 차는 역시 인도 다르질링의 백차이다.**

과거에 수출용 백차는 대부분 홍차 찻잎에 병배되어 홍차의 외형을 개선하는 데 사용되었다. 그러나 지금은 **외국 소비자들의 음용 습관에 좀 더 맞추기 위하여 백차를 말린 꽃이나 과일과 함께 블렌딩하여 판매하고 있다.**

최근 중국 내에도 백차가 급속히 보급됨에 따라 시장도 현재는 주강삼각주에서 전국으로 확대되었다. 이로 인해 **백차 주요 시장도 해외에서 점차 중국 내로 이동하고 있다. 북경 마연도 거리에는 초창기부터 이곳에 뿌리를 내린 「품품향(品品香)」, 「녹설아(綠雪芽)」 등 백차 브랜드를 운영하는 복건성의 기업체들이 많이 진출해 있어 마연도와 그곳과 연결된 북방의 시장 전체가 백차 열풍의 발상지로 급부상하였다.**

초기 백차의 유통 중심지였던 **광주**의 **방촌차엽시장**(芳村茶葉市場)은 현지 수요를 충당하였을 뿐만 아니라 **백차를 홍콩과 러시아, 말레이시아 등 해외에 수출하는 역할**도 하였다. 중국 내륙 중부에 있는 **정주백차시장**(鄭州白茶市場)은 늦게 시작되었지만, 발전 속도가 매우 빨랐다. **지역의 국향차성**(國香茶城)**에서는 '하남성백차회**(河南省白茶會)**'를 연속 2회나 개최하여 많은 백차 애호가들을 양성하고, 백차가 중국 중부에 진입하고 확산하는 데 큰 역할을 하였다.**

요컨대 중국 백차는 **'세계 백차의 뿌리'**이다. 백차의 번영과 발전의 궤적은 시대와 함께 발전하는 중국 차 시장의 발자취이면서 세계 시장에 대한 영향력을 보여 주는 것이다. 이 시대의 소비 트렌드로 인해 백차가 전 세계의 이목을 끌 수 있는 그날을 기대해 본다.

중국 상해에 입점한 유명 티 브랜드 TWG의 매장

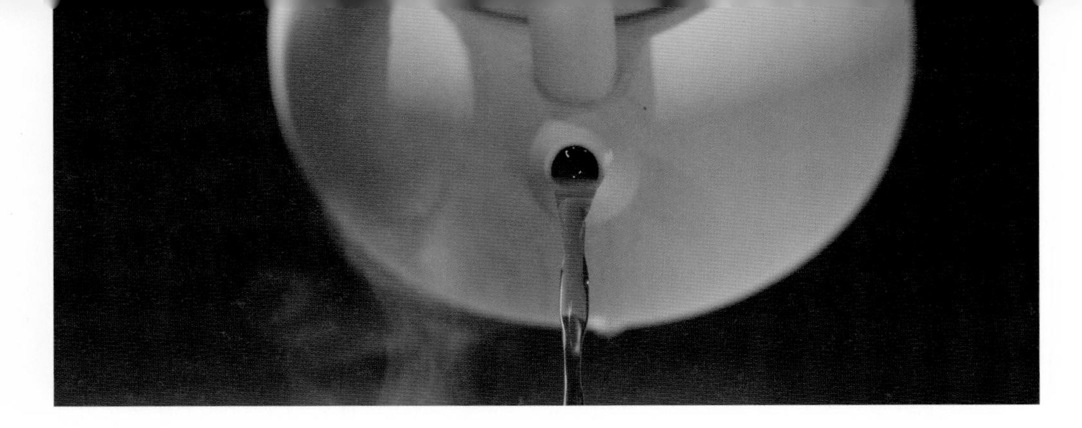

07

백차를 우리는 기술과 삶의 예술

중국인들은 **높은 심리적인 기대를 품고 차를 마시기 때문에 차를 우리는** 섬세한 **기술과 마시는 예의를 매우 중요시한다.** 고대에는 투차, 점차 등의 활동이 있었다면, 현대에는 다양한 차회와 차 모임이 있다. **차에 대하여 기록하였던 봉건 사회 시대부터 중국에서는 사회 계층을 막론하고 차를 마시는 행위를 품격 높은 행위로 간주하였다.**

중화민국 시대의 문인인 **주작인**(周作人, 1885~1967)은 차를 마시는 행위에 대하여 다음과 같이 찬탄하였다.

"종이 창문이 있는 기와집 아래에서 차를 마신다. 우아한 도자기 다기에 녹차를 넣고 맑은 샘물로 우린다. 친구 두세 명과 함께 마시면 반나절의 여유를 얻게 되는데, 마치 10년의 속세 꿈을 다 이룬 듯하다."

차 한 잔으로 지친 일상에서 휴식을 찾는 작가의 아름다운 희망이다. 고금을 막론하고 사람들이 차의 색, 향, 맛, 모양을 추구하는 것은 일관되었지만, 시대 풍토와 미적 감각의 차이로 좋은 차의 관념에 대해서는 시대마다 서로 다른 시각들이 있었다.

중국 백차는 비유하자면, 산과 들에서 태어나 자연에서 자라고, 오랜 세월의 고난을 겪으면서 오늘날의 모습을 갖추었다. 그리고 현재 시중에는 매우 다양한 백차들이 유통되고 있다. **백차는 그 품종에 따라서 우리는 방법도 각기 다르다.** 맛있는 백차 한 잔을 우리는 방법은 과연 어떤 것일까? 어떻게 하면 백차 우리는 일을 우리 생활의 예술로 꽃피우게 할 수 있을까?

시간박물관 내의 찻집인 정덕차여(正德茶廬)

백차를 우릴 때는 **독자들에게** 개완(蓋碗)**의 사용을** 추천**한다.** 그 외에 **자사호**(紫沙壺), 유리잔, **표일배**(飄逸盃)(버튼식 티포트)도 **괜찮은 선택이다. 물은** 정수**를 사용하는 것이 좋으며, 광천수를 사용하려면 수질이** 연수**(단물)인 상품을 고른다.**

백차를 우리는 과정에서는 물의 비율을 조절해야 하고, 찻잎이 연한 정도에 따라 물의 온도도 조절해야 한다. 찻잎이 연할수록 물의 온도는 낮아야지만, 적어도 85도까지 유지되어야 한다. 노백차의 경우는 끓는 물로 우려내야 한다. **마지막으로 사람마다 입맛과 습관에 차이가 있어 각자 취향에 따라 찻잎을 우리는 시간을 조절해 찻물의 농도를 맞춰야 한다.**

1. 백차를 우리는 다기의 선택

1) 개완 (蓋碗)

백차를 우릴 때는 개완**을 가장 많이 사용하지만, 처음 사용하는 사람에게는 잔이 매우 뜨거워서 사용할 때 어려움이 있다. 물은 개완 뚜껑을 넘지 않도록 주의한다.** 먼저 끓는 물을 조금 부어 윤차(潤茶)를 거친 다음 다시 물을 부어 우린다. 백차를 우리는 과정에서 뚜껑을 열어서 향을 맡아 볼 수도 있다.

2) 유리잔

유리잔**은** 백호은침**과** 고급 백모단**을 우리는 데 적합하다. 투명한 유리를 통해 찻잎의 모양과 우러나는 과정의 변화를 살펴볼 수 있다.** 찻잎의 양은 200mL 유리잔에 약 5g이 적당하다. 먼저 끓인 물을 유리잔 속의 찻잎이 잠길 만큼 조금 붓고 5초 정도 담가 두었다가 물을 버리고 유리잔에 남은 차향을 맡아 볼 수 있다.

백차를 우리는 절차 : 비차(備茶)-온배(溫杯)-출수(出水)-투차(投茶)-주수(注水)-출탕(出湯)
장소 : 정덕차여(正德茶廬), 출연자 : 안심(安心)

3) 자사호 (紫沙壺)

백차를 우릴 때 자사호를 사용할 경우, **입구가 넓고 호신**(壺身)**(몸체)이 크고 출수가 빠른 자사호를 선택해야 한다.** 백차는 비교적 찻잎이 크기 때문에 입구가 넓으면 넣기가 쉽다. **출수가 빠르면 차의 농도를 조절하기가 쉽다. 자사호뿐만 아니라 유리 다관도 사용할 수 있다.**

4) 표일배 (飄逸杯)/버튼식 티포트

사무실에서 백차를 간편하게 마실 때는 **표일배**도 좋은 선택이다. 사용이 편리하고 찻잎과 물을 분리하여 우리는 시간이 너무 길지 않도록 조절할 수 있다. **시간이 길면 차의 농도가 진해지고 맛에 영향을 준다.**

5) 자차호 (煮茶壺)/주전자

노백차는 끓여서 마시기에 적합하다. **과거에는 자사호 또는 도자기 주전자에 찻잎을 넣고 끓여서 마셨지만, 오늘날 시중에는 많은 다기 업체들이 차를 끓이는 전용 주전자를 개발하였다.**

차를 우리는 백자 주전자

백호은침의 건조 찻잎을 **개완**에 넣는다. 찻잎의 양은 **8g**이고,
물의 온도는 **90도**이다. 처음 우린 찻물은 **30초**간 기다렸다가 찻잔에 따른다.

2. 백차의 유형에 따른 우리는 방법

1) 백호은침 (白毫銀針)

백호은침은 새싹이 매우 여리고 연하여 물의 온도가 90도 정도여야 한다. 백호가 많아서 침출 속도가 느려 시간을 조금 길게 잡을 수도 있는데 보통 30초 전후가 적당하다.

개완을 사용할 때는 8g 정도의 찻잎을 넣고 90도의 물로 우린다. 처음 우릴 때는 30초간 우린 뒤에 찻물을 찻잔에 따른다. 침출 횟수가 늘어날 때마다 우리는 시간을 5초씩 연장한다.

백호은침

백호은침의 새싹들이 개완에 담긴 모습

2) 백모단 (白牧丹)

백모단은 보통 일아일엽, 일아이엽의 적당히 여린 찻잎을 원료로 만든 것이다. 따라서 수온이 낮으면 차가 잘 우러나지 않아 일반적으로 물의 온도를 95도 정도로 조절해야 한다.

개완을 사용할 때는 8g 정도의 찻잎을 넣고 95도의 물로 우린다. 처음 우릴 때는 20초간 우린 뒤 찻물을 찻잔에 따른다. 두 번째 우릴 때는 15초간, 그 뒤로는 침출 횟수를 늘릴 때마다 시간을 5초씩 연장한다.

백모단의 건조 찻잎

개완에 우린 백모단

3) 공미(貢眉)와 수미(壽眉)

공미와 수미는 일반적으로 거칠고 큰 노엽을 주로 사용해 만들기 때문에 100도의 끓는 물로 우려내야 한다.

개완을 사용할 때는 8g 찻잎을 넣고 100도의 물을 부어 우린다. 처음 우릴 때는 30초간 우린 뒤 찻물을 찻잔에 따른다. 두 번째 우릴 때는 20초간, 그 뒤로는 침출 횟수를 늘릴 때마다 시간을 5초씩 연장한다.

수미의 건조 찻잎

개완으로 우리는 수미

4) 신공예백차(新工藝白茶)

신공예백차는 약한 유념 과정이 추가되었기 때문에 완성된 찻잎의 형태가 휘말리지 않고, 또 한편으로는 약간 산화를 촉진한 결과, 차의 맛(자미)가 진한 편이다. 특징은 자미가 농후하고 달콤하면서 민북우롱의 향기도 느껴진다. 100도의 끓는 물로 우리지만 그 시간은 짧게 잡는다.

5) 노백차(老白茶)

노백차는 오랫동안 저장되었기에 끓는 물로 1~2회 세차(洗茶)해야 한다. 이렇게 세차하면서 묵은 잡냄새를 제거하고 찻잎이 잘 우러나도록 한다. 노백차는 신차보다 더 빨리 우러나기 때문에 시간 조절에 유의해야 한다.

개완을 사용할 때는 찻잎 8g을 넣고 끓는 물을 붓는다. 처음 우릴 때는 10초간 우린 뒤 찻잔에 찻물을 따른다. 그 뒤로는 침출 횟수를 늘릴 때마다 시간을 5초씩 연장한다.

노백차의 건조 찻잎

찻물의 맛이 아주 연해질 때까지 계속해서 우린 뒤 다시 물을 넣고 끓여서 마셔도 된다. 찻잎 8g에 물 300mL를 붓고 20~30초간 끓이면 완성된다. 맛이 농후하고 달콤한 대추 향이 나면서 단맛이 돈다.

숙성 5년에서 10년의 노백차를 끓일 때 말린 귤껍질인 진피(陳皮)를 추가하면 맛이 더 달콤하고 약효도 증가한다.

진피와 노백차

맛과 효능이 더 풍부한 노백차

맑고 투명한 호박색으로 우러난 노백차

3. 백차를 우리는 순서(백차 병차 기준)

❶ **백차 병차를 꺼내 가장자리를 따라 전용 차도를 삽입하여 결이 느슨해지도록 가볍게 위로 들어 올린다.** 이때 찻잎이 깨지지 않도록 쪼갠다.

❷ 찻잎을 찻잔에 넣는다. **개완으로 우릴 때는 찻잎의 양을 5~8g 사이로 조절한다.** 먼저 찻잎이 펴질 수 있게 적은 양의 물에 담근다. 노백차의 경우 세차 효과도 있다. 그런 다음에 백차를 우린다. 백차는 살청과 유념 과정을 거치지 않아 찻잎의 향미적 성분이 서서히 침출된다. 따라서 **침출 시간이 녹차보다 길며, 보통 30~40초 정도 걸린다.**

❸ 시간이 다 되면 찻물을 찻잔에 따른다. 찻물의 색상을 감상하고 향을 맡아 보면서 개완에 있는 엽저도 살펴본다. **좋은 백차는 엽저가 균일하고, 새싹은 부드럽고 두툼하다. 내포성이 좋아 10회나 우려내도 맛이 변하지 않고 산뜻한 향이 지속된다.**

특별 인터뷰 (Special Interview)

백차계의 거두, 장천복 선생과 백차의 역사

저자인 내가 『**중국백차**』를 집필하기 전, 1963년 『**백차연구자료회집**(白茶研究資料匯集)』에 발표된 「**복건백차의 조사연구**(福建白茶的調查硏究)」의 저자를 인터뷰하기 위하여 복주에 두 번 방문하였다. 그 저자는 지금은 고인이 된 중국의 저명한 차학자이자, 제다와 심평 전문가인 **장천복**(張天福, 1910~2017) 선생이다. 아쉽게도 그는 당시 100세가 넘는 고령의 노인이어서 두 번의 방문에도 적당한 약속 시간을 잡지 못하였다. 2016년 11월 5일에서야 복주시 중심가의 어느 조용한 주택단지에서 **'백차 세계의 제1인자'**를 만날 수 있었다.

그날 **장천복** 선생은 기분이 매우 좋았고, 복건성 백차 산지를 모두 돌아보고 왔다는 나의 말을 듣고 고개를 끄덕이더니 아내에게 책 한 권을 가져오라고 말하였다. 그가 한평생 겪은 행운과 고난을 담은 자서전 『**차엽인생**(茶葉人生)』의 첫 장을 펼치더니 천천히 '장천복'이라는 자신의 이름을 적었다. 그가 잠시 고개를 숙인 그 몇 분간에 마치 한 세기 동안 국가의 운명과 개인적인 영고성쇠로 빛나는 이름들이 떠올랐다. 오각농(吳覺農), 호호천(胡浩川), 풍소구(馮紹裘), 진연(陳椽), 장만방(莊晚芳) 등 중국 차학 기술과 연구 교육에 불멸의 공헌을 한 사람들 중에서도 오직 장천복 선생만이 건재하고 있었다.

장천복 선생은 1910년 **복주**의 유명한 의사 집안에서 태어났고, 1949년 이전에는 보기 드물게 중국 농학에 뜻을 둔 인재였다. **1930년대~1940년대에 중국은 잦은 전쟁으로 인해 차의 생산과 발전이 많이 낙후되었다.**

이런 상황에서 그는 **복건성** 건설부 복안차업개량장(福安茶業改良場)/**현 복건성농업과학원 차엽연구소**/을 설립하고, 초대 회장을 맡았다. **인재 양성을 위해 복건성립 복안농업직업학교를 설립한 뒤 직접 교장직도 맡았다.** 이 기간에 **복건시범차창**도 장천복 선생의 노력으로 건설되었다. 1949년 당시 40세였던 그는 중국 복건성차엽공사 기술과 과장, 복건성 농업청 차엽개선부 특산품부에서 부처장직을 맡았다. 그는 줄곧 차 생산의 최일선에서 동분서주하고 있었다.

장천복 선생과 **백차**와의 인연을 말하려면 먼저 **복건백차**에 대한 그의 과거부터 이야기해야 한다. 고향에서 그는 중국의 홍차, 녹차, 우롱차, 백차 모두에 심혈을 기울여 연구하고, 가공 기술을 개선하여 생산성을 높였다. **오랜 현장 경험으로 그는 백차에 대한 큰 문제점을 발견하였다. 수출용 특산품 차로서 백차는 홍차, 녹차, 우롱차와 함께 복건 4대 차류에 속하지만, 중국 건국 이후에도 생산에 대한 체계적인 기록과 보고가 부실하여 품질의 향상과 시장의 확대에 큰 걸림돌이 되었다.**

그는 백차의 원산지인 복정, 정화, 건양, **그 인근의** 송계, 건구 **등의 지역을 돌아다니면서 직접 정보를 수집하였고, 이를 바탕으로** 「복건백차의 조사연구」**를 발표한 것이다. 이 보고서의 출현은 중국 백차의 역사적인 공백을 메우고, 사람들에게 처음으로 중국 6대 차류의 하나인 백차를 인식시켰다.**

중국 백차 자료를 조사하던 그 시절에 장천복 선생은 '우파'로 낙인이 찍혀 '노동개조'를 받으러 시골로 보내졌는데, 이는 그에게 있어서 가장 큰 역경이었다. 그러나 그는 의욕을 잃지 않았고 산지 현장 조사를 더 깊이하고, 새로운 기술과 방법들에 대한 끊임없는 실험을 진행하였고 장인들과도 소통하면서 다수의 비중 있는 기술 보고서들을 작성하였다. **「복건백차의 조사연구」**를 제외하고 「차수 품종의 이식 거리에 영향을 주는 요인(影響茶樹種植距離的因素)」, 「계단식 차원 표토 회구 개간법(梯層茶園表土回溝條墾法)」, 「차엽 재배에 농업 '팔자헌법'의 응용(農業 '八字憲法' 在茶葉栽培上的應用)」 등의 보고서는 **중국 차 산업의 발전에 큰 영향을 주었다.**

「복건백차의 조사연구」에서 당시 중국에 내수 시장이 없었던 백차의 모든 방면을 자세히 설명하였고, 최초로 '백차 생산에서 하늘에 의지하는 사상의 틀을 깨야 한다'고 지적하였다. 또한 **가**

열위조 방법을 제창하였고, 수출의 수요를 충족하기 위하여 대홍(大紅)(대백차로 만든 홍차)과 수선(우롱차류) 산지에서 일부를 백차의 가공으로 변경해 줄 것을 제안하였다.

친필 사인이 있는 장천복 선생의 자서전
『차엽인생』을 받은 저자

이러한 그의 이 견해와 제안은 반세기가 지난 오늘날에도 여전히 깊은 영향을 끼치고 있다. **전체 중국 차 산업에서 생산의 표준화, 상품의 다양화, 브랜드 차별화의 유통 등을 다룰 때 그의 제안은 산업 발전에 장애가 되는 개념들을 제거할 수 있는 중요한 길잡이가 되었고, 국가에서 대량의 외환 보유액을 확보하는 데 중요한 역할을 하였다.**

내가 이 **『중국백차』**를 저술한 시대적인 배경은 과거와는 큰 차이가 있다. 지난 10년 동안 수출용 특산품 차였던 백차가 국내 시장에서 인기를 얻었고, 생산과 판매가 유례없이 큰 성장을 보였다. **소비자들은 백차의 자연성과 건강상의 효능을 중요시하였고,** 차업계 종사자들도 자체 생산 및 판매 방향을 모색하고 있다. 이는 백차 시장을 비약적으로 발전시켰을 뿐만 아니라 새로운 요구도 불러일으켰다.

이 새로운 시대에 떠오른 산업과 수요를 어떻게 명확한 경계와 인식으로 새롭게 정의할 수 있을까? 어떻게 하면 계속해서 더 잘할 수 있을까? 이를 위해 많은 연구를 진행하였고, 다양한 문제를 가지고 한 세기를 보낸 장천복 선생과 대면 교류를 진행하였다.

2010년 **복주**에서 **'100명의 기자가 백차를 이야기하다 - 복정백차 추석품명회'** 행사가 열렸다. 당시 100세였던 장천복 선생은 행사장 연설에서 **"손님들이 차를 마시려고 저의 집을 방문하면 저는 10잔의 차를 우려서 드립니다. 첫 잔은 백호은침, 다음 잔은 대홍포, 세 번째는 철관음, 네 번째로 정산소종, 남은 여섯 잔은 국내외 기타 명차들"**이라고 밝혔다. 그는 한평생 연구한 몇 가지의 주요한 차 종류를 이 한 문장으로 요약하고, 백차에 대한 그의 남다른 애정을 강조하였다. **100년의 풍운을 겪어도 변함없는 한 중국인의 차에 대한 마음이다.**

중국 백차의 발원지에 남긴 장천복 선생의 기념 비문

중국 백차는 이제 수출에서 내수로 소비가 바뀌고, 우리의 현시대도 전환기에 놓여 있다. 백차의 부상은 우리에게 중국 국내 차 시장의 새로운 시장성을 보여 주었다. 「2015 중국 차 산업 소비 보고서」의 통계에 따르면, 2014년 말까지 중국 국내 차 판매량은 160만 톤, 전체 매출은 1500억 위안에 달하였다.

중국의 「제12차 5개년 계획」(2011년-2015년) 기간 동안 중국 차 소비층은 4억 4300만 명에서 4억 7100만 명으로 증가하였데, 주로 도시에서 차를 마시는 사람들이 늘어났기 때문이다. **녹차, 홍차, 우롱차 등 전통 품목 상품들의 판매는 지금도 안정적이고, 흑차(보이차)와 백차의 국내 소비 수요는 꾸준히 증가하는 추세이다.**

백차와 관련해서는 지금이 가장 좋은 시기이면서 도전의 시대이기도 하다. 장천복 선생과 작별 인사로 악수를 나누고 눈을 마주쳤다. 과거의 약속과 미래의 전망이 교차하는 순간이었다. **중국의 맛인 백차는 오랜 역사를 안고 미래에도 세상에 그 향기를 전할 것이다.**

기초부터 배우는

백차

2024년 8월 19일 초판 1쇄 발행

저　　자 | 오석단(吳錫端)·주빈(周濱)
펴 낸 곳 | 한국티소믈리에연구원
출판신고 | 2012년 8월 8일 제2012-000270호
주　　소 | 서울시 성동구 아차산로 17 서울숲 L타워 1204호
전　　화 | 02)3446-7676
팩　　스 | 02)3446-7686
이 메 일 | info@teasommelier.kr
웹사이트 | www.teasommelier.kr
펴 낸 이 | 정승호
편집기획 | 이주현(홍차언니)
출판팀장 | 구성엽
디 자 인 | ㈜현대문예

ISBN 979-11-85926-87-2
값 35,000원